普通高等职业教育计算机系列教材

用微课学 计算机应用基础

（Windows 10+Office 2019）

黄林国　主　编

王振邦　凌代红　严志嘉　副主编

电子工业出版社

Publishing House of Electronics Industry

北京·BEIJING

内 容 简 介

本书从办公应用中所遇到的实际问题出发,基于"项目引导、任务驱动"的项目化专题教学方式编写而成,体现"基于工作过程""教、学、做"一体化的教学理念和实践特点。本书以 Windows 10 和 Office 2019 为平台,内容划分为 4 个学习情境,共有 13 个工程项目,具体内容包括:认识你的计算机、Windows 10 的文件管理与环境设置、学生宿舍局域网的组建及应用、自荐书的制作、艺术小报排版、毕业论文排版、批量制作信封和成绩单、学生成绩分析与统计、工资表数据分析、水果超市销售数据分析、论文答辩稿制作、学院简介演示文稿制作、电子相册制作。每个项目案例按照"提出问题"→"分析问题"→"解决问题"→"总结与提高"4 部分内容展开。读者能够通过项目案例完成相关知识的学习和技能的训练,项目案例均来自企业工程实践,具有典型性、实用性、趣味性和可操作性。

本书可作为高职高专院校"计算机应用基础"课程的教学用书,也可作为成人高等院校、各类培训班、计算机从业人员和爱好者的参考用书。

未经许可,不得以任何方式复制或抄袭本书之部分或全部内容。
版权所有,侵权必究。

图书在版编目(CIP)数据

用微课学计算机应用基础:Windows 10+Office 2019 / 黄林国主编. —北京:电子工业出版社,2020.11
ISBN 978-7-121-39818-6

Ⅰ.①用… Ⅱ.①黄… Ⅲ.①Windows 操作系统—高等职业教育—教材②办公自动化—应用软件—高等职业教育—教材 Ⅳ.①TP316.7②TP317.1

中国版本图书馆 CIP 数据核字(2020)第 204220 号

责任编辑:徐建军
印　　刷:保定市中画美凯印刷有限公司
装　　订:保定市中画美凯印刷有限公司
出版发行:电子工业出版社
　　　　　北京市海淀区万寿路 173 信箱　邮编 100036
开　　本:787×1 092　1/16　印张:17.75　字数:454.4 千字
版　　次:2020 年 11 月第 1 版
印　　次:2020 年 11 月第 1 次印刷
印　　数:1 500 册　定价:59.00 元

凡所购买电子工业出版社图书有缺损问题,请向购买书店调换。若书店售缺,请与本社发行部联系,联系及邮购电话:(010)88254888,88258888。

质量投诉请发邮件至 zlts@phei.com.cn,盗版侵权举报请发邮件至 dbqq@phei.com.cn。
本书咨询联系方式:(010)88254570,xujj@phei.com.cn。

前　　言

"计算机应用基础"是高职院校的计算机公共基础课程，所涉及的学生人数多、专业面广、影响大，是后继课程学习的基础。利用计算机进行信息的提炼获取、分析处理、传递交流和开发应用的能力是 21 世纪高素质人才所必须具备的技能。

本书介绍 Windows 10 和 Office 2019 的应用，内容划分为 4 个学习情境，共 13 个项目。本书有以下特点。

（1）体现"项目引导、任务驱动"的教学特点。本书从实际应用、工作过程、项目出发，以现代办公应用为主线，采用"项目引导、任务驱动"的方式，通过"提出问题"→"分析问题"→"解决问题"→"总结与提高" 4 部分内容展开。在宏观教学设计上突破以知识点的层次递进为理论体系的传统模式，将职业工作过程系统化，以工作过程为参照，按照工作过程来组织和讲解知识，提高学生的职业技能和职业素养水平。

（2）体现"教、学、做"一体化的教学理念和实践特点。围绕现代办公应用构建教材体系，以学到实用技能、提高职业能力为出发点，注重提高学生综合应用和处理复杂办公事务的能力。以"做"为中心，"教"和"学"都围绕着"做"展开，在学中做，在做中学，从而完成知识学习、技能训练和提高职业素养的教学目标。

（3）本书体例采用项目、任务形式，每一项目再明确若干任务。教学内容安排由易到难、由简单到复杂。学生能够通过项目的学习，完成相关知识的学习和技能的训练。本书项目均来自工作岗位实践，具有典型性和实用性。

（4）项目/任务的内容体现趣味性、实用性和可操作性。趣味性使学生始终保持较高的学习兴趣和动力；实用性使学生能学以致用；可操作性保证每个项目/任务能顺利完成。本书的讲解力求贴近实际，让学生感到易学、乐学，在宽松的环境中理解知识、掌握技能。

（5）紧跟行业技术发展。计算机技术发展很快，本书着重于当前主流技术和新技术的讲解，与行业联系密切，使所有内容紧跟行业技术的发展。

（6）课程学习与计算机技能考证相结合。适应 2020 年浙江省计算机等级考试的大纲要求（Windows 10 + Office 2019），学生学习完本课程后，可参加相应的计算机等级考试。

（7）重视学生个性化发展。体现以人为本，面向学生个性化发展的需要，创造相互交流探讨的学习氛围，激发学生的学习兴趣，培养学生分析问题的能力和自学能力。重视参与实践，让学生通过动手把设想、创造、发明变成现实。

（8）融入"职业素养、优秀企业文化、工匠精神、社会主义核心价值观"等德育元素，将"课程思政"贯穿教育、教学全过程，提升育人成效。

本书由黄林国担任主编，王振邦、凌代红和浙江育英职业技术学院的严志嘉担任副主编，全书由黄林国统稿，参加编写工作的还有牟维文、黄颖欣欣等。

为便于读者学习，本书配有学习视频，读者扫描书中相应的二维码，便可以用微课方式进行在线学习。编者还为本书配备了电子课件、练习素材等教学资源，读者可以在华信教育资源网（www.hxedu.com.cn）注册后免费下载。如有其他问题，可在网站留言板留言或与电子工业出版社联系（E-mail：hxedu@phei.com.cn），也可与编者联系（huanglgvip@21cn.com）。

由于时间仓促，以及编者的学识和水平有限，书中难免存在不足之处，敬请广大读者给予指正。

编　者

目 录 Contents

学习情境一　学习计算机基础知识 ……………………………………………………(1)
项目 1　认识你的计算机 ………………………………………………………………(2)
　1.1　项目提出 ……………………………………………………………………(2)
　1.2　项目分析 ……………………………………………………………………(3)
　1.3　相关知识点 …………………………………………………………………(4)
　1.4　项目实施 ……………………………………………………………………(16)
　　　任务 1：认识主机箱接口 …………………………………………………(16)
　　　任务 2：计算机的启动与关闭 ……………………………………………(18)
　　　任务 3：熟悉鼠标和键盘的使用方法 ……………………………………(19)
　　　任务 4：查看计算机软硬件配置 …………………………………………(22)
　　　任务 5：使用反病毒软件查杀计算机病毒 ………………………………(24)
　　　任务 6：使用计算器程序验证数制转换 …………………………………(25)
　1.5　总结与提高 …………………………………………………………………(26)
　1.6　习题 …………………………………………………………………………(30)
项目 2　Windows 10 的文件管理与环境设置 ………………………………………(33)
　2.1　项目提出 ……………………………………………………………………(33)
　2.2　项目分析 ……………………………………………………………………(34)
　2.3　相关知识点 …………………………………………………………………(34)
　2.4　项目实施 ……………………………………………………………………(37)
　　　任务 1：中文输入法（"微软拼音"输入法）的用法 ……………………(37)
　　　任务 2：文件管理 …………………………………………………………(38)
　　　任务 3：磁盘管理 …………………………………………………………(42)
　　　任务 4：Windows 环境设置 ………………………………………………(43)
　2.5　总结与提高 …………………………………………………………………(47)
　2.6　习题 …………………………………………………………………………(49)
项目 3　学生宿舍局域网的组建及应用 ………………………………………………(52)
　3.1　项目提出 ……………………………………………………………………(52)
　3.2　项目分析 ……………………………………………………………………(52)

3.3　相关知识点 ··(53)
　　3.4　项目实施 ··(65)
　　　　任务1：网络硬件连接 ··(65)
　　　　任务2：网络设置 ··(66)
　　　　任务3：网络应用 ··(68)
　　　　任务4：网络维护 ··(75)
　　3.5　总结与提高 ··(77)
　　3.6　习题 ··(77)

学习情境二　学习文字处理（Word 2019） ·······································(80)

项目4　自荐书的制作 ···(81)
　　4.1　项目提出 ··(81)
　　4.2　项目分析 ··(81)
　　4.3　相关知识点 ··(84)
　　4.4　项目实施 ··(85)
　　　　任务1：页面设置 ··(85)
　　　　任务2：制作封面 ··(86)
　　　　任务3：制作自荐信 ··(88)
　　　　任务4：制作表格简历 ··(91)
　　　　任务5：打印输出 ··(97)
　　4.5　总结与提高 ··(98)
　　4.6　习题 ··(99)

项目5　艺术小报排版 ··(102)
　　5.1　项目提出 ··(102)
　　5.2　项目分析 ··(102)
　　5.3　相关知识点 ··(104)
　　5.4　项目实施 ··(105)
　　　　任务1：版面设置 ··(105)
　　　　任务2：版面布局 ··(107)
　　　　任务3：报头艺术设计 ··(108)
　　　　任务4：正文格式设置 ··(110)
　　　　任务5：插入形状和图片 ···(111)
　　　　任务6：分栏设置和文本框设置 ···(112)
　　5.5　总结与提高 ··(115)
　　5.6　习题 ··(116)

项目6　毕业论文排版 ··(120)
　　6.1　项目提出 ··(120)
　　6.2　项目分析 ··(121)
　　6.3　相关知识点 ··(123)
　　6.4　项目实施 ··(125)
　　　　任务1：设置页面和文档属性 ···(125)
　　　　任务2：设置标题样式和多级列表 ··(126)

　　　　任务 3：添加题注和脚注 …………………………………………………………（132）
　　　　任务 4：自动生成目录和论文分节 ………………………………………………（134）
　　　　任务 5：添加页眉和页脚 …………………………………………………………（136）
　　　　任务 6：添加论文摘要和封面 ……………………………………………………（139）
　　　　任务 7：使用批注和修订 …………………………………………………………（140）
　　6.5　总结与提高 …………………………………………………………………………（144）
　　6.6　习题 …………………………………………………………………………………（145）

项目 7　批量制作信封和成绩单 ……………………………………………………………（150）
　　7.1　项目提出 ……………………………………………………………………………（150）
　　7.2　项目分析 ……………………………………………………………………………（151）
　　7.3　相关知识点 …………………………………………………………………………（153）
　　7.4　项目实施 ……………………………………………………………………………（153）
　　　　任务 1：批量制作信封 ……………………………………………………………（153）
　　　　任务 2：批量制作成绩单 …………………………………………………………（155）
　　7.5　总结与提高 …………………………………………………………………………（159）
　　7.6　习题 …………………………………………………………………………………（159）

学习情境三　学习电子表格处理（Excel 2019） ……………………………………………（161）
项目 8　学生成绩分析与统计 ………………………………………………………………（162）
　　8.1　项目提出 ……………………………………………………………………………（162）
　　8.2　项目分析 ……………………………………………………………………………（163）
　　8.3　相关知识点 …………………………………………………………………………（164）
　　8.4　项目实施 ……………………………………………………………………………（167）
　　　　任务 1：利用公式和函数计算学生的"考勤分"、作业"平均分"和"总评分" …（167）
　　　　任务 2：根据"总评分"计算相应的"评级"，并统计"期末成绩"
　　　　　　　各分数段的学生人数 ………………………………………………………（170）
　　　　任务 3：设置表格格式 ……………………………………………………………（171）
　　　　任务 4：筛选"期末成绩"不及格的同学，并降序排列 ………………………（173）
　　　　任务 5：用图表显示"期末成绩"各分数段的学生人数 ………………………（174）
　　8.5　总结与提高 …………………………………………………………………………（175）
　　8.6　习题 …………………………………………………………………………………（176）

项目 9　工资表数据分析 ……………………………………………………………………（179）
　　9.1　项目提出 ……………………………………………………………………………（179）
　　9.2　项目分析 ……………………………………………………………………………（180）
　　9.3　相关知识点 …………………………………………………………………………（181）
　　9.4　项目实施 ……………………………………………………………………………（183）
　　　　任务 1：利用公式和函数计算"计件工资" ……………………………………（183）
　　　　任务 2：利用公式计算"应发工资"和"实发工资" …………………………（185）
　　　　任务 3：筛选出"实发工资"位于 1 000～1 500 元的员工信息 ………………（186）
　　　　任务 4：按"产品名称"分类汇总 ………………………………………………（187）
　　　　任务 5：使用数据透视表统计各车间各产品的生产量 …………………………（188）
　　　　任务 6：统计各车间的员工人数、总产值、人均产值及其排名 ………………（189）

9.5 总结与提高 ……（191）
9.6 习题 ……（191）

项目 10　水果超市销售数据分析 ……（195）
10.1 项目提出 ……（195）
10.2 项目分析 ……（196）
10.3 相关知识点 ……（197）
10.4 项目实施 ……（198）
　　任务 1：计算进价、售价、销售额和毛利润 ……（198）
　　任务 2：对销售额和毛利润进行分类汇总 ……（201）
　　任务 3：使用数据透视表统计各个区各种水果的销售情况 ……（203）
　　任务 4：使用数据透视图统计各个区各种水果的销售情况 ……（205）
　　任务 5：设置数据验证 ……（207）
　　任务 6：锁定单元格和保护工作表 ……（209）
10.5 总结与提高 ……（210）
10.6 习题 ……（215）

学习情境四　学习演示文稿制作（PowerPoint 2019）……（218）

项目 11　论文答辩稿制作 ……（219）
11.1 项目提出 ……（219）
11.2 项目分析 ……（219）
11.3 相关知识点 ……（221）
11.4 项目实施 ……（222）
　　任务 1：制作 8 张幻灯片 ……（222）
　　任务 2：添加超链接和动作按钮 ……（227）
　　任务 3：设置页眉页脚、动画效果和主题 ……（228）
　　任务 4：设置放映方式和打印演示文稿 ……（232）
11.5 总结与提高 ……（233）
11.6 习题 ……（234）

项目 12　学院简介演示文稿制作 ……（236）
12.1 项目提出 ……（236）
12.2 项目分析 ……（236）
12.3 相关知识点 ……（238）
12.4 项目实施 ……（239）
　　任务 1：设置母版 ……（239）
　　任务 2：制作 9 张幻灯片 ……（240）
　　任务 3：插入超链接和动作按钮 ……（248）
　　任务 4：插入日期和幻灯片编号 ……（249）
　　任务 5：设置动画 ……（249）
12.5 总结与提高 ……（251）
12.6 习题 ……（252）

项目 13　电子相册制作 ……（254）
13.1 项目提出 ……（254）

13.2 项目分析……………………………………………………………………………（254）
13.3 相关知识点………………………………………………………………………（256）
13.4 项目实施…………………………………………………………………………（256）
  任务 1：创建相册…………………………………………………………………（256）
  任务 2：添加背景音乐……………………………………………………………（258）
  任务 3：插入视频动画……………………………………………………………（259）
  任务 4：控制放映…………………………………………………………………（261）
  任务 5：打包输出…………………………………………………………………（262）
13.5 总结与提高………………………………………………………………………（264）
13.6 习题………………………………………………………………………………（265）

附录 A 大数据和人工智能简介……………………………………………………（268）
附录 B 习题拓展训练…………………………………………………………………（271）
参考文献………………………………………………………………………………（273）

学习情境一

学习计算机基础知识

- 项目1　认识你的计算机
- 项目2　Windows 10 的文件管理与环境设置
- 项目3　学生宿舍局域网的组建及应用

项目 1 认识你的计算机

电子计算机的发明是现代人类文明进入高速发展时期的重要标志之一，它对人类的政治、经济、文化和生活方式等方面所产生的巨大影响是不言而喻的。21 世纪是信息社会，计算机已进入百姓家，并且正以前所未有的速度向前发展，不懂信息技术就会逐渐成为现代文明的新"文盲"。

本项目以"认识你的计算机"为例，介绍计算机硬件、软件、计算机病毒和数制转换等方面的相关知识。

1.1 项目提出

小李同学经过十多年的寒窗苦读，今年终于考上了某职业技术学院信息管理专业。小李同学了解到，学习信息管理专业知识和技能需要经常使用计算机，计算机将会陪伴着他度过自己的职业生涯，帮助他极大地提高工作质量和工作效率，并丰富他的日常生活。于是，在朋友的帮助下，在假期小李同学购买了一台台式计算机。可是，小李同学对计算机相关知识所知不多，为了用好这台计算机，节省自己的宝贵时间，他需要尽快掌握计算机的常用知识和基本技能。今天是步入大学课堂后第一次上计算机课程，渴望学习计算机知识的小李找到了任课老师张老师，并提出以下问题：

（1）计算机机箱背面的各种接口分别对应的是什么？有什么作用？
（2）如何正确开关机？
（3）键盘和鼠标的各个按键有什么用？
（4）如何查看计算机的软硬件配置？
（5）如何做好计算机的安全防护？

1.2 项目分析

小李的计算机如图 1-1 所示。从外观上看，计算机硬件主要有主机箱、键盘、鼠标和显示器等，从逻辑功能上可以分为控制器、运算器、存储器、输入设备、输出设备 5 个部分。主机箱内还装有很多硬件设备。为了计算机能安全、稳定地运行，人们把所有不需要或不宜裸露在外面的设备安装在主机箱中，主要有中央处理器（CPU）、主板、内存储器、硬盘、光盘驱动器、声卡、网卡、显示卡等设备。

图 1-1　台式计算机

主机箱正面除有电源按钮（Power）、重启按钮（Reset）外，还有各种状态指示灯。主机箱背面主要是各种接口，用于连接各种外接设备。

为了更好地保护主机免受瞬间电涌冲击，开机时应先开外部设备电源（如显示器电源等），再开主机电源，关机时则刚好相反。

键盘和鼠标是常用的输入设备，各种计算机操作均离不开它们。显示器是常用的输出设备，主要用于显示操作界面和操作结果。

查看计算机各硬件及其型号、参数等，可以将计算机主机箱打开逐一查看。但这种做法太麻烦，可借助于 Windows 操作系统中的工具软件来查看软硬件配置。

如今的计算机，由于工作、学习、娱乐等方面的需要，大多需要接入互联网。可是，互联网上陷阱重重，危机四伏，木马病毒、流氓软件、无德黑客，祸害甚深，稍不留神就会中招——系统瘫痪、账号被盗，让人欲哭无泪。因此，计算机上一般需要安装一款安全性较高的反病毒软件，如瑞星、江民杀毒、卡巴斯基、金山毒霸、360 杀毒等反病毒软件。

由于计算机内的信息都是以二进制数的形式来表示的，但我们习惯的毕竟是十进制数，因此要熟练运用计算机就需掌握二进制数与十进制数之间的转换。

由以上分析可知，"认识你的计算机"可以分解为以下六大任务：认识主机箱接口，计算机的启动与关闭，熟悉鼠标和键盘的使用方法，查看计算机软硬件配置，使用反病毒软件查杀计算机病毒，使用计算器程序验证数制转换。

其操作流程如图 1-2 所示。

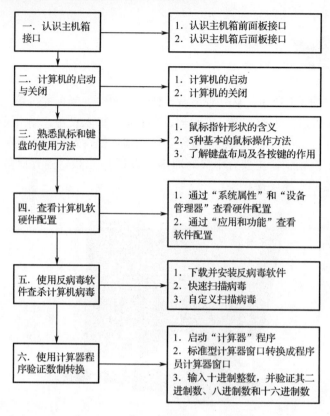

图 1-2 "认识你的计算机"操作流程

1.3 相关知识点

1. 计算机的发展和分类

1946 年 2 月 15 日，世界上第一台电子计算机 ENIAC（Electronic Numerical Integrator And Calculator）诞生于美国宾夕法尼亚大学。ENIAC（见图 1-3）有几个房间那么大，占地 170m^2，使用了 1 500 个继电器，18 000 根电子管，重达 30 多吨，每小时耗电 150kW，耗资 40 万美元，真可谓庞然大物。至今人们公认，ENIAC 的问世标志着计算机时代的到来，它的出现具有划时代的历史意义。

在此后 70 多年的发展历程中，计算机的发展已经历了四代，并正在向第五代过渡。习惯上，人们根据计算机所用的电子元件的变化来划分计算机的"代"。

（1）第一代计算机（1946—1958 年）。组成计算机的基本电子元件是电子管。其特点是体积大、功耗高、存储容量小、运算速度在每秒数千次到数万次之间，主要使用机器语言，并开始使用符号语言，主要用于科学计算。

（2）第二代计算机（1958—1964 年）。组成计算机的基本电子元件是晶体管，计算机主存储器大量使用磁性材料制成的磁芯，并开始使用磁盘作为外存储器。计算机的体积缩小了，功耗降低了，存储容量增大了，稳定性提高了，运算速度也提高到每秒几十万次。开始使用操作系统及高级程序设计语言，主要应用领域也从以科学计算为主转向以数据处理为主。

图1-3 第一台电子计算机 ENIAC 一角

(3) 第三代计算机 (1964—1972年)。组成计算机的主要电子元件是集成电路,半导体存储器取代了沿用多年的磁芯存储器。与晶体管电路相比,集成电路计算机的体积、重量、功耗都进一步减小,而稳定性、运算速度和逻辑运算功能都进一步提高,运算速度也提高到每秒几百万次。所使用的操作系统得到了进一步发展,且出现了多种高级程序设计语言,主要应用于科学计算、数据处理及过程控制等领域。

(4) 第四代计算机 (1972年至今)。主要电子元件是大规模集成电路与超大规模集成电路,磁盘的存取速度和存储容量大幅度提升,开始使用光盘作为外存储介质,计算机的运算速度可达每秒几千万次至上百亿次,而体积、重量和耗电量进一步减少。微处理器的出现,使计算机实现了微型化;多媒体技术、数据存储技术、并行处理技术、多机系统、分布式系统和计算机网络都得以迅猛发展;软件工程的标准化、多种计算机高级语言、Windows 操作系统、各类数据库管理系统的使用,使计算机的应用渗透到了几乎所有的领域。

我国计算机工业从1956年起步,1958年第一台电子管计算机 DJS-1 型试制成功。1964年,我国制成了第一台全晶体管电子计算机 441-B 型。1974年起步开始研制微型机,主要有长城、东海、联想、方正等系列产品。

在研制大型机及巨型机方面,国防科技大学研制的巨型计算机有"银河"系列和"天河"系列,而曙光信息产业有限公司和国家智能计算机研究开发中心研制推出的有"曙光"系列。

2017年11月13日,全球超级计算机500强榜单公布,由我国国家并行计算机工程技术研究中心研制的"神威·太湖之光"超级计算机以每秒9.3亿亿次的浮点运算速度第四次夺冠。"神威·太湖之光"超级计算机全部采用中国国产处理器构建,安装了40 960个中国自主研发的"申威26010"众核处理器,如图1-4所示。依托"神威·太湖之光",在天气气候、航空航天、海洋科学、新药创制、先进制造、新材料等重要领域取得了一批应用成果。

图 1-4 "神威·太湖之光"超级计算机

计算机发展到今天，已是品种繁多，功能各异，可以从不同的角度对它们进行分类。

（1）按使用范围分类，可以分为通用计算机和专用计算机。通用计算机适用于一般科学运算、学术研究、工程设计和数据处理等，通常所说的计算机均指通用计算机。专用计算机是为适应某种特殊应用而设计的计算机，它的运行程序不变，效率较高，速度较快，精度较好，但只能作为专用，如飞机的自动驾驶仪，坦克上火控系统中用的计算机，都属专用计算机。

（2）按性能分类，可分为巨型机、大型机、中型机、小型机、工作站和微型机。巨型机是目前功能最强、速度最快、价格最贵的计算机，一般用于诸如气象、航天、能源、医药等领域中的尖端科学研究和战略武器研制中的复杂计算，这类机器价格昂贵，是国家级资源，体现了一个国家的综合科技实力。微型机简称微机，又称为个人计算机（Personal Computer，PC），是随着大规模集成电路的发展而发展起来的，它以微处理器为核心。微型计算机又可分为台式微型计算机、笔记本电脑、平板电脑、嵌入式计算机等。性能介于巨型机和微型机之间的就是大型机、中型机、小型机和工作站，它们的性能指标和结构规模则相应的依次递减。

从发展趋势看，今后计算机将继续朝着巨型化、微型化、网络化、智能化和多媒体各个方向发展。

计算机之所以在信息处理中起了至关重要的作用，与其处理问题的特点密不可分，其主要特点有：

- 处理速度快。
- 存储容量大，存储时间长。
- 计算精确度高。
- 具有逻辑判断能力。
- 应用领域广泛。

计算机的应用领域非常广泛，其中最主要的应用包括科学计算、信息处理、过程控制、计算机辅助系统［计算机辅助教学（CAI）、计算机辅助设计（CAD）、计算机辅助制造（CAM）、计算机辅助测试（CAT）］、人工智能和计算机网络等。

2. 计算机硬件

一个完整的计算机系统由硬件系统和软件系统两大部分组成，如图 1-5 所示。硬件系统和软件系统是一个有机的结合体，是组成计算机系统两个不可分割的部分，相辅相成，缺一不可。

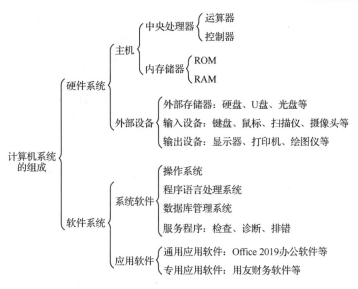

图 1-5　计算机系统的组成

计算机的硬件系统是看得见、摸得着的有形实体，是计算机进行工作的物质基础。随着计算机功能的不断增强，应用范围的不断扩展，计算机硬件系统也越来越复杂，但是其基本组成和工作原理还是大致相同的。

至今，计算机硬件体系结构基本上还是采用冯·诺依曼结构，即由运算器、控制器、存储器、输入设备和输出设备 5 大部件组成，其中运算器和控制器构成了中央处理器（CPU）。它们之间的关系如图 1-6 所示，其中细线箭头表示由控制器发出的控制信息的流向，粗线箭头为数据信息的流向。冯·诺依曼结构的基本思想是程序存储和程序控制，即程序和数据一样进行存储，然后按程序编排的顺序一步一步地取出指令，自动完成指令规定的操作。

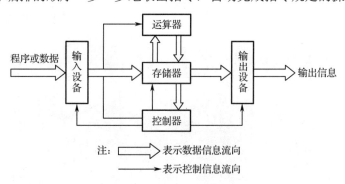

图 1-6　计算机硬件的体系结构

常见的计算机硬件设备如下。

（1）中央处理器

中央处理器（Central Processing Unit，CPU）（见图 1-7）是计算机最核心的部件，负责统一指挥、协调计算机所有的工作，它的速度决定了计算机处理信息的能力，其品质的优劣决定了计算机的系统性能。中央处理器由运算器和控制器组成。目前市面上流行的品牌主要有 Intel、AMD 等。

图 1-7　Intel 中央处理器

（2）主板

主板（Mainboard）（见图 1-8）是计算机中最大的电路板，相当于计算机的躯干，是计算机最基本、最重要的部件之一。主板为中央处理器、内存条、显卡、硬盘、网卡、声卡、鼠标、键盘等部件提供了插槽和接口，计算机的所有部件都必须与它结合才能运行，它对计算机所有部件的工作起着统一协调的作用。目前，大部分主板集成了声卡和网卡。常见主板品牌有华硕、技嘉、微星等。

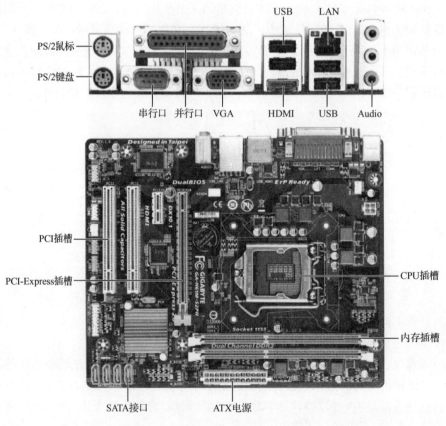

图 1-8　主板

（3）内存储器（内存条）

内存储器（见图1-9）是计算机的记忆中心，主要用于存放当前计算机运行所需的临时程序和数据。根据作用不同，内存储器分为只读存储器（ROM）和随机存储器（RAM）。只读存储器只能读取而不能写入信息，断电或关机后存储的信息不会丢失；随机存储器既可读取又可写入信息，但断电或关机后存储的信息会丢失。常见的内存条品牌有三星、金士顿、威刚、英睿达等。

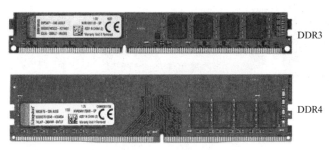

图1-9　内存条

存储器的存储容量，其基本单位为字节B（Byte），1B=8bit，由于存储器的容量一般都较大，因此常用KB、MB、GB、TB等来表示。

1KB=2^{10}B=1 024B

1MB=2^{20}B=1 024×1 024B=1 048 576B=1 024KB

1GB=2^{30}B=1 024×1 024×1 024B=1 024MB

1TB=2^{40}B=1 024×1 024×1 024×1 024B=1 024GB

（4）硬盘

硬盘（Hard Disk）是计算机中最重要的数据存储设备，计算机中的文件都存储在硬盘中。硬盘通常被固定在主机箱内部，其性能直接影响计算机的整体性能。其特点是速度快、容量大、可靠性高。常见机械硬盘（见图1-10）接口有SATA、IDE和SCSI接口，转速通常为7 200（或5 400）转/分钟，容量一般有500GB、1TB、2TB、3TB等。常见品牌有希捷、西部数据等。

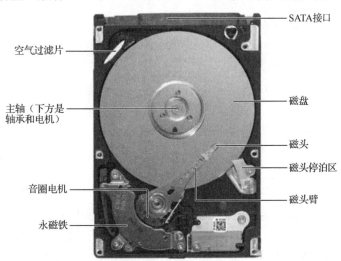

图1-10　机械硬盘

现在流行一种固态硬盘（Solid State Drive，SSD），采用固态电子存储芯片阵列而制成，由控制单元和存储单元（FLASH 芯片、DRAM 芯片）组成，常见接口有 SATA、M.2、PCI-E 等，如图 1-11 所示。固态硬盘具有体积小、质量轻、速度快、防震动、低功耗等优点，但有价格高、容量小、寿命有限等缺点。

  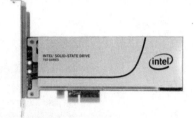

　　(a) SATA 接口　　　　　　(b) M.2 接口　　　　　　(c) PCI-E 接口

图 1-11　固态硬盘

（5）光盘驱动器

图 1-12　光盘驱动器

光盘驱动器（见图 1-12）主要用于读取光盘，光盘具有价格低、寿命长、存储量大、可靠性高等特点。光盘有 CD 光盘和 DVD 光盘，CD 光盘的容量约为 680MB，单面单层 DVD 光盘的容量约为 4.7GB。光盘驱动器分为 CD-ROM 与 DVD-ROM。

刻录机是指能将数据刻录在光盘上的一种光盘驱动器。DVD 光盘刻录机是时下比较流行的装机选择，这种刻录机既能读又能写，不仅能刻录 CD-R 光盘、CD-RW 光盘，还能刻录 DVD 光盘。

其他外接存储设备主要还有 U 盘、移动硬盘等。

（6）键盘和鼠标

键盘是计算机系统中的基本输入设备，用户通过键盘给计算机下达各种命令、输入各种数据。

鼠标是另一个使用频繁的输入设备，因其外形像一只拖着长尾巴的老鼠而得名，它利用自身的移动来改变光标在显示器上的位置，以实现各种操作。

（7）显示器

显示器（见图 1-13）是计算机最重要的输出设备，通过显示器能方便地查看输入的内容和经过计算机处理后的各种信息。液晶显示器大小一般有 19 英寸（1 英寸=2.54 厘米）、21.5 英寸、23.6 英寸、27 英寸等，长宽比例有 4∶3 和 16∶9（宽屏）两种。常见品牌有三星、LG、飞利浦、宏碁（Acer）、冠捷（AOC）等。

（8）显卡

显卡又称显示卡、显示适配器。显卡是主机与显示器之间连接的"桥梁"，用于控制计算机的图形输出，它的质量和性能决定了计算机的显示质量。显卡可分为独立显卡（见图 1-14）和集成显卡。独立显卡是块独立芯片，常用于 3D 游戏和对图形显示要求较高的场合；而集成显卡是在 CPU 中集成了显示芯片，以实现普通的显示要求。

图 1-13　液晶显示器　　　　　　　　图 1-14　独立显卡

(9) 声卡

声卡是多媒体技术中最基本的组成部分，是实现声波和数字信号相互转换的一种硬件。声卡常集成在主板中，一般有音频输出接口（Line out），音频输入接口（Line in），麦克风接口（Mic）等。

(10) 网卡

网卡又名网络适配器，是计算机局域网中最重要的连接设备，计算机主要通过网卡连接网络，它负责在计算机和网络之间实现双向数据传输。网卡通常集成在主板中。

(11) 机箱及电源

机箱是计算机的外壳，从外观上可分为卧式和立式两种。机箱一般包括外壳、用于固定软硬盘驱动器的支架、面板上必要的开关、指示灯等。配套的机箱内还有电源。

(12) 打印机

打印机（见图1-15）是计算机系统最基本的输出形式，可以把文字或图形在纸张上输出，供用户阅读和长期保存。

图 1-15　针式打印机、喷墨打印机、激光打印机（从左到右）

打印机按工作原理可分为击打式打印机和非击打式打印机两类。

针式打印机是典型的击打式打印机，它将字模通过色带和纸张直接接触而打印出来，针式打印机打印速度慢，噪声大，但特别适合打印票据。

非击打式打印机主要有喷墨打印机和激光打印机。喷墨打印机具有打印质量高、体积小、噪声低、可打印彩色的特点，但打印的墨水价格昂贵。激光打印机打印效果清晰，质量高，而且速度快、噪声低，它是目前打印速度最快的一种打印机。随着价格的下降和出色的打印效果，已经被越来越多的人所接受。

3. 计算机软件

计算机只有硬件并不能工作，必须配备软件才能运行，没有软件支持的计算机称为"裸机"。计算机软件是计算机程序及其相关文档的总和。软件虽然看不见、摸不着，但它是控制、管理计算机工作的"灵魂"。通常，计算机软件可以分为系统软件和应用软件两大类。用户、软件和硬件之间的关系如图 1-16 所示。

图 1-16 用户、软件和硬件之间的关系

（1）系统软件

系统软件是负责管理、控制、维护、开发计算机的软硬件资源，提供给用户一个便利的操作界面，也提供编制应用软件的资源环境。系统软件主要包括操作系统、程序设计语言及其处理程序、数据库管理系统和服务程序。

① 操作系统

操作系统是管理计算机硬件和软件资源，为用户提供方便的操作环境的程序集合。它有两个基本职能：管理、控制、协调整个计算机系统的运行；为用户提供上机操作界面，是用户使用计算机的桥梁与接口。操作系统是计算机运行的总指挥，是一切其他软件的支撑软件。启动计算机时，首先将操作系统装入内存并激活计算机，在它的管理与控制下，计算机才能正常运行。操作系统是系统软件的核心，主要负责任务管理、存储管理、设备管理、文件管理和作业管理。目前常用的操作系统有 Windows、UNIX、Linux 系统等。

② 程序设计语言及其处理程序

程序设计语言按其级别可以分为机器语言、汇编语言和高级语言 3 大类。除机器语言外，其他语言编写的程序都不能直接在计算机上执行，需要语言处理程序对其进行翻译，按不同的翻译处理方法，翻译程序分为汇编程序、解释程序和编译程序。

机器语言采用二进制指令代码形式，是计算机唯一可以直接识别、直接运行的语言。机器语言依赖于计算机的指令系统，因此不同类别的计算机，其机器语言是不同的，存在兼容性问题。机器语言的执行效率高，不需要任何解释，但人们很难编写、阅读、记忆、调试和修改，所以现在很少直接用机器语言编写程序。

汇编语言是用能反映指令功能的助记符描述的计算机语言，也称符号语言，它实际上是一种符号化的机器语言。用汇编语言编写的程序称为源程序，机器无法直接执行，必须用相应的汇编程序把它翻译成目标程序（即机器语言）才能执行。完成这个翻译过程的是汇编程序。用汇编语言编写的程序比用机器语言编写的程序易写、易读、易记忆，由于它能控制计算机内部最底层的操作，因此目前很多系统软件的核心部分仍然需要用汇编语言来描述。

机器语言和汇编语言都是低级语言，与人类的自然习惯相差较远，编程效率低。于是另一种新的近似于人类的自然语言和数学语言的、不用关心计算机指令系统如何运作的且易于书写和掌握的语言——高级语言诞生了。用高级语言编写的程序也称为源程序，同汇编语言编写的程序一样，机器无法直接执行，必须将其翻译成目标程序后机器才能执行。高级语言有两种翻译方式：一种是逐条指令边解释边执行，运行结束后目标程序并不保存，完成这种处理过程的程序称为解释程序；另一种是先把源程序全部一次性翻译成目标程序，然后再执行目标程序，完成这种处理过程的程序称为编译程序。早期带行号的 Basic 语言的翻译程序属于解释程序，而 Fortran、C、Pascal、QBasic 等属于编译程序。在运用这些语言编写程序时，需要把每一步操作都描述下来，是一种面向过程的程序设计。目前的 Visual Basic、Visual C++等虽然是面向对象的程序设计，但也属于编译范畴。

③ 数据库管理系统

数据库管理系统也是十分重要的一个系统软件。大量的应用软件都需要数据库的支持，如信息管理系统、电子商务等。目前比较流行的数据库管理系统主要有 Microsoft SQL Server、Oracle、MySQL、Sybase 和 Informix 等。

④ 服务程序

服务程序，又称为辅助程序、支持软件、工具软件等，它为计算机用户提供各种控制分配和使用计算机资源的方法。服务程序有两种形式，一种是包含在操作系统之中，如 Windows 磁盘管理工具等；另一种是软件开发商开发的独立软件包，如各种驱动程序、数据压缩软件、磁盘分区软件、数据备份与恢复工具，以及反病毒软件等。

（2）应用软件

应用软件是指为解决某一领域的具体问题而编制的软件产品，如办公软件、图像处理软件、各类信息管理系统等。应用软件因其应用领域的广泛而丰富多彩。

4．计算机病毒

"病毒"一词源于生物学，人们通过分析研究发现，计算机病毒在很多方面与生物学病毒有相似之处，因此借用了生物学病毒的概念。《中华人民共和国计算机信息系统安全保护条例》第二十八条对计算机病毒给出定义：计算机病毒，是指编制或者在计算机程序中插入的破坏计算机功能或者毁坏数据，影响计算机使用，并且能够自我复制的一组计算机指令或者程序代码。可见，计算机病毒实际上是人为编制的特殊的计算机指令或程序代码。

近几年来，计算机病毒的种类不断增多，并且随着互联网使用的普及，破坏性也越来越大，对计算机系统造成极大的干扰和破坏，使程序不能正常运行，数据被更改或摧毁，严重的甚至导致系统瘫痪。

（1）计算机病毒的分类

计算机病毒通常可分为以下 6 类。

① 引导型病毒

会在软盘或者硬盘的引导区、主引导记录（MBR）中插入指令。此时，如果计算机从被感染的磁盘引导启动时，病毒就会感染计算机，并把病毒代码调入内存。触发引导区病毒的典型事件是系统日期和时间。

② 文件型病毒

通过在程序执行进程中插入指令把自己依附在可执行文件（.com 和 .exe 文件）上。此种病毒感染文件，并寄生在文件中，进而造成文件损坏。

③ 混合型病毒

此种病毒具有引导型和文件型两种病毒的特性，不但能够感染和破坏硬盘的引导区，而且能感染和破坏文件。

④ 宏病毒

宏病毒是一种寄存在 Office 文档或模板的宏中的计算机病毒。一旦打开感染了宏病毒的文档，其中的宏就会被执行，于是宏病毒就会被激活，转移到计算机上，并驻留在 Normal 模板上。从此以后，所有自动保存的文档都会"感染"上这种病毒。宏病毒主要感染 Word、Excel 等 Office 文档。

⑤ 特洛伊木马

特洛伊木马是一个看似正当的程序，但当程序执行时会进行一些恶性及不正当的活动。特洛伊木马常用作黑客工具去窃取用户的密码资料或破坏硬盘内的程序、数据。与其他计算机病毒的区别是，特洛伊木马不会复制自己。它的传播伎俩通常是诱骗计算机用户把特洛伊木马植入计算机内，例如通过电子邮件中的附件等。

⑥ 蠕虫

蠕虫是一种能自我复制并经由网络扩散的程序。它与其他计算机病毒有些不同，蠕虫是专注于利用网络去扩散病毒。随着互联网的普及，蠕虫常利用电子邮件系统传播扩散。有些蠕虫（如"红色代码"）更会利用软件上的漏洞来扩散和进行破坏。

计算机病毒一般通过某个入侵点进入系统。最明显、也是最常见的入侵点是工作站的硬盘或U盘；在网络系统中，可能的入侵点包括服务器、E-mail附件部分、因特网上供下载的文件、网站、共享的网络文件及常规的网络通信、盗版软件、示范软件、计算机实验室以及其他共享设备等。

（2）计算机病毒的特征

计算机病毒的特征主要有传染性、隐蔽性、潜伏性、触发性、破坏性和不可预见性。

① 传染性

计算机病毒会通过各种媒介从已被感染的计算机扩散到未被感染的计算机。这些媒介可以是程序、文件、存储介质、网络等。

② 隐蔽性

不经过程序代码分析或计算机病毒代码扫描，计算机病毒程序与正常程序是不容易区分的。在没有安全防护措施的情况下，计算机病毒程序一经运行并取得系统控制权后，可以迅速感染给其他计算机或程序，而在此过程中计算机屏幕上没有任何异常显示。这种现象就是计算机病毒传染的隐蔽性。

③ 潜伏性

病毒具有依附其他媒介寄生的能力，它可以在硬盘、U盘或其他介质上潜伏几天，甚至几年。不满足其触发条件时，除了感染其他文件以外不做破坏；触发条件一旦得到满足，病毒就四处繁殖、扩散、破坏。

④ 触发性

计算机病毒发作往往需要一个触发条件，其可能利用计算机系统时钟、病毒体自带计数器、计算机内执行的某些特定操作等。如 CIH 病毒在每年 4 月 26 日发作，而一些邮件病毒在打开附件时发作。

⑤ 破坏性

当触发条件满足时，病毒在被感染的计算机上开始发作。根据计算机病毒的危害性不同，病毒发作时表现出来的症状和破坏性可能有很大差别。从显示一些令人讨厌的信息，到降低系统性能、破坏数据（信息），直到永久性摧毁计算机硬件和软件，造成系统崩溃、网络瘫痪等。

⑥ 不可预见性

病毒相对于杀毒软件永远是超前的，从理论上讲，没有任何杀毒软件可以杀除所有的病毒。

（3）计算机病毒的防治

采取防护措施是对付计算机病毒的积极而有效的方法，比等待计算机病毒出现后再去杀毒更能保护计算机系统。虽然会出现新病毒，但只要在思想上有防病毒的警惕性，再加上反病毒技术和管理措施，也可以使新病毒不被广泛传播。采取的防治措施主要有：

① 提高警惕

重视计算机病毒的危害性，提高警惕，加强防范意识，以便及时发现计算机病毒感染后留下的蛛丝马迹，并及时采取补救措施。

② 加强管理

定期检查敏感文件和敏感部位；采取必要的病毒检测和监控措施；加强教育和宣传工作，合理设置杀毒软件。

③ 使用反病毒工具

对新购的硬盘、光盘、软件等资源，使用前要进行查杀毒；不使用来路不明的软件；上网时开启病毒防火墙；不要打开来路不明的邮件；及时给系统打补丁；定期备份重要文件等。

对付计算机病毒的有效方法是利用流行的反病毒工具。国内著名的反病毒软件有360、金山毒霸等；国外著名的反病毒软件有赛门铁克（Symantec AntiVirus）、卡巴斯基（Kaspersky Anti-Virus）等。

5. 各种进制及其之间的相互转换

计算机要处理各种信息，首先要将信息表示成具体的数据形式。计算机内的信息都是以二进制数的形式来表示的，这是因为二进制数在电路上具有容易实现、可靠性高、运算规则简单、可直接进行逻辑运算等优点。人们生活中习惯使用的是十进制数，为了简化二进制数的表示，又引入了八进制和十六进制。二进制数与其他进制数之间存在一定的联系，相互之间也能进行转换。

（1）进位计数制

所谓进位计数制，就是按进位的方法进行计数。下面主要介绍人们习惯使用的十进制数及与计算机密切相关的二进制数和十六进制数。

① 十进制

十进制是人们十分熟悉的计数体制。它用0、1、2、3、4、5、6、7、8、9十个数字符号，按照一定规律排列起来表示数值的大小。采用的计数规则是"逢十进一"。各相邻数位之间的权之比是10，十进制数权的一般形式为10^n（n为整数）。每个十进制数都可以表示成按权展开的多项式。例如：

$3468.795=3\times10^3+4\times10^2+6\times10^1+8\times10^0+7\times10^{-1}+9\times10^{-2}+5\times10^{-3}$

② 二进制

与十进制类似，二进制的基数为2，即二进制中只有两个数字符号（0和1）。二进制的基本运算规则是"逢二进一"，各数位的权为2^n。例如：

$1101.101=1\times2^3+1\times2^2+0\times2^1+1\times2^0+1\times2^{-1}+0\times2^{-2}+1\times2^{-3}$

③ 十六进制

在十六进制中，基数为16。它有0、1、2、3、4、5、6、7、8、9、A（10）、B（11）、C（12）、D（13）、E（14）、F（15）十六个符号。十六进制的基本运算规则是"逢十六进一"，各数位的权为16^n。例如：

$2CB.D8=2\times16^2+12\times16^1+11\times16^0+13\times16^{-1}+8\times16^{-2}$

为了区分一个数是几进制表示的数，可以使用两种方法：一种方法是在数的后面加一个大写字母，其中，B表示二进制，D表示十进制，O表示八进制，H表示十六进制，如101B表示一个二进制数；另一种方法是将要表示的数用圆括号括起来，然后用一个下标表示是几进制数，如$(1011.101)_2$表示一个二进制数。除特别指明外，没有任何标记的数默认为十进制数。

（2）不同进制数间的转换

① 二进制数、十六进制数转换成十进制数

要将一个二进制数或十六进制数转换成十进制数，只要将其按位权展开成多项式，即可计算得到对应的十进制数。如：

$(1011\ 0111)_2 = 1×2^7+0×2^6+1×2^5+1×2^4+0×2^3+1×2^2+1×2^1+1×2^0=(183)_{10}$

$(3D.B)_{16} = 3×16^1+13×16^0+11×16^{-1}=(61.6875)_{10}$

② 十进制数转换成二进制数

整数部分的转换采用"除2取余法"，即用2多次除被转换的十进制数，直至商为0，将每次相除所得余数，按照第一次除2所得的余数是二进制数的最低位，最后一次相除所得的余数是最高位的顺序排列起来，便是对应的二进制数。如将十进制数13转换成二进制数是1 101，转换过程如图1-17所示。

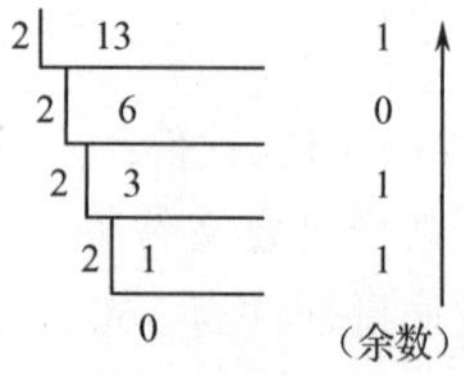

图1-17 除2取余法示例

小数部分的转换采用"乘2取整法"，即用2多次乘被转换的十进制数的小数部分，每次相乘后，排列所得乘积的整数部分作为对应的二进制数，第一次乘积所得的整数部分就是二进制数小数部分的最高位，其次为次高位，最后一次是最低位。如将十进制纯小数0.8125转换成二进制小数是0.1101。

0.8125×2=1.625　　　1
0.625×2=1.25　　　　1
0.25×2=0.5　　　　　0
0.5×2=1.0　　　　　　1

③ 二进制数与十六进制数之间的相互转换

一个二进制数要转换成十六进制数时，以小数点为界，分别向左向右每四位分为一组，一组一组地转换成对应的十六进制数字。若最后不足四位时，整数部分在最高位前面加0补足四位后再转换；小数部分在最低位之后加0补足四位后再转换，然后按原来的顺序排列就得到十六进制数了。

例如：将二进制数11 1101 0010.01101转换成十六进制数是3D2.68。

0011，1101，0010.0110，1000
　↓　　↓　　　↓　　↓　　↓
　3　　D　　　2 . 6　　8

相反，将十六进制数转换成二进制数时，只要将每位十六进制数字写成对应的四位二进制数，再按原来的顺序排列起来就可以了。

1.4　项目实施

任务1：认识主机箱接口

计算机外接设备都必须正确连接到主机箱的相应接口上才能正常工作，这些接口形状、大小不一，要注意识别，防止接错（大部分接口具有防接错设计）。

步骤1：主机箱前面板接口如图1-18（a）所示，主要包含有光驱、电源开关（Power）、电源指示灯（Power LED）、硬盘指示灯（HD LED）、复位键（Reset）、USB接口、音频输出接口、麦克风接口等。虽然在主机箱后面板（见图1-18（b））上亦有USB接口、音频输出接口和麦克风接口，如果前面板上也有的话，用户使用更方便。

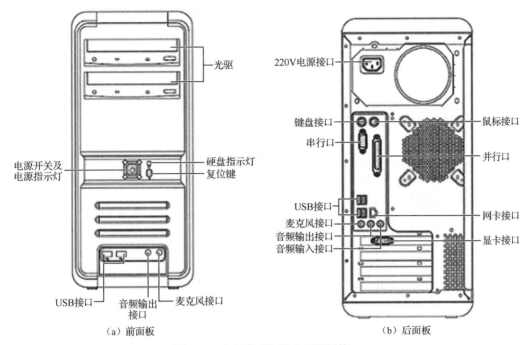

图 1-18 主机箱前面板和后面板接口

- 电源开关（Power）：按此按钮可以打开或关闭计算机。
- 电源指示灯（Power LED）：此灯亮时表示计算机电源已经接通。
- 硬盘指示灯（HD LED）：此灯亮时表示计算机正在读写数据。
- 复位键（Reset）：按下此键，将强制计算机重新启动。建议不要轻易使用此操作。

步骤 2：在你的主机箱前面板上找出以上接口。

步骤 3：主机箱后面板接口如图 1-18（b）所示，主要包含有 220V 电源接口、鼠标接口、键盘接口、串行口、并行口、USB 接口、网卡接口、麦克风接口、音频输出接口、音频输入接口、显卡接口等。

- 220V 电源接口：用于向主机供电。
- 鼠标接口（PS/2，绿色）：用于接 PS/2 接口的鼠标。
- 键盘接口（PS/2，紫色）：用于接 PS/2 接口的键盘。
- 串行口（COM）：用于接串行接口设备。
- 并行口（LPT）：用于接并行接口设备。
- USB 接口：用于接 USB 接口设备。
- 网卡接口（RJ-45）：用于连接局域网或宽带上网设备。
- 麦克风接口（Mic，粉红色）：用于接麦克风，可以将麦克风接收到的音频信号输入到计算机中。
- 音频输出接口（Line out，草绿色）：用于接音箱或耳机，需要接耳机时，将音箱的接头拔下，换上耳机接头。
- 音频输入接口（Line in，浅蓝色）：用于将 CD 机、MP3、录像机等的音频信号输入到计算机中。
- 显卡接口（VGA）：用于输出显示信号到显示器，接显示器的信号线。

步骤 4：在你的计算机后面板上找出以上接口。

【说明】

（1）各个接口旁边一般均有相应的图标，便于识别。

（2）键盘接口和鼠标接口均为 PS/2 接口，它们形状类似，因此应注意它们的位置、识别图标和颜色。

（3）麦克风接口（Mic）、音频输出接口（Line out）、音频输入接口（Line in）的形状亦类似，也应注意它们的位置、识别图标和颜色。

任务 2：计算机的启动与关闭

1. 计算机的启动

要使用计算机，必须先启动计算机。

步骤 1：开机前先按下显示器电源开关，显示器指示灯亮则表明显示器已接通电源。

步骤 2：找到主机箱前面板上的电源开关并按下，电源指示灯变亮，可看到硬盘指示灯亦变亮，显示器指示灯的颜色由黄色变为黄绿色，并伴随着机箱里发出的一声"嘀"声，表明主机已接通电源。

这种启动方式称为"冷启动"，系统首先进行自检（Power On Self Test，POST），然后启动操作系统。注意计算机的启动顺序及屏幕上的显示信息。

步骤 3：正常情况下，稍后便会看到 Windows 10 的登录界面，输入正确的用户名和密码（或指纹等）后，将进入 Windows 10 的桌面。至此，计算机已启动完毕，可以进入下一步的工作。

【说明】

（1）开机顺序是先开显示器和其他外接设备电源，再开主机电源，而关机顺序与开机顺序刚好相反。

（2）在计算机启动过程中或在 DOS 环境下，按下 Ctrl+Alt+Delete 组合键可对计算机进行重新启动，这种启动方式称为"热启动"。如果计算机进入 Windows 10 的界面，再按 Ctrl+Alt+Delete 组合键，则不会重新启动计算机，而是打开 Windows 10 的管理界面，如图 1-19 所示。

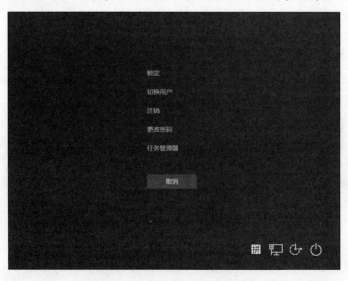

图 1-19　Windows 10 的管理界面

（3）在计算机的运行过程中，按主机箱上的 Reset 按钮来重新启动机器，这种启动方式称为"复位启动"。

复位启动与热启动的区别是：复位启动要运行自检程序，而热启动不运行自检程序，因此热启动速度较快。一般来说，为避免反复开关主机而影响机器的工作寿命，只有在热启动无效的情况下才用复位启动。

2. 计算机的关闭

使用计算机完成工作后，应关闭计算机。

步骤1：选择"开始"→"电源"→"关机"命令，计算机就会自动执行关机过程，稍后机箱电源会自动关闭。

步骤2：关闭显示器电源。

【说明】

（1）一般关机前要先保存重要资料，否则可能会损坏甚至丢失有关资料。

（2）关机后，不宜立即再次启动计算机，一般应至少过20秒后方可再次启动计算机。

（3）如果计算机在使用过程中出现死机（计算机停止工作，键盘和鼠标都没有任何反应），此时无法使用常规关机操作，可按住机箱上的电源按钮约5秒后松开，计算机会自动关闭，这种方法称为"软关机"。

任务3：熟悉鼠标和键盘的使用方法

1. 熟悉鼠标的使用方法

鼠标已成为操作计算机最基本的工具，学习计算机操作首先必须学会鼠标操作。基本的鼠标操作方法有指向、单击、双击、拖动和右击5种，不同的操作方法完成不同的操作任务。

微课：熟悉鼠标和键盘的使用方法

鼠标按外形分，可分为两键式、三键式、带滚轮三种，如图1-20所示。若按工作原理和部件分，可分为机械式鼠标和光电式鼠标。请观察你手中的鼠标是属于哪种类型。

图1-20　两键式、三键式、带滚轮的鼠标

显示器上鼠标指针的形状反映了不同的操作状态，操作时要注意指针形状的变化。请对照表1-1，看看你的鼠标指针是什么形状，处于什么操作状态？

表1-1　鼠标指针形状及含义

鼠标指针形状	含　义	鼠标指针形状	含　义
↖	正常选择	＋	精确定位（可在屏幕上精确选择一个区域）
↖?	帮助选择	↖	后台运行
⌛	忙（表示系统忙）	I	选定文本（表示当前在文本区域）

续表

鼠标指针形状	含义	鼠标指针形状	含义
✎	手写	↗↙	拖动鼠标可以在45°方向调整对象大小
⊘	不可用	✥	表示对象可以移动
↕	拖动鼠标可以在垂直方向调整对象大小	↑	候选（待用）
↔	拖动鼠标可以在水平方向调整对象大小	👆	超链接指示
↖↘	拖动鼠标可以在135°方向调整对象大小		

下面练习5种基本的鼠标操作方法：指向、单击、双击、拖动和右击。

步骤1：指向并单击桌面上的"计算机"图标，此时"计算机"图标处于选中状态。

步骤2：拖动"计算机"图标至任一空白处，该图标会停留在目标处。

步骤3：右击"计算机"图标，会弹出一快捷菜单，该快捷菜单中包含有针对当前项目的常用命令，用户可选择相应命令实现快速操作。

步骤4：双击"计算机"图标，可打开"计算机"窗口。

【说明】

（1）指向操作就是把鼠标指针移到某一操作对象上。

（2）单击操作就是按下并松开鼠标左键一次。

（3）双击操作就是快速连续按下并松开鼠标左键两次，用于启动程序或打开文档窗口。

（4）拖动操作就是按住鼠标左键不松开并移动鼠标。

（5）右击操作就是按下鼠标右键并快速松开。使用鼠标右击任何项目都将弹出一个"快捷菜单"，其中包含可用于该项目的常用命令。

2. 熟悉键盘的使用方法

尽管鼠标可以代替键盘的部分工作，但文字和数据的输入必须靠键盘来完成，而且即使有了鼠标，很多功能的快捷方法还是要靠操作键盘来完成。因此，键盘也是计算机系统最基本的输入设备之一，有关它的使用非常基础，也非常重要，必须熟练掌握它的使用方法。

当前，常用的键盘有104键的（见图1-21）的，也有107键的，观察你的键盘上有多少个键。104键和107键相比，差哪3个键。

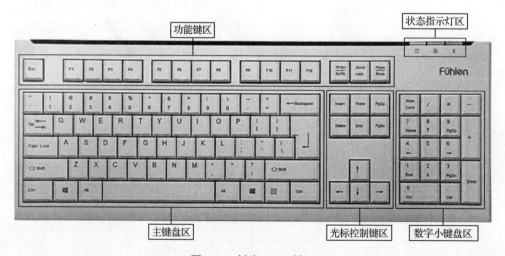

图1-21 键盘（104键）

键盘布局可分为 5 个分区：主键盘区、功能键区、数字小键盘区、光标控制键区（编辑键区）和状态指示灯区。在你的键盘上找出这 5 个分区。

下面练习一些常用键的操作，在"记事本"窗口中输入如图 1-22 所示的内容。

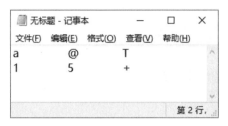

图 1-22 "记事本"窗口

步骤 1：选择"开始"→"Windows 附件"→"记事本"命令，打开"记事本"窗口。

步骤 2：先输入 a，再按 Tab 键一次，观察光标往后移动多少格。

步骤 3：同时按住 Shift 和 2 键输入"@"，再按 Tab 键一次，然后按 CapsLock 键，此时 CapsLock 指示灯亮，输入"T"。

步骤 4：再按下 CapsLock 键，此时 CapsLock 指示灯灭，按 Enter 键换行。

步骤 5：观察 Num Lock 指示灯状态，如果不亮，按 Num Lock 键，启动数字小键盘。

步骤 6：在数字小键盘区用数字键输入数字 1，按 Tab 键一次，输入 5。按 Tab 键一次，同时按住 Shift 和=键，输入"+"。

步骤 7：把光标放置在 5 前面，按 Delete 键一次，删除 5；或者把光标放置在 5 后面，按 Backspace 键一次，也可删除 5。

【说明】

- Enter 键：回车键。表示命令的结束或段落的结束。
- Shift 键：上档控制键。辅助输入双字符键的上档字符。
- Ctrl 键：控制键。经常与其他键联合使用，起某种控制作用。如 Ctrl+C 组合键表示复制选中的内容。
- Alt 键：转换键。经常与其他键联合使用，起某种转换或控制作用。
- Tab 键：跳格键。每按一次，光标向右跳到指定位置（8 格的整数倍），在表格中，跳到下一单元格。
- Delete 键：删除键。每按一次，删除光标右边的一个字符。
- Backspace 键：退格键。每按一次，删除光标左边的一个字符。
- Insert 键：插入与改写状态转换键。
- CapsLock 键：大小写字母转换键。注意 CapsLock 指示灯的变化。
- Space 键：空格键。
- Num Lock 键：数字/光标转换键。注意 Num Lock 指示灯的变化。
- Esc 键：取消键。取消当前正在进行的操作。
- PrtScn 键：屏幕打印键。将整个屏幕截图，以图像方式存到剪贴板中。若同时按住 Alt 和 PrtScn 键，则可将当前窗口（不是整个屏幕）截图，以图像方式存到剪贴板中。
- ←、→、↑、↓键：方向键。控制光标向左、向右、向上、向下移动。

- Home、End、PgUp、PgDn 键：光标快速移动键。控制光标移至行首、行尾和向上翻页、向下翻页。
- 字母键：直接按键输入。可以通过 CapsLock 键进行大、小写字母切换。
- 数字键：直接按键输入。通过数字小键盘区中的数字键也可输入数字（此时 Num Lock 指示灯亮）。双字符键的上档字符可借助 Shift 键输入。

任务 4：查看计算机软硬件配置

1. 查看计算机硬件配置

微课：查看计算机软硬件配置

查看计算机的各硬件及其型号、参数等，可以将计算机主机箱打开，逐一查看计算机的各个硬件。但这种做法太麻烦，可以借助 Windows 操作系统中的工具软件来查看软硬件配置。

步骤 1：右击桌面上的"此电脑"图标，在弹出的快捷菜单中选择"属性"命令，打开"系统"窗口，如图 1-23 所示。

步骤 2：在"系统"窗口中，可以查看以下内容。

- 所用的操作系统及其版本。
- CPU 的型号及速度。
- 内存的大小。

图 1-23 "系统"窗口

- 计算机名和工作组名。

步骤 3：单击"系统"窗口左侧窗格中的"设备管理器"链接，打开"设备管理器"窗口，如图 1-24 所示。

图 1-24 "设备管理器"窗口

步骤 4:"设备管理器"窗口中列出了所有的硬件,只要单击某硬件设备项前的" >"(此时," >"变为" ∨"),即可查看该硬件的型号。

步骤 5:查看你的计算机中各硬件的型号。

2. 查看计算机软件配置

计算机的硬件是计算机进行工作的物质基础,计算机的硬件需要在软件的支持下,才能发挥作用。

步骤 1:在"系统"窗口中,查看操作系统的版本。

要查看其他已安装的软件及其版本,可通过"Windows 设置"窗口中的"应用"选项来查看。

步骤 2:选择菜单"开始"→"设置"命令,打开"Windows 设置"窗口,如图 1-25 所示。

图 1-25 "Windows 设置"窗口

步骤 3：单击"应用"选项，打开"应用和功能"窗口，如图 1-26 所示，该窗口中列出了所有已安装的软件。

图 1-26 "应用和功能"窗口

步骤 4：如果要卸载某软件，在"应用和功能"窗口的程序列表中单击该软件的名称，在打开的选项中选择"卸载"命令，可卸载该软件。

任务 5：使用反病毒软件查杀计算机病毒

下面介绍如何使用 360 杀毒软件查杀计算机病毒。

步骤 1：从"360 安全中心"网站（www.360.cn）下载 360 杀毒软件 5.0 版本并安装，安装后的主界面如图 1-27 所示。

微课：使用反病毒软件查杀计算机病毒

图 1-27 360 杀毒软件主界面

步骤 2：单击主界面中的"快速扫描"按钮，360 杀毒软件即开始对"系统设置""常用软件""内存活跃程序""开机启动项""系统关键位置"等对象进行快速扫描，如图 1-28 所示。

图 1-28　快速扫描

步骤 3：单击如图 1-27 所示主界面中的"全盘扫描"按钮，360 杀毒软件对"系统设置""常用软件""内存活跃程序""开机启动项""所有磁盘文件"等对象进行全盘扫描，花费时间比"快速扫描"更多，扫描也更彻底。

步骤 4：单击如图 1-27 所示主界面右下方的"自定义扫描"按钮，打开"选择扫描目录"对话框，如图 1-29 所示，选中某个扫描对象（如本地磁盘 C:）进行扫描。扫描过程中如发现计算机病毒，会及时报告并采取相应措施（如清除病毒或隔离染毒文件）。

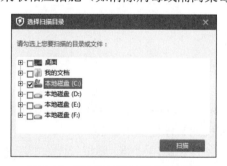

图 1-29　"选择扫描目录"对话框

任务 6：使用计算器程序验证数制转换

数制之间的转换可通过手工进行，但手工转换既麻烦，又容易出错。Windows 操作系统中的计算器程序可实现整数的数制转换，下面举例说明如何使用计算器程序验证数制转换。

步骤 1：选择"开始"→"计算器"命令，打开"计算器"窗口。

步骤 2：选择窗口左上角的"打开导航"→"程序员"命令，将标准型计算器窗口转换成程序员型计算器窗口，如图 1-30 所示。

微课：使用计算器程序验证数制转换

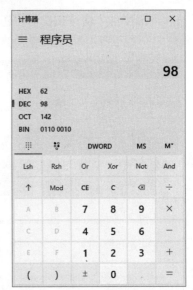

（a）标准型计算器窗口　　　　　　（b）程序员型计算器窗口

图 1-30　标准型和程序员型计算器

步骤 3：先在草稿纸上计算：98=(　　　)₂=(　　　)₈=(　　　)₁₆。

步骤 4：在"计算器"窗口中，输入十进制数 98，窗口中会同时显示相应的二、八、十、十六进制数，验证显示值与自己的计算值是否一致。

【说明】计算器中只能进行整数的数制转换，如果一个数既有整数部分又有小数部分，如 98.75，可先在计算器程序中对整数部分（98）进行数制转换，而对小数部分（0.75）进行手工转换。

1.5　总结与提高

计算机硬件一般由主机、输入设备（键盘、鼠标等）、输出设备（显示器、打印机等）等构成。一台计算机性能的高低，不仅取决于各配件的性能，更重要的是各配件间的配合是否协调。由高性能配件构成的计算机的整体性能未必高。

计算机软件一般配置系统软件和应用软件。系统软件一般配置操作系统和工具软件。工具软件包括屏幕保护程序、反病毒程序、数据备份程序、数据压缩程序、文件碎片整理程序等。应用软件一般配置通用应用软件，如微软公司开发的 Office 办公套件、Adobe Systems 公司发布的 Reader 系列软件等。根据需要，可配置相关专用软件或定制软件。

1. 计算机性能指标

计算机性能高低涉及体系结构、软硬件配置、指令系统等多种因素，一般说来主要有下列三种技术指标。

（1）字长

字长（Word Length）：是字的长度，又称为"数据宽度"，是指计算机运算部件一次能同时处理的二进制数据的位数。字长越长，计算机的运算精度就越高，数据处理能力就越强。通常，字长总是 8 的整倍数，如 8、16、32、64 位等。

位（Bit）：是一个二进制数码。其值只有 0 或 1。位是数据的最小单位，简称为 b，一个位所包含的信息是一比特。

字节（Byte）：一个字节由 8 个二进制位组成。字节是数据的基本单位，简称为 B。

字（Word）：一个字由若干二进制位组成。一般是字节的整数倍，例如 8 位、16 位、32 位，现在的微型机已达 64 位。字一般是指运算器处理数据的单位。

（2）速度

计算机的速度可用时钟频率和运算速度两个指标评价。

时钟频率也称主频，用来表示 CPU 的运算速度，它的高低在一定程度上决定了计算机速度的高低。主频通常以 GHz 为单位，一般来说，主频越高，速度越快。计算机的运算速度通常是指每秒钟所能执行的加法指令数目，常用百万次/秒（MIPS）来表示。

（3）存储容量

存储容量包括内存容量和外存容量，主要指内存储器的容量。显然，内存容量越大，计算机所能运行的程序就越大，处理能力就越强。尤其是当前计算机应用多涉及图像信息处理，要求存储容量会越来越大，甚至没有足够大的内存容量就无法运行某些软件。

2．二进制编码

由于计算机中采用二进制编码存储信息，所以输入计算机中的所有数字、字符、符号、汉字、图形、图像、声音、动画等信息最终都要转换成二进制编码来表示。

（1）ASCII 码

由于计算机只能直接接受、存储和处理二进制数，对于数值信息可以采用二进制数码表示，对于非数值信息可以采用二进制编码表示。编码是指用少量基本符号根据一定规则组合起来以表示大量复杂多样的信息。一般来说，需要用二进制代码表示哪些文字、符号取决于人们要求计算机能够"识别"哪些文字、符号。为了能将文字、符号也存储在计算机里，必须将文字、符号按照规定的编码转换成二进制数代码。目前，计算机中一般都采用国际标准化组织规定的 ASCII 码（American Standard Code for Information Interchange，美国标准信息交换码）来表示英文字母和符号。基本 ASCII 码的最高位为 0，其可表示范围用二进制（$0b_7b_6b_5b_4b_3b_2b_1$）表示为 0000 0000～0111 1111，用十进制表示为 0～127，共 128 种。基本 ASCII 字符表如表 1-2 所示。

表 1-2　基本 ASCII 码字符编码表

$b_4b_3b_2b_1$ \ $b_7b_6b_5$	000	001	010	011	100	101	110	111
0000	NUL	DLE	SP	0	@	P	`	p
0001	SOH	DC1	!	1	A	Q	a	q
0010	STX	DC2	"	2	B	R	b	r
0011	ETX	DC3	#	3	C	S	c	s
0100	EOT	DC4	$	4	D	T	d	t
0101	ENQ	NAK	%	5	E	U	e	u
0110	ACK	SYN	&	6	F	V	f	v
0111	BEL	ETB	'	7	G	W	g	w
1000	BS	CAN	(	8	H	X	h	x
1001	HT	EM	)	9	I	Y	i	y

续表

$b_4b_3b_2b_1$ \ $b_7b_6b_5$	000	001	010	011	100	101	110	111
1010	LF	SUB	*	:	J	Z	j	z
1011	VT	ESC	+	;	K	[	k	{
1100	FF	FS	,	<	L	\	l	|
1101	CR	GS	-	=	M	]	m	}
1110	SO	RS	.	>	N	^	n	~
1111	SI	US	/	?	O	_	o	DEL

从表 1-2 中可以看出，字符 ASCII 码的大小规律是：基本 ASCII 字符表按代码值的大小排列，数字的代码小于字母；在数字的代码中，0 的代码最小，9 的代码最大；大写字母的代码比小写字母小；在字母中，代码的大小按字母顺序递增；A 的代码最小，z 的代码最大。其中，0 的代码为 48，A 的代码为 65，a 的代码为 97，其他数字和字母的代码可以依次推算出来。扩充 ASCII 码的最高位为 1，其范围用二进制表示为 1000 0000～1111 1111，用十进制表示为 128～255，也共有 128 种。ASCII 码目前已被国际标准化组织 ISO 和国际电报电话咨询委员会 CCITT 采纳成为一种国际通用的信息交换标准代码。

（2）汉字编码

对于英文，大小写字母总计只有 52 个，加上数字、标点符号和其他常用符号，128 个编码基本够用，所以 ASCII 码基本上满足了英文信息处理的需要。我国使用的汉字不是拼音文字，而是象形文字，常用的汉字有 6 000 多个，因此使用 7 位二进制编码是不够的，必须使用更多的二进制位。

图 1-31 GB 2312-1980 字符集区位分布

1980 年我国国家标准局颁布的《信息交换用汉字编码字符集·基本集》（GB 2312-1980），收录了 6 763 个汉字和 619 个图形符号。在 GB 2312-1980 中规定用 2 个连续字节，即 16 位二进制代码（国标码）表示一个汉字。由于每个字节的最高位规定为 0（只用低 7 位），这样就可以表示 128×128=16 384 个汉字。在 GB 2312-1980 中，根据汉字使用频率分为两级，第一级有 3 755 个，按汉语拼音字母的顺序排列；第二级有 3 008 个，按部首排列。

GB 2312-1980 国标字符集构成一个二维平面，由 94 行和 94 列组成，其中的行号称为区号，列号称为位号，如图 1-31 所示。区号和位号构成了字符的区位码，如"中"字的区号为 54，位号为 48，则 5 448 就是"中"字的区位码。

区位码与国标码的关系：

国标码首字节=区号+32（二进制表示为 0010 0000）

国标码尾字节=位号+32（二进制表示为 0010 0000）

如"中"的区位码为 5 448，可以算出它的国标码为 0101 0110 0101 0000B，用十六进制表示为 5 650H。

"中"国标码首字节=0011 0110B（区号 54 的二进制表示）+0010 0000B=0101 0110B

"中"国标码尾字节=0011 0000B（位号 48 的二进制表示）+0010 0000B=0101 0000B

英文是拼音文字，基本符号比较少，编码比较容易，而且在计算机系统中，输入、内部处理、存储和输出都可以使用同一代码。汉字种类繁多，编码比西文要困难得多，而且在一个汉字处理系统中，输入、内部处理、输出对汉字代码要求不尽相同，所以用的代码也不尽相同。汉字信息处理系统在处理汉字和词语时，要进行一系列的汉字代码转换。下面介绍主要的汉字代码。

① 汉字输入码（外码）。汉字的字数繁多，字形复杂，字音多变，常用汉字就有 6 000 多个。在计算机系统中使用汉字，首先遇到的问题就是如何把汉字输入到计算机内。为了能直接使用西文标准键盘进行输入，必须为汉字设计相应的编码方法。汉字编码方法主要有：拼音输入、数字输入、字形输入、音形输入等方法。

② 汉字内部码（机内码）。汉字内部码是汉字在设备和信息处理系统内部最基本的表达形式，是在设备和信息处理系统内部存储、处理和传输汉字用的代码。汉字字符必须和英文字符能相互区别开，以免造成混淆。英文字符的机内码是 7 位 ASCII 码，最高位为 0，汉字机内码是将国标的两个字节的最高位都置为 1。如"中"的国标码为 0101 0110 0101 0000B，则它的机内码为 1101 0110 1101 0000。

③ 汉字字型码（输出码）。汉字字型码是汉字字库中存储的汉字字型的数字化信息，用于汉字的显示和打印。字型码也称字模码，是用点阵表示的汉字字型代码，它是汉字的输出形式，根据输出汉字的要求不同，点阵的多少也不同。简易型汉字为 16×16 点阵，提高型汉字为 24×24 点阵、32×32 点阵、48×48 点阵等。图 1-32 是中英文的点阵字模，可见，中文的宽度是英文的 2 倍。

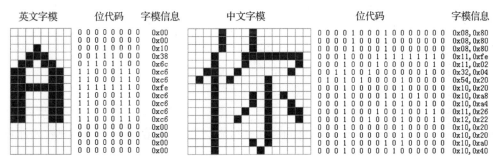

图 1-32　中英文点阵字模

字模点阵的信息量是很大的，所占存储空间也很大，以 16×16 点阵为例，每个汉字就要占用 16×16 / 8=32 个字节，两级汉字大约占用 256KB。

一个完整的汉字信息处理都离不开从输入码到机内码，从机内码到字型码的转换。虽然汉字输入码、机内码、字型码目前并不统一，但是只要在信息交换时使用统一的国家标准，就可以达到信息交换的目的。

我国国家标准局于 2000 年 3 月颁布的国家标准 GB 8030－2000《信息技术和信息交换用汉字编码字符集·基本集的扩充》，收录了 2.7 万多个汉字。它彻底解决了邮政、户籍、金融、地理信息系统等迫切需要人名、地名所用的汉字，也为汉字研究、古籍整理等领域提供了统一的信息平台基础。

（3）图形、图像、声音编码

文字可以使用二进制代码编码，图形、图像和声音也可以使用二进制代码编码。例如，一幅图像是由像素阵列构成的。每个像素点的颜色值可以用二进制代码表示：1 位二进制可以表示黑白二色，2 位二进制可以表示四种颜色，24 位二进制数可以表示真色彩（即 $2^{24} \approx 1\,600$ 万种颜色）。声音信号是一种连续变化的波形，可以将它分割成离散的数字信号，将其幅值划分为 $2^8=256$ 个等级值或 $2^{16}=65\,536$ 个等级值加以表示。

显然，这样得到的代码数量是非常大的。例如一幅具有中等分辨率（800 像素×600 像素）彩色（24bit/像素）数字视频图像的数据量约为 800×600×24/8/1 024/1 024=1.44MB/帧，一个 1GB 的硬盘只能存放约 700 帧静止图像画面。如果是运动图像，以每秒 30 帧或 25 帧的速度播放，存放在 600MB 光盘中，只能播放 14s。对于音频信号，采样频率 44.1kHz，每个采样点量化为 16bit，双通道立体声，1GB 的硬盘也只能存储 90min 的录音。因此图像和声音编码总是同数据压缩技术密切联系在一起的。目前公认压缩编码的国际标准有 JPEG、MPEG、CCITT H.261 等。

1.6 习题

一、选择题

1. 世界上第一台电子计算机是于_____诞生在_____。
   A．1946 年、法国　　　　　　　　B．1946 年、美国
   C．1946 年、英国　　　　　　　　D．1946 年、德国
2. 世界上第一台通用电子数字计算机取名为_____。
   A．UNIVAC　　B．EDSAC　　C．ENIAC　　D．EDVAC
3. 从第一台计算机诞生到现在的几十年中，按计算机采用的_____来划分，计算机的发展经历了 4 个阶段。
   A．存储器　　B．计算机语言　　C．电子器件　　D．体积
4. PC 的更新主要基于_____的变革。
   A．软件　　B．微处理器　　C．存储器　　D．磁盘容量
5. 科学家_____被计算机界称誉为"计算机之父"，它的存储程序原则被誉为计算机发展史上的一个里程碑。
   A．查尔斯·巴贝奇　　　　　　　B．莫奇莱
   C．冯·诺依曼　　　　　　　　　D．艾肯
6. 个人计算机简称 PC。这种计算机属于_____。
   A．微型计算机　　　　　　　　　B．小型计算机
   C．超级计算机　　　　　　　　　D．巨型计算机
7. 计算机最主要的工作特点是_____。
   A．存储程序与程序控制　　　　　B．高速度与高精度
   C．可靠性与可用性　　　　　　　D．有记忆能力
8. 在计算机应用中，"计算机辅助制造"的英文缩写是_____。
   A．CAD　　B．CAM　　C．CAI　　D．CAT
9. 计算机的 CPU 是指_____。
   A．内存储器和控制器　　　　　　B．控制器和运算器
   C．内存储器和运算器　　　　　　D．内存储器、控制器和运算器

10. 使用 Pentium E5200 2.5G 的微机，其 CPU 的时钟频率为_____。
    A. 5 200MHz　　　B. 5 200Hz　　　C. 2.5GB　　　D. 2.5GHz
11. 计算机的运行速度越来越快，已从第一代时的每秒几万次发展到每秒数_____次。
    A. 千万　　　B. 亿　　　C. 十亿　　　D. 百万亿
12. 微型计算机通常是由_____等几部分组成。
    A. 运算器、控制器、存储器和输入/输出设备
    B. 运算器、外部存储器、控制器和输入/输出设备
    C. 电源、控制器、存储器和输入/输出设备
    D. 运算器、放大器、存储器和输入/输出设备
13. 计算机的启动方式有_____。
    A. 热启动和复位启动　　　　　　B. 热启动和冷启动
    C. 加电启动和冷启动　　　　　　D. 只能是加电启动
14. 计算机的存储系统通常分为_____。
    A. 内存储器和外存储器　　　　　B. 软盘和硬盘
    C. ROM 和 RAM　　　　　　　　D. 内存和硬盘
15. 计算机中的字节是个常用单位，它的英文表示是_____。
    A. bit　　　B. byte　　　C. bout　　　D. baud
16. 1MB 等于_____字节。
    A. 100 000　　　B. 1 024 000　　　C. 1 000 000　　　D. 1 048 576
17. _____称为完整的计算机软件。
    A. 供大家使用的软件　　　　　　B. 各种可用的程序
    C. 程序连同有关的说明资料　　　D. CPU 能够执行的所有指令
18. 计算机的驱动程序属于_____。
    A. 应用软件　　　B. 图像软件　　　C. 系统软件　　　D. 编程软件
19. 十进制数 36.875 转换成二进制数是_____。
    A. 11 0100.011　　B. 10 000.111　　C. 10 0110.111　　D. 10 0101.101
20. 以下对计算机病毒的描述，_____是不正确的。
    A. 计算机病毒是人为编制的一段恶意程序
    B. 计算机病毒不会破坏计算机硬件系统
    C. 计算机病毒的传播途径主要是数据存储介质的交换以及网络的链路
    D. 计算机病毒具有潜伏性

二、实践操作题

1. 在计算机领域有一个人所共知的"摩尔定律"，请大家查找资料，了解什么是"摩尔定律"。

_____

_____

2. 填写装机配置清单

在购置计算机之前要制定配置方案，不能在选购配件时一味追求高性能和新产品，否则配置出来的计算机很可能会造成资源浪费，超出资金预算。在购买计算机之前，应注意总结以下几个问题。

（1）购买的计算机的用途是什么？如处理文档、娱乐、玩游戏、上网、做多媒体处理等。不同的需求需要不同的配置，一定要量身定做。

（2）购买的预算是多少？在预算之内，合理选择品牌、配置，追求性价比。

（3）根据自身需要，合理搭配各种配件。

通过搜索、阅读 IT 行业最新信息和对当地计算机市场的实地调查，根据自身需要组装 4 000 元左右的学习型 MPC（多媒体个人计算机），填写装机配置清单（见表 1-3），并简述你的配置策略。

表 1-3 装机配置清单

序号	配件名称	配件型号	价格（元）	备注
1	CPU			
2	主板			
3	内存			
4	硬盘			
5	显卡			
6	显示器			
7	机箱			
8	电源			
9	键盘			
10	鼠标			
11	音箱			
12				
13				

配置策略：

项目 2
Windows 10 的文件管理与环境设置

利用计算机完成各项任务需要借助一个平台——操作系统,目前广为使用的是微软公司出品的 Windows 10,该系统旨在让人们的日常计算机操作更加简单和快捷,为人们提供高效易行的工作环境。Windows 10 是由美国微软公司开发的应用于计算机和平板电脑的操作系统,于 2015 年 7 月 29 日发布正式版。Windows 10 操作系统在易用性和安全性方面有了极大的提升,除针对云服务、智能移动设备、自然人机交互等新技术进行融合外,还对固态硬盘、生物识别、高分辨率屏幕等硬件进行了优化完善与支持。

本项目以"Windows 10 的文件管理与环境设置"为例,介绍在 Windows 10 环境下如何进行文件管理、磁盘管理、系统环境设置等方面的相关知识。

2.1 项目提出

小李同学临近大学毕业,需要撰写一篇毕业设计论文:图书信息资料管理系统的研究与设计。小李上网搜集下载了各种与论文有关的信息资料,但论文的进度不够理想。

小李的论文指导老师张老师,见小李论文进展有些缓慢,便去询问,两人经过一番讨论后,张老师发现小李存在以下几个问题。

(1)小李的文字输入速度比较慢,对中文输入法的用法不够熟悉。

(2)下载的大量文件没有进行合理地分门别类,导致文件管理混乱。

(3)原本 50GB 的系统盘(一般默认为 C 盘),只剩下 2GB 的可用空闲空间,计算机的运行速度变得十分缓慢。

(4)系统中只有一个小李自己使用的账户,而其他同学也偶尔使用该账户共用小李的计算机,因此缺乏安全和隐私性。

2.2 项目分析

张老师对这些问题进行详细地分析并向小李一一做了讲解。

对于论文的中文文字输入，比较常用的是利用汉语拼音进行文字输入，汉语拼音输入简单易学，有较高的输入效率，并且还支持输入一些特殊的符号。

Windows 10 文件管理采用了类似图书管理的多级目录（文件夹）的组织形式，多级目录也称为树形目录，就是把目录按照一定的类型进行分组，而每个分组下又可以划分为小组，层层细化，最后整个文件目录看上去像一棵倒置的树。我们要将各种文件分门别类地存放在各自的文件夹中，而且文件和文件夹的命名要做到"见名知义"，这样既不会显得杂乱无章，也方便用户很快找到需要的文件。

关于计算机运行速度变慢的问题，张老师说，计算机在运行过程会产生很多临时文件，这些文件会挤占计算机系统盘的可用空间，导致系统盘中的空闲空间越来越小，降低运行速度。Windows 10 系统提供了一些专门管理磁盘的工具软件，使用它可以有效提高系统运行速度。

计算机管理员（Administrator 账户）可以设立新的账户，做到一人一个账户，不同的账户有不同的操作环境，各账户之间互不干扰，可提高计算机的安全性。

可以将张老师上述所说的内容归纳为四大任务：中文输入法（"微软拼音"输入法）的用法，文件管理，磁盘管理，Windows 环境设置。

其操作流程图如图 2-1 所示。

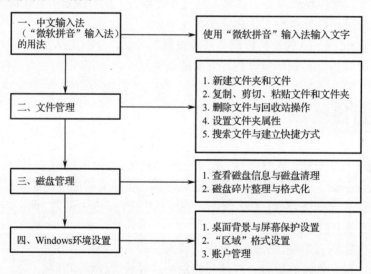

图 2-1 "Windows 10 的文件管理与环境设置"操作流程图

2.3 相关知识点

1. Windows 10 简介

Windows 10 是由微软公司推出的新一代跨平台及设备应用的操作系统，涵盖 PC、平板电脑、智能手机和服务器等，共有家庭版（Home）、专业版（Professional）、企业版（Enterprise）、教育版（Education）、移动版（Mobile）、移动企业版（Mobile Enterprise）和物联网核心版（IoT Core）七个版本。

Windows 10 结合了 Windows 7 和 Windows 8 系统的优点，将传统风格和现代风格有机结合，兼顾了老版本用户的使用习惯，并且完美支持平板电脑。在 Windows 10 中，增加了智能助理小娜（Cortana），它可以帮助用户更加方便地使用计算机。另外，Windows 10 提供了一种新的上网浏览器 Edge，来代替原来的 IE 浏览器；增加了云存储 OneDrive，用户可以将文件保存到云盘中，方便在不同设备中访问；还增加了通知中心，可以查看各应用推送的信息。

Windows 10 启动之后可以看到整个计算机屏幕的桌面，如图 2-2 所示。桌面由桌面背景、桌面图标和任务栏组成。桌面背景是 Windows 10 的背景图片，用户可以根据个人喜好进行设置。桌面图标一般由文字和图片组成，代表某些应用程序或文件，新安装的系统只有一个"回收站"图标。任务栏一般是位于桌面最底部的长条区域，由"开始"按钮、搜索框、任务视图、快速启动区、系统图标显示区、通知区按钮等组成。桌面图标主要包括以下几个元素。

图 2-2 Windows 10 桌面

此电脑：即指用户使用的这台计算机，计算机管理员用户可以查看并管理计算机中的所有资源。

Administrator：管理员用户个人文件默认的存放区，是一个文件夹。

回收站：用于暂时存放被删除的文件或其他对象，只要不是彻底删除，一般删除的文件都是先存放在回收站里，回收站中的文件可以复原。

网络：查看活动网络和更改网络设置。

Microsoft Edge 浏览器：以一个"e"字图标显示，主要用于浏览网站信息。

各个应用程序的快捷方式图标：快捷方式有很多种，桌面上出现的左下角带有黑色箭头的图标属于桌面快捷方式，实际上是与它所对应的对象建立了一个链接关系。删除或者移动快捷方式不会影响对象本身的内容和位置。如果想打开程序，只要用鼠标双击该程序的"快捷方式"图标即可。"开始"菜单中出现的属于菜单快捷方式，桌面左下角出现的图标属于快速启动快捷方式。一般安装完一个软件程序之后，会在桌面默认地建立一个快捷方式，用户也可以自己为某些程序文件建立快捷方式。

2. Windows 文件系统及文件管理

（1）文件系统

文件是相关信息的集合，文件是操作系统用来存储和管理信息的基本单位，计算机所有信息均存放在文件中。文件系统是操作系统对文件命名、存储和组织的总体结构，尽管也支持 FAT32 文件系统，Windows 10 推荐用户使用的是 NTFS（New Technology File System）文件系统，NTFS 更为安全、可靠。

（2）Windows 10 文件目录组织

Windows 10 文件目录采用了类似图书管理的多级目录组织形式，如图 2-3 所示。

磁盘的第一级目录称为根目录，即磁盘的分区编号。用户新买的计算机，在安装操作系统时往往首先要对磁盘进行分区，即把硬盘分成若干个驱动器，如 C 盘、D 盘、E 盘等，每个驱动器的名称、空间大小可以自行定义。系统盘 C 盘必须独立出来，因为一旦系统崩溃，存放在 C 盘中的文件可能会全部丢失，一般情况下不要将重要文件存放在系统盘里。以下是某学生的计算机容量为 500GB 硬盘的分区和使用情况。

C 盘：系统盘，50GB，主要用于存放 Windows 10 操作系统文件和一些临时不重要的文件。

D 盘：工具盘，200GB，存放一些从网上下载下来的软件和自己工作用的文件等。

E 盘：娱乐盘，200GB，安装一些游戏软件或者存放电影、音乐文件等。

F 盘：备份盘，50GB，存放系统的备份文件，以便在系统崩溃时还原系统。

（3）文件的命名

每个文件都有名称，文件名称由文件主名和扩展名（也称后缀名）组成，文件主名与扩展名之间用"."分隔开，如"setup.exe""通信录.docx"等。Windows 系统对文件和文件夹的命名做了限制，当输入非法的名称时，Windows 会出现如图 2-4 所示的提示，即在文件名中不能使用："\ / : * ? " < > |"，共 9 个字符。主文件名可以使用最大达 255 个字符的长文件名（可以包含空格）。除文件夹没有扩展名外，文件夹的命名规则与文件的命名规则相同。

图 2-3　文件组织形式

图 2-4　文件的命名

扩展名标明了文件的类型，不同类型的文件用不同的应用程序打开，常见文件类型如表 2-1 所示。

表 2-1　常见文件扩展名

扩 展 名	文 件 类 型	扩 展 名	文 件 类 型	扩 展 名	文 件 类 型
.exe	可执行程序文件	.pptx	PowerPoint 2019 演示文稿	.hlp	帮助文件
.htm	超文本网页文件	.mp3	一种音乐文件	.txt	文本文件
.docx	Word 2019 文档	.jpeg	一种图片文件	.rar	WinRAR 压缩文件
.xlsx	Excel 2019 电子表格	.accdb	Access 2019 数据库文件	.c	C 语言源程序文件

此外，操作系统为了便于对一些标准的外部设备进行管理，已经对这些设备给了命名，因此用户不能使用这些设备名作为文件名。常见的设备名如表2-2所示。

表2-2 常见设备名

设 备 名	含 义	设 备 名	含 义
CON	控制台：键盘/显示器	LPT1/PRN	第1台并行打印机
COM1/AUX	第1个串行接口	COM2	第2个串行接口

在 DOS 或 Windows 中，允许使用文件通配符表示文件主名或扩展名，文件通配符有"*"和"?"，"*"表示任意一串字符（≥0个字符），而"?"表示任意1个字符。

同一文件夹中不能有同名的文件或者子文件夹，但在不同的文件夹中可以有同名的文件，在不同的驱动器里也可以有同名的文件。

（4）剪贴板的作用

在计算机中，复制是不需要成本的，这跟现实世界有很大的区别。那么这是如何实现的呢？当执行复制操作时，复制的信息被临时性地存放到剪贴板中，剪贴板是计算机内存中的一块区域，当执行粘贴操作时，将剪贴板中的信息存放到指定位置。

在 Windows 系统中剪贴板无处不在，剪贴板中的信息在被其他信息替换或者退出 Windows 前，一直保留在剪贴板中，因此剪贴板上的内容可以多次粘贴。

3. 磁盘管理

Windows 10 操作系统附带了一些专门用来管理磁盘的工具，其功能主要包括以下几个方面。

（1）格式化

格式化的作用是在磁盘上建立标准的磁盘记录格式，划分磁道（track）和扇区（sector），检查坏块等。磁盘格式化将清除磁盘中保存的所有信息，因此要不可轻易执行之。

（2）磁盘信息查看

主要功能是查看各个磁盘分区的相关信息，如磁盘的文件系统、已用空间、可用空间、磁盘容量等。

（3）磁盘清理

主要用于清理诸如回收站、临时文件夹等里面的内容或对其进行压缩，起到回收磁盘空间的作用。

（4）磁盘碎片整理

当磁盘内的文件被反复进行增、删操作之后，在磁盘里会留下众多大小不一的空白区域。此后，当一个较大容量的文件需要储存到磁盘中时，文件会被不连续地存储在这些空白区域中，从而使得访问磁盘的速率大大降低。磁盘碎片整理的功能就是把原本存储在不连续空间区域中的文件集中存放，有利于提高磁盘读取速度。磁盘碎片整理需要耗费较长时间。

2.4 项目实施

任务1：中文输入法（"微软拼音"输入法）的用法

在"记事本"窗口中，用"微软拼音"输入法输入以下文字内容，如图2-5所示。

图 2-5 文字输入

步骤 1：选择"开始"→"Windows 附件"→"记事本"命令，打开"记事本"窗口，再单击桌面右下角的输入法图标，选择"微软拼音"输入法。

步骤 2：按 Shift+Space 组合键，切换到中文全角状态，依次输入如图 2-5 所示的文字。

【说明】

（1）输入单个字符时，一般采用全拼（即将该文字的拼音全部输入）。如输入"址"字，输入拼音"zhi"，按空格键，在输入法候选提示框首页中没有出现该字，按 2 次"+"键翻到第 3 页，在第 5 个位置出现"址"字，按 5 键，即可完成该字的输入。

（2）输入中文词组时，一般采用"首字全打+其余字打首字母"的做法。如输入"计算机"则输入拼音"jisj"，按空格键，即出现"计算机"3 字，再按空格键，完成该词组的输入。输入其他如"出版社""爱因斯坦""系统"等词组时可一样处理。

（3）其中的"computer"是英文全角字符串，需要事先按中英文切换键 Shift 切换到英文状态，并按 Shift+Space 组合键切换到全角状态，在输入法状态条中出现 英● 提示符后再输入该字符串。

（4）输入中文标点符号（如"、。《》￥……——"等）时，需要事先按"Ctrl+."组合键切换到中文标点符号状态，否则出现的是英文标点符号。

（5）按 Ctrl+Space 组合键可快速实现中文输入法与英文输入法之间的切换。

（6）中文标点符号的输入如表 2-3 所示。

表 2-3 中文标点符号的输入

符 号	对应的键	符 号	对应的键
、	\	……	Shift+6
。	Shift+2 或 ~	《	Shift+〈
￥	Shift+4	——	Shift+—

微课：文件管理

任务 2：文件管理

1. 新建文件夹和文件

使用"此电脑"窗口，在 D 盘根目录下建立一个文件夹，命名为"毕业论文"，并分别建立如图 2-6 所示的各文件夹；完成之后，在"毕业论文"文件夹中新建 1 个

Word 文档,命名为"图书信息资料管理系统的研究与设计.docx";再在"技术参考"文件夹中新建一个 PowerPoint 文档,命名为"数据管理系统的要求.pptx"。

步骤1:双击桌面上的"此电脑"图标,打开"此电脑"窗口,在窗口左侧的导航窗格中,单击"本地磁盘(D:)"选项,进入 D 盘根目录;右击右侧窗格的空白区域,在弹出的快捷菜单中选择"新建"→"文件夹"命令,出现如图 2-7 所示的界面,在"新建文件夹"的框内输入中文"毕业论文"即可。

图 2-6　文件夹树形结构　　　　图 2-7　文件夹命名

步骤2:同步骤 1 的方法,建立如图 2-6 所示的各文件夹。

步骤3:在"毕业论文"文件夹中,右击空白处,在弹出的快捷菜单中选择"新建"→"Microsoft Word 文档"命令,输入文件名称"图书信息资料管理系统的研究与设计.docx"。

步骤4:打开"技术参考"文件夹,右击空白处,在弹出的快捷菜单中选择"新建"→"Microsoft PowerPoint 演示文稿"命令,输入文件名称"数据管理系统的要求.pptx"。

【说明】Windows 10 系统默认不显示文件扩展名,如想要显示文件扩展名,在"查看"选项卡中选中"文件扩展名"复选框即可。

对于新建文件,还可以通过先打开文件的应用程序,编辑内容后再保存的方法来建立相应文件。

2. 复制、剪切、粘贴文件和文件夹

将文件"图书信息资料管理系统的研究与设计.docx"复制到子文件夹"论文参考"内;再将文件夹"论文参考"剪切到文件夹"毕业论文"中;然后把文件夹"论文参考"的名称更改为"论文版本";最后将"需求分析"下的 2 个子文件夹移动到"参考资料"文件夹内。

步骤1:在"毕业论文"文件夹中,单击选择"图书信息资料管理系统的研究与设计.docx"文件,按 Ctrl+C 组合键复制;然后打开文件夹"论文参考",按 Ctrl+V 组合键粘贴。

步骤2:在"参考资料"文件夹中,选择"论文参考"文件夹,在"主页"选项卡中,单击"剪切"按钮,打开"毕业论文"文件夹,在空白处右击,在弹出的快捷菜单中选择"粘贴"命令。

步骤3:右击"论文参考"文件夹,在弹出的快捷菜单中选择"重命名"命令,将文件夹的名称改为"论文版本"。

步骤4:打开"需求分析"文件夹,按住 Ctrl 键,连续选择内含的 2 个子文件夹,按住鼠标左键拖动到"此电脑"左侧导航窗格中的"参考资料"文件夹上,释放鼠标。

【说明】

(1)在 Windows 中,对文件和文件夹的操作必须遵循的原则是:"先选择,后操作"。一次可以选择一个或多个文件或文件夹,选择后的文件或文件夹以突出方式显示。

(2)选择一个文件夹或磁盘下的连续多个文件,方法是:先单击第一个要选择的文件,再

按住 Shift 键，然后单击最后一个要选择的文件，这样就能快速选择这两个文件之间（含这两个文件）的多个文件。如果是选择任意几个不连续的文件，则采用步骤 4 的方法，按住 Ctrl 键，然后用鼠标依次单击想要选择的文件。若是直接按组合键 Ctrl+A，则自动将该文件夹或磁盘内的所有文件（或文件夹）全部选择。另外，"主页"选项卡中还有一种"反向选择"功能，请读者自己试做。

（3）除采用组合键和"主页"选项卡中的相关选项来进行剪切、复制、粘贴外，还可以通过右击对象，在快捷菜单中选择相关命令进行。

3. 删除文件与回收站操作

将"毕业论文"文件夹下的 Word 文件和文件夹"需求分析"删除放到回收站内，将文件夹"可行性分析"永久性地删除；然后打开回收站，查看已删除文件，并将文件夹"需求分析"还原。

步骤 1：在"毕业论文"文件夹中，选择文件"图书信息资料管理系统的研究与设计.docx"，按 Delete 键，则该文件被删除（放在回收站中），按相同方法删除文件夹"需求分析"；选择文件夹"可行性分析"，按 Shift+Delete 组合键，弹出"删除文件夹"对话框，单击"是"按钮确认删除，则永久性地删除此文件夹（不放在回收站中）。

步骤 2：双击打开桌面上的"回收站"图标，可以看到"回收站"中有刚被删除的一个文件夹和一个 Word 文档，选择"需求分析"文件夹，在"回收站工具"选项卡中，单击"还原选定的项目"按钮，即可将该文件夹还原。

【说明】按 Shift+Delete 组合键直接删除文件，则该文件不可还原；若将回收站里的文件删除，则该文件也不可还原。

4. 设置文件夹属性

将文件夹"毕业论文"的属性设置为"隐藏"，再将此文件夹恢复可见。

步骤 1：选择文件夹"毕业论文"，右击，在弹出的快捷菜单中选择"属性"命令，在"常规"选项卡中选中"隐藏"复选框，如图 2-8 所示，单击"确定"按钮。

步骤 2：在弹出的"确认属性更改"对话框中，选中"将更改应用于此文件夹、子文件夹和文件"单选按钮，如图 2-9 所示，再单击"确定"按钮，此时"毕业论文"文件夹就见不到了（已隐藏）。

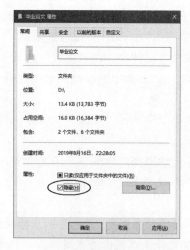

图 2-8　设置"隐藏"属性

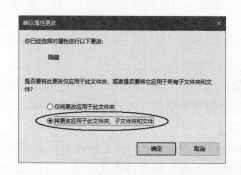

图 2-9　"确认属性更改"对话框

步骤3：在"查看"选项卡中，选中"隐藏的项目"复选框，如图2-10所示，即可显示隐藏的文件或文件夹（图标颜色变淡）。

【说明】在如图2-10所示的对话框中，可设置显示已知文件类型的扩展名。

图2-10　设置文件和文件夹隐藏可见

5. 搜索文件与建立快捷方式

在C盘中搜索"计算器"程序文件calc.exe，然后为文件calc.exe建立一个桌面快捷方式，命名为"我的计算器"；再搜索"记事本"程序文件notepad.exe，然后建立一个快捷方式，命名为"My记事本"，放到"开始"→"所有程序"→"启动"程序组中。

步骤1：在"此电脑"窗口中打开"本地磁盘（C:）"，在窗口右上角的"搜索"栏中输入"calc.exe"后按Enter键，稍候一会儿便出现搜索结果，如图2-11所示。

图2-11　搜索结果

步骤2：在搜索结果中，先选中搜索到的文件"calc.exe"，再右击，在弹出的快捷菜单中选择"发送到"→"桌面快捷方式"命令，如图2-12所示，再在桌面上重命名快捷方式名称为"我的计算器"。

步骤3：与步骤1和步骤2类似，为文件notepad.exe创建一个桌面快捷方式，并命名为"My记事本"。

步骤4：打开文件夹"C:\ProgramData\Microsoft\Windows\Start Menu\Programs\StartUp"，拖动快捷方式"My记事本"到该文件夹中。

【说明】文件夹"C:\ProgramData\Microsoft\Windows\Start Menu\Programs\StartUp"是"启动"文件夹，该文件夹中的程序或快捷方式在计算机开机时会自动运行。

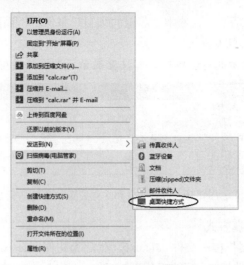

图 2-12　发送到桌面快捷方式

任务 3：磁盘管理

1. 查看磁盘信息与磁盘清理

微课：磁盘管理

查看 C 盘信息，观察磁盘的文件系统及空间大小；清理 C 盘中的垃圾文件。

步骤 1：在"此电脑"窗口中，选择"本地磁盘（C:）"选项，然后右击，在弹出的快捷菜单中选择"属性"命令，打开"本地磁盘（C:）属性"对话框，如图 2-13 所示。在"常规"选项卡中可以看到 C 盘的文件系统（NTFS）、已用空间、可用空间和容量等磁盘信息。

步骤 2：在如图 2-13 所示的对话框中，单击"磁盘清理"按钮，打开"（C:）的磁盘清理"对话框，如图 2-14 所示。

图 2-13　查看磁盘信息

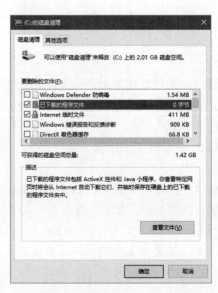

图 2-14　磁盘清理

步骤3：选中要删除的文件选项（如"已下载的程序文件""Internet 临时文件"等），单击"确定"按钮，在弹出的磁盘清理确认对话框中，单击"删除文件"按钮，确认要永久删除这些文件，然后会执行磁盘清理操作。磁盘清理操作需要花费一定的时间。

2. 磁盘碎片整理与格式化

分析 D 盘的磁盘碎片状况，并对 D 盘进行磁盘碎片整理；对 E 盘进行格式化操作。

步骤1：在如图 2-13 所示的对话框中，选择"工具"选项卡，再单击"优化"按钮，如图 2-15 所示，打开"优化驱动器"窗口，如图 2-16 所示。

图 2-15　"工具"选项卡　　　　　　　图 2-16　"优化驱动器"窗口

步骤2：选择磁盘 D，单击"分析"按钮，经过分析之后，会显示该磁盘碎片所占的百分比（如 5%碎片），再单击"优化"按钮，即对该磁盘进行碎片整理。

磁盘碎片整理非常消耗时间，磁盘空间越大，碎片越多，费时越久，经常进行磁盘碎片整理，会影响硬盘寿命。

步骤3：在"此电脑"窗口中，右击"本地磁盘（E：）"，在弹出的快捷菜单中选择"格式化"命令，在打开的对话框中选择"文件系统"为 NTFS，"分配单元大小"为 4 096 字节，然后选中"快速格式化"复选框，如图 2-17 所示，最后单击"开始"按钮执行磁盘格式化操作。

磁盘格式化将使该盘内的所有信息全部清除，因此不可轻易执行之。

图 2-17　磁盘格式化

任务 4：Windows 环境设置

1. 桌面背景与屏幕保护设置

设置计算机的桌面背景为图片"视窗"，显示方式为"拉伸"；设置屏幕保护程序为"彩带"，设置等待时间 10 分钟后再恢复时显示登录屏幕。

步骤1：右击桌面空白处，在弹出的快捷菜单中选择"个性化"命令，打开"个性化"窗口，在打开的窗口中，找到并选中背景图片"视窗"，"选择契合度"为"拉伸"，如图 2-18 所示。

微课：Windows 环境设置

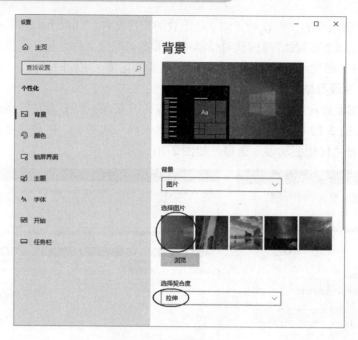

图 2-18 "个性化"窗口

步骤 2：在窗口左侧导航栏中，选择"锁屏界面"选项，在右侧窗格中单击"屏幕保护程序设置"链接，如图 2-19 所示。

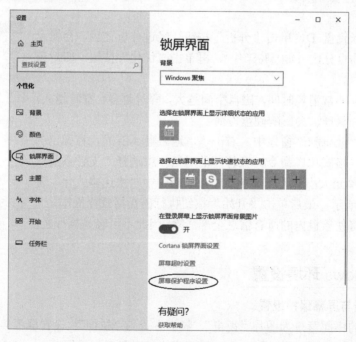

图 2-19 锁屏界面

步骤 3：在打开的"屏幕保护程序设置"对话框中，在"屏幕保护程序"下拉列表中选择"彩带"选项，在"等待"微调器上输入 10 分钟，并选中"在恢复时显示登录屏幕"复选框，如图 2-20 所示，最后单击"确定"按钮。

项目2　Windows 10的文件管理与环境设置

图 2-20　"屏幕保护程序设置"对话框

2. "区域"格式设置

"区域"格式设置为：小数位数为 2，货币格式为"¥1.1"，长时间格式为"H:mm:ss"，短日期格式为"yyyy/M/d"。

步骤 1：选择"开始"→"Windows 系统"→"控制面板"命令，在打开的"控制面板"窗口中，单击"更改日期、时间或数字格式"链接，打开"区域"对话框，如图 2-21 所示。

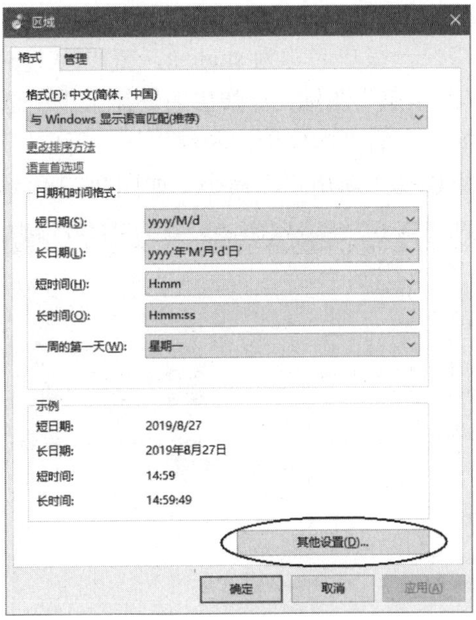

图 2-21　"区域"对话框

步骤 2：在"格式"选项卡中，单击"其他设置"按钮，打开"自定义格式"对话框，如图 2-22 所示。

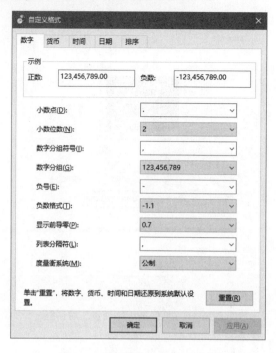

图 2-22 "自定义格式"对话框

步骤 3:分别在"数字""货币""时间""日期"选项卡中设置小数位数为 2,货币格式为"¥1.1",长时间格式为"H:mm:ss",短日期格式为"yyyy/M/d",设置完成后单击"确定"按钮。

3. 账户管理

为计算机新增一个本地账户,账户名称为 student,密码为 123456。

步骤 1:右击桌面上的"此电脑"图标,在弹出的快捷菜单中选择"管理"命令,打开"计算机管理"窗口,展开左侧窗格中的"本地用户和组"→"用户"选项,在中央窗格中的空白处右击,在弹出的快捷菜单中选择"新用户"命令,如图 2-23 所示。

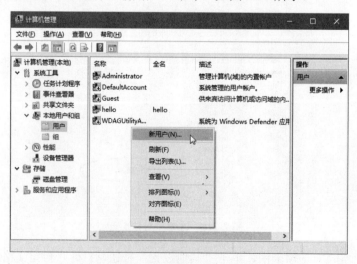

图 2-23 "计算机管理"窗口

步骤2：在打开的"新用户"对话框中，输入用户名（student）和密码（123456），如图 2-24 所示，单击"创建"按钮，创建完成后单击"关闭"按钮。

步骤3：在"开始"菜单中单击本地账户头像，在打开的菜单中可选择新用户（student），如图 2-25 所示，即可切换新用户登录（原用户未注销）。

在图 2-25 中，如果选择"注销"选项，则先退出原用户，再选择某一用户（原用户或新用户）登录系统。

图 2-24 "新用户"对话框

图 2-25 切换账户界面

2.5 总结与提高

Windows 10 是微软公司发布的一款视窗操作系统，简单易学，深受欢迎。要熟练掌握 Windows 10 的操作，必须勤学多练。同时，Windows 对于同样的任务提供了多种操作方法，用户可以根据个人喜好采取适合的方法完成操作。Windows 10 的基本操作主要有两大块，分别是文件管理和系统环境设置。

对于文件的管理，用户必须先明白所要操作文件的名称、类型、所在文件夹，接着进行打开、重命名、复制、剪切、删除、移动等操作；对于粘贴操作，必须先对文件进行复制或者剪切之后方可进行，并且每次粘贴的文件都是最近一次复制或者剪切的文件。在进行这些操作时应掌握一些键盘快捷键，可以加快操作的速度。如 Ctrl+C（复制）、Ctrl+X（剪切）、Ctrl+V（粘贴）、Ctrl+Z（撤销）。

Windows 系统环境设置主要包括显示设置、账户设置等，通过系统设置可以帮助用户完成对系统的各项性能参数的修改，使系统更加符合用户的要求。

另外，Windows 10 附带了许多实用小软件，下面介绍几款常用的软件工具。

1. 记事本

记事本存放在"开始"→"Windows 附件"中，是个简单的文本编辑器，其文件扩展名为

".txt",记事本不提供复杂的排版与打印格式,不包含任何格式符、控制符和图形,只存放最基本的字符,功能比较简单,适用于最基本的文本编辑。

2. 画图软件

画图是 Windows 中的一项功能,使用该功能可以绘制、编辑图片以及为图片着色。可以像使用数字画板那样使用画图来绘制简单图片、有创意的设计,或者将文本和设计图案添加到其他图片,如那些用数码相机拍摄的照片。

画图软件存放于和记事本相同的目录下,是 Windows 中简单实用的图形处理软件,其文件扩展名默认为".png",也可以保存为 bmp、jpg、gif、tif 等其他类型的图形格式。

"画图"窗口的功能区中包括了绘图工具的集合,使用起来非常方便。可以使用这些工具创建徒手画并向图片中添加各种形状,如图 2-26 所示。需要使用某个工具时,首先用鼠标选中(鼠标指针会根据选择的工具而改变形状),再将鼠标移入绘图区,开始画图。

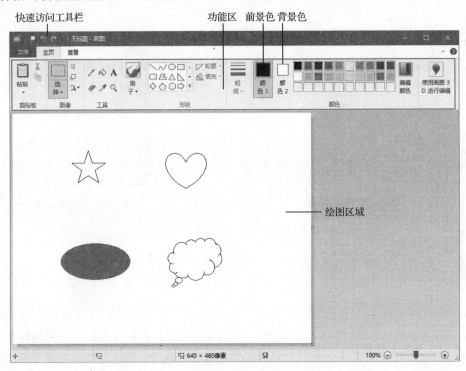

图 2-26 "画图"窗口

3. Windows Media Player

可以使用 Windows Media Player 查找和播放计算机或网络上的数字媒体文件,播放 CD 和 DVD,以及来自 Internet 的数据流。还可以从音频 CD 翻录音乐,将喜爱的音乐刻录成 CD,与便携设备同步媒体文件,以及通过在线商店查找和购买 Internet 上的内容。

可通过以下两种模式来享受媒体:"媒体库"模式和"正在播放"模式。

使用 Windows Media Player,可以在以下两种模式之间进行切换:"媒体库"模式(通过此模式,可以全面控制播放机的大多数功能)、"正在播放"模式(提供最适合播放的简化媒体视图)。

若要从"媒体库"转至"正在播放"模式,只需单击播放机右下角的"切换到正在播放"按钮,如图 2-27 所示,若要返回到媒体库,单击播放机右上角的"切换到媒体库"按钮。

图 2-27 媒体库

2.6 习题

一、选择题

1. 操作系统是_____的接口。
   A．用户与软件　　　　　　　B．系统软件与应用软件
   C．主机与外设　　　　　　　D．用户与计算机
2. Windows 操作系统是一个_____。
   A．单用户多任务操作系统　　B．单用户单任务操作系统
   C．多用户单任务操作系统　　D．多用户多任务操作系统
3. Windows 中的即插即用是指_____。
   A．在设备测试中帮助安装和配置设备
   B．使操作系统更易使用、配置和管理设备
   C．系统状态动态改变后以事件方式通知其他系统组件和应用程序
   D．以上都对
4. 记录在磁盘上的一组相关信息的集合称为_____。
   A．数据　　　　B．外存　　　　C．文件　　　　D．内存
5. 以下对 Windows 文件名取名规则的描述，_____是不正确的。
   A．文件名的长度可以超过 11 个字符　　B．文件的取名可以用中文
   C．在文件名中不能有空格　　　　　　　D．文件名中不允许使用西文符号":"

6. Windows 提供了长文件命名方法，一个文件名的长度最多可达到_____个字符。
   A．200 多   B．不超过 200   C．不超过 100   D．8
7. 根据文件命名规则，下列字符串中合法文件名是_____。
   A．ADC*.fnt   B．#ASK%.sbc   C．CON.bat   D．SAQ/.txt
8. 下列文件格式中，_____表示图像文件。
   A．*.docx   B．*.xlsx   C．*.bmp   D．*.txt
9. 记事本是可用于编辑_____文件的应用程序。
   A．ASCII 文本   B．表格
   C．扩展名为 doc 的   D．数据库
10. Windows 的文件夹组织结构是一种_____。
    A．表格结构   B．树形结构   C．网状结构   D．线形结构
11. Windows 对磁盘信息的管理和使用是以_____为单位的。
    A．文件   B．盘片   C．字节   D．命令
12. 在 Windows 中，文件夹中包含_____。
    A．只有文件   B．根目录
    C．文件和子文件夹   D．只有子文件夹
13. 在 Windows 中，将文件拖到回收站中后，则_____。
    A．复制该文件到回收站   B．删除该文件，且不能恢复
    C．删除该文件，但可以恢复   D．回收站自动删除该文件
14. 在同一个 U 盘上，Windows_____。
    A．允许同一文件夹中的文件同名，也允许不同文件夹中的文件同名
    B．不允许同一文件夹中的文件及不同文件夹中的文件同名
    C．允许同一文件夹中的文件同名，不允许不同文件夹中的文件同名
    D．不允许同一文件夹中的文件同名，允许不同文件夹中的文件同名
15. 在 Windows 中，桌面是指_____。
    A．电脑台   B．活动窗口
    C．"资源管理器"窗口   D．窗口、图标、对话框所在的屏幕
16. 一个应用程序窗口被最小化后，该应用程序将_____。
    A．被终止执行   B．暂停执行
    C．在前台执行   D．被转入后台执行
17. Windows 中的"剪贴板"是_____。
    A．固定硬盘中的一块区域   B．移动硬盘中的一块区域
    C．高速缓存中的一块区域   D．内存中的一块区域
18. 有关 Windows 屏幕保护程序的说法，不正确的是_____。
    A．它可以减少屏幕的损耗   B．它可以保障系统安全
    C．它可以节省计算机内存   D．它可以设置等待时间
19. 退出 Windows 时，直接关闭计算机电源可能产生的后果是_____。
    A．可能破坏尚未存盘的文件   B．可能破坏临时设置
    C．可能破坏某些程序的数据   D．以上都对

20. 以下使用计算机的不好习惯是＿＿＿＿＿＿。
   A．将用户文件建立在所用系统软件的子目录内
   B．对重要的数据常作备份
   C．关机前退出所有应用程序
   D．使用标准的文件扩展名

二、实践操作题

1．设置任务栏属性：自动隐藏任务栏，锁定任务栏，使用小图标，始终合并任务栏按钮。

2．窗口排列：先打开多个窗口，然后通过右击任务栏空白处来实现窗口的 3 种排列方式：层叠窗口、堆叠显示窗口、并排显示窗口。

3．打开一个窗口，练习窗口最小化、最大化、向下还原、移动、调整窗口大小等操作。

4．将屏幕分辨率设置为 800×600 或 1 024×768，观察结果；改换桌面背景，选择契合度为"拉伸"；选择屏幕保护程序为"变幻线"，在恢复时显示登录屏幕，等待时间为"5 分钟"。

5．搜索文件 calc.exe，观察该文件的路径，然后建立其桌面快捷方式，命名为"我的计算器"。

6．在"开始"→"Windows 附件"中找到"画图"图标，并将其固定到"开始"屏幕。

7．在 D 盘中，建立一个用自己姓名命名的文件夹，并新建一个 AA.txt 文件，然后将 AA.txt 文件剪切粘贴到这个文件夹里。

8．在 D 盘中，建立一个用自己班级名字命名的文件夹，并将上题中的文件夹复制粘贴到该文件夹中。

9．建立一个本地账户，命名为 AA，密码为 123。

10．设置系统的长时间格式为 H:mm:ss，货币符号为$。

11．将第 7 题中的文件夹属性设置为"隐藏"，之后再将它显示出来，并取消其"隐藏"属性。

12．查看 Windows 10 中有哪些常用快捷键，并对几个常用的快捷键进行操作试验。

项目 3 学生宿舍局域网的组建及应用

本项目以"学生宿舍局域网的组建及应用"为例,介绍计算机网络硬件连接、TCP/IP 协议设置、文件夹共享、IE 属性设置,使用 IE 浏览、保存网页中的信息,搜索、下载网络资源,收发电子邮件等方面的相关知识。

3.1 项目提出

新生入学不久,出于学习、工作、生活和娱乐等方面的需要,同学们都已陆续购置了计算机,学生宿舍的校园网接口数有限,已经不够同学们使用,为此,同学们迫切要求解决联网问题。求人不如求自己,小李作为寝室长,与同学们商量之后,决定集资组建一个学生宿舍局域网,以便资源共享、相互学习,当然还需要上网搜索资料、看看新闻、跟朋友聊天、收发电子邮件等。为此,他找到了计算机老师张老师,提出以下几个问题。

(1) 组建学生宿舍局域网需要添置哪些设备?如何进行网络硬件的连接?
(2) 如何进行网络设置?
(3) 网络有哪些常规应用?
(4) 如何维护网络?

3.2 项目分析

张老师对这些问题向小李同学一一做了详细的分析和讲解。

学生宿舍局域网一般只有几台计算机,属于小型局域网,可采用星形拓扑结构,除了已有的几台计算机(已配置网卡)外,另需添置一台交换机和若干根网线(两端带水晶头),通过网线把各台计算机连接至交换机的 RJ-45 端口,把接入外网的网线也连接至交换机的 RJ-45 端口,从而完成网络硬件的连接。

网络硬件连接好后,还需对各台计算机进行一些设置才能相互访问,这些设置主要包括 TCP/IP 协议的设置、计算机名和工作组名的设置等。

网络设置完成后,就可开始网络应用,如设置文件夹共享、局域网游戏等,如果已连通互联网,还可上网浏览网页、搜索资料、跟朋友聊天、收发电子邮件等。

局域网运行一段时间后,难免会出现一些网络问题,此时就需要对网络进行维护,网络维护主要通过一些常用工具软件来进行,如 Ipconfig(查看 TCP/IP 协议的具体配置信息)、Ping(检查网络是否连通)、Telnet(远程登录)等。

可以将上述张老师所说的内容归纳为以下四大任务:网络硬件连接,网络设置,网络应用,网络维护。

其操作流程如图 3-1 所示。

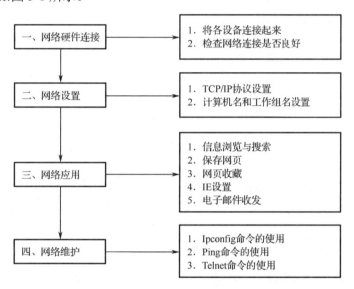

图 3-1 "学生宿舍局域网的组建及应用"操作流程图

3.3 相关知识点

1. 网络的分类

计算机网络是将地理上分散且具有独立功能的计算机通过通信设备及传输媒体连接起来,在通信软件的支持下,实现计算机间资源共享、信息交换或协同工作的系统。

计算机网络的分类标准很多,不同的分类可以从不同角度体现网络的构成和应用特点。

(1)按网络覆盖范围分

按网络覆盖的地理范围划分,计算机网络可分为局域网、城域网和广域网。

① 局域网(Local Area Network,LAN)。网络覆盖的地理范围有限,最大仅为几千米之内,覆盖范围可以是一个实验室、一幢大楼、一所校园、一家单位或一家企业等。局域网传输速率高,具有高可靠性和低误码率。

② 城域网(Metropolitan Area Network,MAN)。网络覆盖的地理范围大约在几十千米,覆盖范围是一个城市里的企业、公司、学校、机关等。城域网数据传输速率较高,误码率较低,

容纳站点数较多。

③ 广域网（Wide Area Network，WAN）。网络覆盖的地理范围很大，大约在几十至几千千米，覆盖范围可以是一个地区、省或国家，甚至跨越洲际，Internet 就是典型的广域网。广域网的数据传输速率相对较慢，信道容量相对较低。

（2）按网络拓扑结构分

计算机网络的拓扑结构是引用拓扑学（Topology）中研究与大小、形状无关的点、线关系的分析方法，把网络中的计算机和通信设备抽象为一个点，把传输介质抽象为一条线，网络就是由点和线组成的几何图形。最基本的网络拓扑结构有星形、总线型、环形和树形结构。

① 星形结构。星形结构是每个节点都由一条单独的通信线路与控制中心节点连接，采用集中控制方式的网络结构，如图 3-2 所示。其优点是：结构简单，容易实现，易于监控，便于管理，连接点的故障容易监测和排除。缺点是各站点的信息交换都需要中心站点中转或控制，中心站点成为全网络的可靠性瓶颈，中心站点出现故障会导致网络的瘫痪。因此，对中心站点的配置要求很高，小型局域网常采用星形结构，网络扩充容易，维护方便。

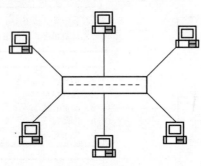

图 3-2　星形结构

② 总线型结构。总线型结构是用一根主干线（总线）连接所有节点的拓扑结构，如图 3-3 所示。任何一个节点发送信号，沿主干线进行广播式传输，其他所有节点都能接收。其优点是：结构简单、可靠性高、易于安装和扩充，是局域网常采用的拓扑结构，某个节点的故障不会影响整个网络。缺点是：所有的数据都需要经过总线传送，总线成为整个网络的瓶颈，会因总线的故障导致整个网络瘫痪，不易管理、难以检测和定位故障。

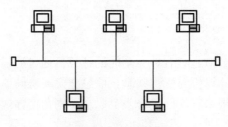

图 3-3　总线型结构

③ 环形结构。环形拓扑结构是由线缆连接所有节点构成的一个闭合环路，如图 3-4 所示。环中数据只沿一个方向（顺时针或逆时针）传输，因此适宜使用光纤从而构成高速局域网。其优点是：传输距离远，传输延迟确定。缺点是：环中的每个节点均成为网络可靠性的瓶颈，任意节点出现故障都会造成网络瘫痪，另外，故障诊断也较困难。

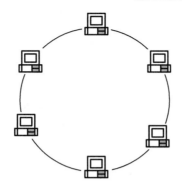

图 3-4　环形结构

④ 树形结构。树形结构是从星形结构或总线型结构演变而来的，形状像一棵倒置的树，顶端是树根，树根以下带分支，每个分支还可再带分支，如图 3-5 所示。树根接收各站点发送的数据，然后再根据 MAC 地址发送到相应的分支，树形拓扑结构在中小型局域网中应用较多。

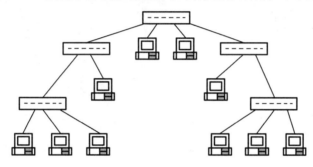

图 3-5　树形结构

此外，还有网状形、混合型拓扑结构等，这些可以看成是上述四种基本结构的某种派生。

2．网络的组成

计算机网络的硬件系统通常由服务器、工作站、传输介质、网卡、路由器、集线器、中继器、调制解调器等组成。

（1）服务器

服务器（Server）是网络运行、管理和提供服务的中枢，它影响网络的整体性能，一般在大型网络中采用大型机、中型机或小型机作为网络服务器；对于网点不多、网络通信量不大、数据安全要求不高的网络，可以选用高档微机作为网络服务器。

服务器按提供的服务被冠以不同的名称，如数据库服务器、邮件服务器、打印服务器、WWW 服务器、文件服务器等。

（2）工作站

工作站（Workstation）也称客户机（Client），由服务器进行管理和提供服务的、连入网络的任何计算机都属于工作站，其性能一般低于服务器。个人计算机接入 Internet 后，在获取 Internet 服务的同时，其本身就成为一台 Internet 网上的工作站。

服务器或工作站中一般都安装了网络操作系统，网络操作系统除具有通用操作系统的功能外，还应具有网络支持功能，能管理整个网络的资源。常见的网络操作系统主要有 Windows、Netware、UNIX、Linux 等。

(3) 传输介质

传输介质是网络中信息传输的物理通道,通常在有线网络中计算机通过光缆、双绞线、同轴电缆等传输介质连接;无线网络中则通过无线电、微波、红外线、激光和卫星信道等无线介质进行连接。

① 光缆(见图 3-6)。光缆又称为光电线缆,具有很高的带宽,是目前常用的传输介质。光缆是由许多细如发丝的玻璃纤维外加绝缘护套组成,光束在玻璃纤维内传输,具有防电磁干扰、传输稳定可靠、传输带宽高等特点,适用于高速网络和骨干网络。利用光缆连接网络,除每端必须连接光/电转换器外还需要其他辅助设备。

图 3-6 光缆

② 双绞线(见图 3-7)。双绞线是布线工程中最常用到的一种传输介质,由不同颜色的 4 对 8 芯线(每根芯线加绝缘层)组成,每两根芯线按一定规则交织在一起,成为一个芯线对。双绞线可分为非屏蔽双绞线(UTP)和屏蔽双绞线(STP),平时接触到的大多是非屏蔽双绞线。双绞线最远传输距离是 100 米。

使用双绞线组网时,双绞线和其他设备连接必须使用 RJ-45 接头(俗称水晶头),如图 3-8 所示。

图 3-7 双绞线　　　　　　　　图 3-8 RJ-45 接头

③ 同轴电缆(见图 3-9)。同轴电缆有粗缆和细缆之分,在实际中有广泛应用,比如,有线电视网中使用的就是粗缆。不论是粗缆还是细缆,其中央都是一根铜线,外面包有绝缘层。同轴电缆由内部导体环绕绝缘层及绝缘层外的金属屏蔽网和最外层的护套组成,这种结构的金属屏蔽网可防止中心导体向外辐射电磁场,也可用来防止外界电磁场干扰中心导体中的信号。

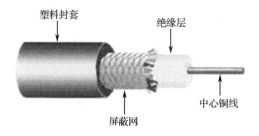

图 3-9　同轴电缆

（4）网卡

网卡的正式名称是网络适配器，如图 3-10 所示，它是计算机局域网中最重要的连接设备，计算机主要通过网卡连接网络，它负责在计算机和网络之间实现双向数据传输。每块网卡均有不同的 48 位二进制网卡地址（MAC 地址），如 00-23-5A-69-7A-3D（十六进制）。

图 3-10　网卡

（5）集线器

集线器（Hub）是单一总线共享式设备，提供很多网络接口，负责将网络中多台计算机连接在一起，如图 3-11 所示。所谓共享是指集线器所有端口共用一条数据总线，因此平均每用户（端口）传递的数据量、速率等受活动用户（端口）总数量的限制。它的主要性能参数有总带宽、端口数、智能程度（是否支持网络管理）、扩展性（可否级联和堆叠）等。

图 3-11　集线器

（6）交换机

交换机（Switch）又称以太网交换机，外观和 Hub 很相像，功能比 Hub 强。它同样具备许多接口，提供多个网络节点互连。但它的性能却较共享集线器大为提高：相当于拥有多条总线，使各端口设备能独立地作数据传递而不受其他端口设备的影响，表现在用户面前即是各端口有独立、固定的带宽。此外，交换机还具备集线器所没有的功能，如数据过滤、网络分段、广播控制等。

(7) 中继器

在计算机网络中，信号在传输介质中传递时，由于传输介质的阻抗会使信号越来越弱，导致信号衰减失真，当网线的长度超过一定限度后，若想再继续传递下去，必须将信号整理放大，恢复成原来的强度和形状。中继器的主要功能就是将收到的信号重新整理，使其恢复到原来的波形和强度，然后继续传递下去，以实现更远距离的信号传输。

(8) 路由器

广域网通信过程是根据 IP 地址来选择到达目的地的路径，这个过程在广域网中称为路由（Routing）。路由器（Router）负责在各段广域网和局域网间根据 IP 地址建立路由，将数据送到最终目的地，常见的家用无线路由器如图 3-12 所示。

图 3-12　家用无线路由器

(9) 调制解调器

调制解调器是计算机与电话线之间进行信号转换的装置，由调制器和解调器两部分组成，调制器把计算机的数字信号调制成可在电话线上传输的模拟信号，在接收端，解调器再把电话线上的模拟信号转换成计算机能接收的数字信号。通过调制解调器和电话线就可以实现计算机间的数据通信。

3. 网络协议和体系结构

(1) 计算机网络协议

在计算机网络中为实现计算机之间的正确数据交换，必须制定一系列有关数据传输顺序、信息格式和信息内容等的约定，这些规则、标准或约定称为计算机网络协议（Protocol）。计算机网络协议一般至少包括 3 个要素。

① 语义。语义用来解释控制信息每个部分的意义。它规定了需要发出何种控制信息，以及完成的动作与做出什么样的响应。

② 语法。语法用来规定用户数据与控制信息的结构或格式。

③ 时序。时序用来说明事件实现顺序。也可称为同步或规则。

人们形象地把这 3 个要素描述为：语义表示要做什么，语法表示怎么做，时序表示做的顺序。

(2) 计算机网络的体系结构

在计算机网络产生之初，每个计算机厂商都有一套自己的网络体系结构，它们之间互不兼容。为此，国际标准化组织（ISO）在 1979 年建立了一个分委员会来专门研究一种用于开放系统互联的体系结构（Open Systems Interconnection，OSI）。"开放"这个词表示：只要遵循 OSI 标准，一个系统可以和位于世界上任何地方的、也遵循 OSI 标准的其他任何系统进行连接。这个分委员会提出了开放系统互联，即 OSI 参考模型（Reference Model，RM），它定义了异质系统互联的标准框架。OSI/RM 模型分为 7 层，从下往上分别是物理层、数据链路层、网络层、传输层、会话层、表示层和应用层，如图 3-13 所示。在这个 OSI 七层模型中，每一层都为其上一层提供服务，并为其上一层提供接口。当接收数据时，数据是自下而上传输；当发送数据时，数据是自上而下传输。

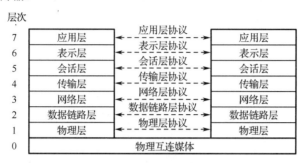

图 3-13　OSI/RM 模型

下面简要介绍这几个层次。

① 物理层。这是整个 OSI 参考模型的最底层，它的任务就是提供网络的物理连接。物理层的传输单位为比特（bit），即一个二进制位（0 或 1）。物理层是建立在物理介质上（而不是逻辑上）的，它提供的是机械和电气接口，其作用是使原始的数据比特（bit）流能在物理媒体上传输。

② 数据链路层。建立在物理传输能力的基础上，以帧为单位传输数据。数据链路层的主要作用是通过校验、确认和反馈重发等手段，将不可靠的物理链路改造成对网络层来说无差错的数据链路。数据链路层还要协调收发双方的数据传输速率，即进行流量控制，以防止接收方因来不及处理发送方传来的高速数据而导致缓冲器溢出及线路阻塞等问题。

③ 网络层。网络层负责由一个站到另一个站间的路径选择，它解决的是网络与网络之间，即网际的通信问题，而不是同一网段内部的事。网络层的主要功能是提供路由，即选择达到目标主机的最佳路径，并沿该路径传送数据包（分组）。此外，网络层还具有流量控制和拥塞控制的能力。

④ 传输层。传输层负责提供两站之间数据的传送。当两个站已确定建立了联系后，传输层即负责监督，以确保数据能正确无误地传送，提供可靠的端到端数据传输。

⑤ 会话层。会话层主要负责控制每一站究竟什么时间可以传送与接收数据。例如，如果有许多使用者同时进行消息的传送与接收，此时会话层的任务就要去决定是要接收消息或是传送消息，才不会有"碰撞"的情况发生。

⑥ 表示层。表示层负责将数据转换成使用者可以看得懂的有意义的内容。可能的操作包括字符转换、数据压缩与解压缩、数据加密与解密等。

⑦ 应用层。应用层负责网络中应用程序与网络操作系统间的联系，包括建立与结束使用者之间的联系，监督并管理相互连接起来的应用系统及系统所用的各种资源。

4. Internet 基础

国际互联网又称因特网（Internet），是以 TCP/IP 协议为基础，把各个国家、各个部门、各个机构的网络互联起来的网络。Internet 将全球已有的各种通信网络，如市话交换网（PSTN）、数字数据网（DDN）、分组数据交换网等互联起来，构成一条贯通全球的"信息高速公路"。

(1) Internet 的主要服务功能

Internet 是一个最大的信息资源集散场所，它提供的信息服务功能，适应了当今社会向信息时代发展的需要。Internet 提供了多种服务功能，其中"电子邮件"、"WWW 浏览"和"文件传送"为用户当前使用最广泛的三个主要功能。

① 电子邮件 E-mail（Electronic Mail）。它的功能类似邮政局的功能，网上的任何用户之间可以收发电子邮件，它是网络用户之间快速、便捷、高效、廉价的通信工具。与国内、国际长途电话的费用相比，电子邮件可以大大降低用户间的通信费用，因而受到广大用户的喜爱，E-mail 也已成为 Internet 诸项功能中使用频率最高的一个。

② 信息查阅（Gopher）。帮助用户查找所需要的信息，其上面存有大量的可分类检索的文字信息。Gopher 是基于菜单驱动的 Internet 信息检索工具。用户在一级级菜单的引导下，浏览自己感兴趣的信息资源。Gopher 以文本方式展示信息，将 FTP、Telnet、Archie（文件查找服务）和 WAIS（广域网信息服务）等功能有机地链接在菜单中。Gopher 在 WWW 产生之前是最好的信息检索工具，有了 WWW 之后，很多 Gopher 服务器疏于维护，故在使用 Gopher 时要注意其中信息的准确性。

③ 万维网（WWW，World Wide Web）。WWW 提供一种图文并茂的信息，采用"客户机/服务器"工作方式，遵循 HTTP 协议，是 Internet 上最重要的资源。客户机上访问各种信息所使用的程序称为 Web 浏览器，例如 Internet Explorer。浏览器用于在 Web 上查看、搜索和下载各种信息。浏览器中所看到的画面称为网页，也称为 Web 页。多个相关的 Web 页结合在一起便组成一个 Web 站点，放置 Web 站点的计算机称为 Web 服务器。Web 页采用超文本格式，它除了包含有文本、图像、声音、视频等信息外，还可能含有指向其他 Web 页或网页本身某特定位置的超链接。

一个 Web 站点上存放了许许多多页面，其中最引人注意的是主页（Home Page）。主页是指一个 Web 站点的首页，从该页出发可以链接到本站点的其他页面，也可以链接到其他站点，这样就可以方便地链接到世界上任何一个 Internet 节点。主页文件名一般为 index.htm，有时也用 default.htm 来表示。为了使用户能找到位于整个 Internet 范围的某个网页，WWW 中使用统一资源定位器（URL，Uniform Resource Locator）或网页地址表示一个网页。URL 或网页地址由三部分组成：协议名、主机域名、网页路径及文件名。例如，某个 WWW 网站中的某个网页的地址如图 3-14 所示。

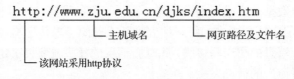

图 3-14　网页地址

用户只要在浏览器中输入网页地址，就可以看到该网页的内容。

④ 文件传输协议（File Transfer Protocol，FTP）。FTP 是由文件传输协议支持的，用于连接到 Internet 上的两台计算机之间文件的互传。使用 FTP 几乎可以传送任何类型的文件，如文本文件、二进制文件、图像文件、声音文件、压缩文件等。只要用户登录到某个 FTP 服务器，就可以把它当作自己远方的一个"大硬盘"，其上的文件可以复制到自己本地的计算机上，称之为下载；如果对方允许，还可以把自己的文件传到对方的磁盘上，称之为上传。FTP 实现了

不同结构的网络之间计算机与 FTP 服务器的双向文件传送。

⑤ 新闻组（Usenet，又称 Newsgroup）。这里所谓的"新闻"是指大家共同关心和讨论的问题。Usenet 拥有许多新闻组，用于发布公告、新闻及文章，供大家共享。同时还提供可供大众交流思想、信息和看法的论坛。新闻组以纯文本的方式展示信息，有至少两周的存活期，与 WWW 相比，用户在发表观点时，由于有公共的服务器为用户服务，所以信息上载到网络中的实现速度比 WWW 快，但是不能以多媒体的方式展示信息。

⑥ 电子布告栏（BBS，Bulletin Board System）。现在国内统称为论坛。

⑦ 远程登录（Telnet）。远程登录在网络通信协议 Telnet 的支持下，使用户的计算机暂时成为远程计算机的一个终端。要在远程计算机上登录，首先要成为远程计算机系统的合法用户，并拥有相应的用户名和口令。一旦登录成功后，用户便可以实时使用远程计算机对外开放的相应资源。

（2）TCP/IP 协议

TCP/IP（Transimission Control Protocol/Internet Protocol，传输控制协议/网际协议）是一种网络通信协议，它规范了网络上的所有通信形式，尤其是一个主机与另一个主机之间的数据往来格式及传送方式。TCP/IP 是 Internet 的基础协议，也是一种计算机数据打包和寻址的标准方法。而 TCP 协议和 IP 协议是保证数据完整传输的两个基本的重要协议。

TCP 保证传输的信息是正确的，IP 负责按地址在计算机之间传输信息。TCP/IP 协议簇把整个协议分成网络接口层、网络层、传输层、应用层 4 个层次，它和 OSI 分层之间的关系如表 3-1 所示。

表 3-1　TCP/IP 协议分层与 OSI 分层对比

OSI 分层模式	TCP/IP 分层模式	TCP/IP 常用协议
应用层	应用层	DNS、HTTP、SMTP、POP、Telnet、FTP、NFS
表示层		
会话层		
传输层	传输层	TCP、UDP
网络层	网络层	IP、ICMP、IGMP、ARP、RARP
数据链路层	网络接口层	Ethernet、ATM、FDDI、ISDN、TDMA
物理层		

TCP/IP 协议包括两个子协议：一个是 TCP 协议，另一个是 IP 协议。虽然从名字上看 TCP/IP 只包括两个协议，但 TCP/IP 协议实际上是一组协议（协议簇），它包括上百个各种功能的协议，如远程登录 Telnet、文件传输 FTP 和电子邮件等，在 TCP/IP 协议中，TCP 协议和 IP 协议各有分工。TCP 协议是 IP 协议的高层协议，TCP 在 IP 之上提供了一个可靠的连接。TCP 协议用于处理大量数据，也用于处理传输中某处损坏了的数据，能保证数据包的传输及正确的传输顺序，并且它可以确认数据包头和包内数据的正确性。如果在传输期间出现丢包或错包的情况，TCP 负责重新传输出错的数据包，这样的可靠性使得 TCP/IP 协议在会话式传输中得到充分应用。IP 协议为 TCP/IP 协议簇中的其他所有协议提供"包传输"功能，IP 协议仅为计算机上的数据提供一个最有效的无连接传输系统，也就是说，IP 数据包不能保证到达目的地，接收方也不能保证按顺序收到 IP 数据包，它仅能确认 IP 包头的完整性。最终确认数据包是否到达目的地，

还要依靠 TCP 协议，因为 TCP 协议是一种可靠的面向连接的协议。总之，IP 协议保证数据的传输，TCP 协议保证数据传输的质量。

（3）Internet 的地址和域名

① IP 地址。根据 TCP/IP 协议，连接在 Internet 上的每个设备都必须有一个 IP 地址，它是一个 32 位的二进制数，可以用十进制数字形式书写，每 8 个二进制位为一组，用一个十进制数来表示，即 0～255。每组之间用"."隔开，例如 168.192.43.10。

IP 地址包括网络号和主机号两部分，如图 3-15 所示，这样做的目的是方便寻址。实际上，Internet 是由许多不同的各种小网络互联而成的，这些小网络分属于不同的企业或公司，这些小网络称为子网。每个子网络都连接着若干个主机。IP 地址中的网络号部分用于标明这些不同的子网，而主机号部分用于标明每一个子网中的主机地址。IP 地址主要分为 A、B、C、D、E 这 5 类，如图 3-16 所示。

网络号	主机号

图 3-15 IP 地址结构

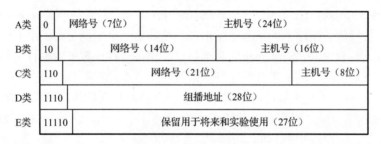

图 3-16 IP 地址分类

- A 类大型网。高 8 位代表网络号，后 3 个 8 位代表主机号，网络号的最高位必须是 0。十进制的第 1 组数值所表示的网络号范围为 0～127，由 0 和 127 有特殊用途，因此，有效的地址范围是 1～126。每个 A 类网络可连接 16 777 214(=2^{24}-2)台主机。
- B 类中型网。前 2 个 8 位代表网络号，后 2 个 8 位代表主机号，网络号的最高位必须是 10。十进制的第 1 组数值范围为 128～191。每个 B 类网络可连 65 534(=2^{16}-2)台主机。
- C 类小型网。前 3 个 8 位代表网络号，低 8 位代表主机号，网络号的最高位必须是 110。十进制的第 1 组数值范围为 192～223。每个 C 类网络可连接 254(=2^{8}-2)台主机。
- D 类为特殊地址，前 4 位必须是 1110,用于多播传送，十进制的第 1 组数值范围为 224～239。
- E 类也为特殊地址，前 5 位必须是 11110，保留用于将来和实验使用，十进制的第 1 组数值范围为 240～247。

另外，还有几种特殊用途的 IP 地址。
- 主机号全为 0 的 IP 地址称为网络地址，如 129.5.0.0 就是 B 类网络地址。
- 主机号全为 1（即 255）的 IP 地址称为广播地址，如 129.5.255.255 就是 B 类的广播地址。
- 网络号不能以十进制的 127 作为开头，在地址中数字 127 保留给系统作诊断用，如 127.0.0.1 用于回路测试。网络号全为 0 和全为 1 的 IP 地址被保留使用。

只能在局域网中使用、而不能在 Internet 上使用的 IP 地址称为私有 IP 地址，私有 IP 地址有：
10.0.0.0～10.255.255.255，表示 1 个 A 类地址。
172.16.0.0～172.31.255.255，表示 16 个 B 类地址。

192.168.0.0～192.168.255.255，表示 256 个 C 类地址。

子网掩码的作用是识别子网和判别主机属于哪一个网络。子网掩码是用来判断任意两台计算机的 IP 地址是否属于同一子网络的依据。最为简单的理解就是两台计算机各自的 IP 地址与子网掩码进行"与"（AND）运算后，如果得出的结果是相同的，则说明这两台计算机是处于同一个子网络上的，可以直接进行通信。子网掩码也用 32 位二进制数表示，采用十进制记数法。设置子网掩码的规则是：与 IP 地址的网络号部分相对应的位用"1"表示，与 IP 地址的主机号部分相对应的位用"0"表示。如 A 类的子网掩码为 255.0.0.0，B 类的子网掩码为 255.255.0.0，C 类的子网掩码为 255.255.255.0。

② Internet 的域名。在 Internet 上，对于众多以数字表示的一长串 IP 地址，人们记忆起来是很困难的。为此，Internet 引入了一种字符型的主机命名机制即域名系统（DNS，Domain Name System），用来表示主机的 IP 地址。Internet 设有一个分布式命名体系，它是一个树状结构的 DNS 服务器网络。每个 DNS 服务器保存有一张表，用来实现域名和 IP 地址的转换，当有计算机要根据域名访问其他计算机时，它就自动执行域名解析，根据这张表，把已经注册的域名解析为 IP 地址。如果此 DNS 服务器在表中查不到该域名，它会向上一级 DNS 服务器发出查询请求，直到最高一级的 DNS 服务器返回一个 IP 地址或返回未查到的信息。

Internet 的域名采用分级的树形结构，此结构称为"域名空间"，如图 3-17 所示。

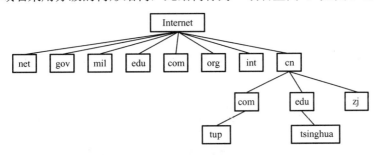

图 3-17 Internet 的域名结构

计算机域名的命名方法是：以圆点"."隔开的若干级域名，从左到右，从计算机名开始，域的范围逐步扩大，典型的结构如下。

计算机名.三级域名.二级域名.顶级域名

例如，www.tsinghua.edu.cn 指的是中国（cn）教育网（edu）清华大学（tsinghua）Web 主机（www）。

为保证域名系统的通用性，Internet 规定了一些正式的通用标准，从最顶层至最下层，分别称之为顶级域名，二级域名，三级域名等。表 3-2 列出了一些常用的顶级域名。

表 3-2 常用的顶级域名

域 名	含 义	域 名	含 义	域 名	含 义
gov	政府部门	ca	加拿大	edu	教育类
com	商业类	fr	法国	net	网络机构
mil	军事类	hk	中国香港	arc	康乐活动
cn	中国	info	信息服务	org	非营利组织
jp	日本	int	国际机构	Web	与 WWW 有关单位

5. IE 浏览器

浏览器是万维网服务器的客户端浏览程序，它可以向万维网的 Web 服务器发送各种请求，并对从服务器发来的超文本信息和各种多媒体数据格式进行解释、显示和播放。目前，常用的浏览器主要是 Microsoft 的 IE 和 Edge、Mozilla 的 Firefox、Google 的 Chrome 等。

Windows 10 提供了一种新的上网浏览器 Edge，来代替原来的 IE 浏览器。Edge 浏览器的工作界面主要由选项卡栏、地址栏、工具栏、网页浏览区等组成，如图 3-18 所示。

图 3-18　Edge 浏览器工作界面

- 选项卡栏：当在浏览器中打开多个网页时，可以通过单击选项卡来快速切换至所需页面。
- 地址栏：在"地址"文本框中输入网址，按回车键就可以打开网页。
- 工具栏：显示浏览网页时常用的工具按钮（"收藏夹""设置及其他"等按钮）。
- 网页浏览区：网页浏览区是浏览网页的主要区域，用于显示当前网页的内容，包括文字、图片、音乐及视频等各种信息。

6. 电子邮件

电子邮件是通过 Internet 邮寄的电子信件，它具有方便、快捷等特点，已逐渐成为现代人生活交往中重要的通信工具。

目前大多数的电子邮箱服务主要有 Web 页面邮箱和 POP3 邮箱，Web 页面邮箱只能通过 Web 页面收发电子邮件，POP3 邮箱的服务器主要支持 POP3 协议，通过此协议使用各种收发邮件的软件，可以在不登录 Web 页面的情况下收发电子邮件。

（1）电子邮件的功能

① 信件的起草与编辑功能。供用户撰写信件生成待发的电子文档，另外还可以编辑、修改收发的信件。

② 信件的发送功能。将编辑好的电子文档发送出去，同时也可以附带发送其他电子文档。可以给一个用户发，也可以同时发给多个用户。

③ 信件收取与检索功能。可以对收到的信件按一定条件检索和读取。检索条件可以是发件人、收信时间、信件标题等。

④ 信件回复和转发功能。用户在收到信件后，可直接按"回复"按钮给发件人回信，也可将信件转发给他人。

⑤ 退信说明功能。若信件没有成功传给收件人，电子邮件系统会返回退信的理由给发件人。

⑥ 信件的管理功能。供用户对收到的信件进行管理。

⑦ 安全功能。提供邮件账号和密码的认证，可进行邮件加密传送。

（2）电子邮件的地址

电子邮件地址是电子邮件系统识别发件人、收件人及传送邮件的唯一标识。其格式为：
用户名@邮件服务商的域名

如，user@163.com，其中，user 为用户名，163.com 为邮件服务商的域名。任何一个 E-mail 地址都是唯一的。

3.4 项目实施

任务1：网络硬件连接

小李同学要组建学生宿舍局域网，需事先准备好一台交换机、若干根双绞线（两端带水晶头），将每台计算机的操作系统、网卡驱动程序等安装完成。

步骤1：通过网线（双绞线）将寝室里每台计算机连接到交换机的 RJ-45 端口，如需连接到外网（如校园网），还需把连接至外网的网线接入到交换机的 RJ-45 端口，以便通过外网连接到因特网，如图 3-19 所示。

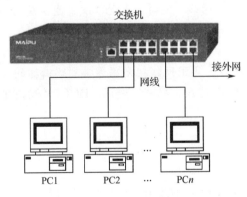

图 3-19 拓扑结构图

步骤2：打开计算机和交换机的电源，观察交换机和网卡指示灯的变化，如果网卡指示灯和交换机上与插入网线端口对应的指示灯闪烁变化，则说明计算机和交换机之间的连接良好，否则应检查网线连接是否出错。

【家庭联网说明】学校网络一般通过光纤（固定 IP 地址）与外界连接，所以用户不需要申请账号进行拨号连接（动态 IP 地址），而一般家庭光纤上网需要先到中国电信或中国联通等申请账号，实现开户，然后在计算机上创建宽带连接（虚拟拨号）。具体操作步骤如下：

（1）先按图 3-20 所示连接好各设备。

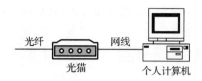

图 3-20　家庭光纤上网连接结构图

（2）启动个人计算机后，单击桌面右下角的"网络"→"网络和 Internet 设置"→"网络和共享中心"链接，打开"网络和共享中心"窗口，如图 3-21 所示。

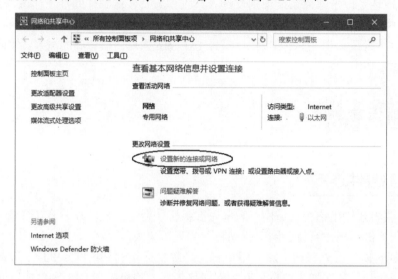

图 3-21　"网络和共享中心"窗口

（3）单击"设置新的连接或网络"链接，出现"设置连接或网络"窗口，依据连接向导的提示，逐步完成连接设置。

如果家庭有两台或两台以上计算机需要上网，可添置一台家用路由器，则将这些计算机用网线连接到路由器的 LAN 端口，再用网线把光猫连接到路由器的 WAN 端口，根据路由器说明书，在路由器中设置好 PPPoE 连接、账户、密码、DHCP（动态主机配置协议）服务等就可以了。

任务2：网络设置

网络硬件连接成功后，需要设置 TCP/IP 协议、计算机名和工作组名等才可以实现各台计算机间的相互访问。

1. TCP/IP 协议设置

步骤 1：单击桌面右下角的"网络"→"网络和 Internet 设置"→"网络和共享中心"链接，打开"网络和共享中心"窗口，如图 3-21 所示。

步骤 2：单击左侧窗格中的"更改适配器设置"链接，进入"网络连接"页面，右击"以太网"图标，在弹出的快捷菜单中选择"属性"命令，打开

微课：网络设置

"以太网 属性"对话框，如图 3-22 所示。

步骤 3：在如图 3-22 所示的对话框中，选择"Internet 协议版本 4（TCP/IPv4）"选项后，单击"属性"按钮，打开"Internet 协议版本 4（TCP/IPv4）属性"对话框，如图 3-23 所示。

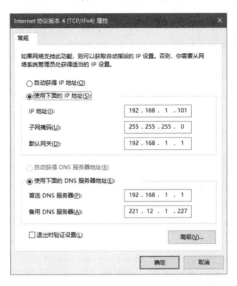

图 3-22 "以太网 属性"对话框　　　　图 3-23 "Internet 协议版本 4（TCP/IPv4）属性"对话框

步骤 4：选中"使用下面的 IP 地址"单选按钮和"使用下面的 DNS 服务器地址"单选按钮，然后根据实际情况输入相应 IP 地址、子网掩码、默认网关（一般为连接外网的路由器的 IP 地址）和 DNS 服务器地址等，单击"确定"按钮，返回"以太网 属性"对话框，再单击"关闭"按钮。

各台计算机的 IP 地址要互不相同，且必须在同一子网内，否则不能相互访问。如果网络中有 DHCP 服务器，也可选中如图 3-23 所示的界面中"自动获得 IP 地址"单选按钮，省去设置 IP 地址的麻烦。

2. 计算机名和工作组名设置

局域网内各计算机间除了通过 IP 地址相互访问外，还可以通过计算机名来访问，相互访问的计算机必须在同一工作组内（工作组名要相同）。

步骤 1：右击桌面上的"此电脑"图标，在弹出的快捷菜单中选择"属性"命令，在打开的"系统"窗口中，单击"更改设置"链接，打开"系统属性"对话框，在"计算机名"选项卡中单击"更改"按钮，打开"计算机名/域更改"对话框，如图 3-24 所示。

步骤 2：在如图 3-24 所示的对话框中，输入自己的计算机名和工作组名（默认为 WORKGROUP），单击"确定"按钮，弹出一个对话框，提示"必须重新启动计算机才能应用这些更改"，单击"确定"按钮，并重新启动计算机。

每台计算机的计算机名要互不相同，而工作组名要相同。

图 3-24 "计算机名/域更改"对话框

任务3：网络应用

1. 信息浏览与搜索

微课：网络应用

Microsoft Edge 浏览器的最终目的是浏览 Internet 的信息，并实现信息交换的功能。搜索引擎是专门用来查询信息的网站，这些网站可以提供全面的信息查询。目前，常用的搜索引擎有百度、谷歌、搜狐、必应、360 搜索和搜搜等。

步骤 1：打开 Microsoft Edge 浏览器，在浏览器的地址栏中输入要浏览的网页地址，例如，新浪网站网址 https://www.sina.com.cn，然后根据需要浏览各种信息，如图 3-25 所示。

图 3-25　新浪网首页

步骤 2：如果要查找资料，可以在百度网站（www.baidu.com）的搜索栏中输入要查找的内容，例如"计算机等级考试"，如图 3-26 所示，在搜索结果中单击某个超链接即可查看具体内容。

2. 保存网页

用户查找到相关信息后就可以根据需要将内容保存下来，可以保存网页中的文字、图片等，甚至可以保存整个网页。

步骤 1：保存网页中的文字。在打开的网页中"选中"相应文字，然后复制，根据自己的需要，将复制的文字粘贴到记事本或 Word 文档中并保存。

步骤 2：保存网页中的图片。右击网页中的图片，在弹出的快捷菜单中选择"将图片另存为"命令，从而打开"另存为"对话框，根据需要，选择保存位置、保存类型，并为图片取名，最后单击"保存"按钮，如图 3-27 所示。

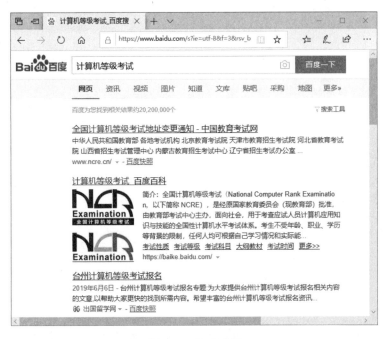

图 3-26　搜索结果

图 3-27　"另存为"对话框

步骤 3：保存整个网页。Microsoft Edge 浏览器没有保存整个网页的功能，要保存整个网页，单击工具栏中的"设置及其他"按钮，选择"更多工具"→"使用 Internet Explorer 打开"命令，打开"Internet Explorer"浏览器。

步骤 4：在当前网页的窗口中，选择"工具"→"文件"→"另存为"（或"页面"→"另存为"）命令，打开"保存网页"对话框，如图 3-28 所示，选择合适的保存位置、文件名、保存类型、编码等，单击"保存"按钮，从而将当前网页保存下来。

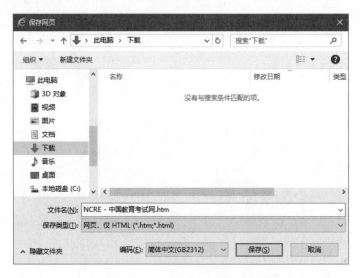

图 3-28 "保存网页"对话框

3. 网页收藏

将喜欢的网页地址添加到 Microsoft Edge 浏览器的收藏夹中，以便随时查看。

步骤 1：网页收藏。在 Microsoft Edge 浏览器中打开某个网站，单击工具栏中的"添加到收藏夹或阅读列表"按钮☆，在下拉菜单中选择"收藏夹"选项，在"名称"文本框中输入所收藏网页的名称，在"保存位置"列表框中选择网页收藏位置（收藏夹栏），如图 3-29 所示，单击"添加"按钮，完成网页的收藏。

图 3-29 网页收藏界面

步骤 2：打开"收藏夹栏"。单击工具栏中的"设置及其他"按钮···，选择"设置"命令，打开"设置"下拉菜单，设置"显示收藏夹栏"为"开"，如图 3-30 所示。

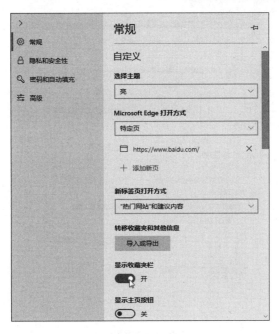

图 3-30 打开"显示收藏夹栏"

步骤 3：在 Microsoft Edge 浏览器的收藏夹栏中，即可查看已成功收藏的网页，如图 3-31 所示，单击即可打开所收藏的网页。

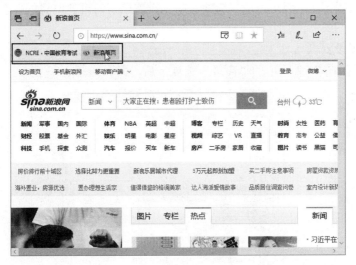

图 3-31 查看已成功收藏的网页

4．IE 设置

（1）常规设置

步骤 1：选择"开始"→"Windows 附件"→"Internet Explorer"命令，打开 IE 11 浏览器。

步骤 2：选择"工具"→"Internet 选项"命令，打开"Internet 选项"对话框，如图 3-32 所示。

步骤 3：选择"常规"选项卡，在"主页"文本区中可输入主页地址（如 https://www.baidu.com）。

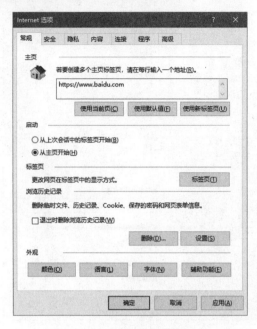

图 3-32 "Internet 选项"对话框

步骤 4：单击如图 3-32 所示的"浏览历史记录"区域中的"设置"按钮，打开"网络数据设置"对话框，在该对话框中可设置临时文件夹使用的磁盘空间，单击"移动文件夹"按钮可设置临时文件夹位置。在"历史记录"选项卡中可设置已访问过的网页的保存天数（默认保存 20 天）。

（2）高级选项设置

步骤 1：选择如图 3-32 所示的"高级"选项卡后，界面如图 3-33 所示。

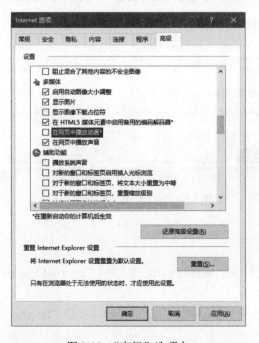

图 3-33 "高级"选项卡

步骤 2：在如图 3-33 所示的界面中，设置符合自己要求的选项，如取消选中"在网页中播放动画"复选框，设置完成后，单击"确定"按钮。

5. 电子邮件收发

要能够收发电子邮件必须先申请电子邮箱，很多网站提供免费的邮箱服务。申请到电子邮箱后，可以在已申请邮箱的网站中收发邮件。下面以"126 网易免费邮"网站（https://www.126.com）为例，介绍如何申请邮箱及收发邮件。

（1）申请免费邮箱

步骤 1：打开 Microsoft Edge 浏览器，在浏览器的地址栏中输入"https://www.126.com"，进入"126 网易免费邮"网站，单击网页中的"注册新账号"按钮，打开免费邮箱注册页面，如图 3-34 所示。

图 3-34　注册免费邮箱

步骤 2：根据提示，填写邮箱地址、密码、手机号码等相关资料，用手机扫描二维码，使用短信进行验证，选中"同意《服务条款》《隐私政策》和《儿童隐私政策》"复选框，然后单击网页下方的"立即注册"按钮，提交成功后，你就拥有了一个 126 免费邮箱，此时就可以进行邮件收发了。

（2）收发电子邮件

假若已经成功申请了免费电子邮箱 tzyabc@126.com。

步骤 1：在 Microsoft Edge 浏览器的地址栏中输入"https://www.126.com"，进入"126 网易免费邮"网站，单击"密码登录"按钮，输入邮箱用户名"tzyabc"和邮箱密码后，单击"登录"按钮，进入邮件收发页面，如图 3-35 所示。

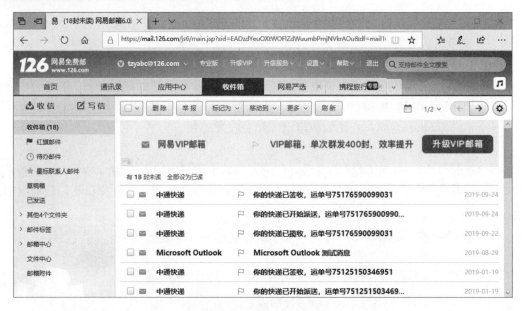

图 3-35　邮件收发页面

步骤 2：在如图 3-35 所示页面中，页面的左上角有"收信"和"写信"按钮，单击"收信"按钮，在右侧窗格中列出收到的邮件，单击收到邮件的主题可打开邮件，如果邮件有附件则可以单击"下载"按钮，将附件下载保存到自己的计算机上。

步骤 3：单击"写信"按钮，在"收件人"文本框中输入收件人的电子邮件地址（如果不止一个收件人中间用英文的分号隔开）；在"主题"文本框中输入邮件的主题；在"正文区"中输入邮件的具体内容；如果有附件要发送，则单击"添加附件"按钮，根据提示选择需要发送的文件，可添加多个附件，同时要注意附件的大小。填写完成后，单击"发送"按钮，如图 3-36 所示，就可以将邮件发送出去了。

邮件发送成功后，邮件将保存在"已发送"文件夹中。

图 3-36　发送邮件

任务 4：网络维护

局域网运行一段时间后，可能会出现一些网络问题，此时就需要对网络进行维护，网络维护主要通过一些常用网络工具来进行，如 Ipconfig、Ping、Telnet 等。

微课：网络维护

1. Ipconifg 命令的使用

Ipconfig 命令主要用来查看 TCP/IP 协议的具体配置信息，如网卡的物理地址（MAC 地址）、主机的 IPv4 地址、子网掩码以及默认网关等，还可以查看主机名、DNS 服务器等信息。

步骤 1：在"开始"菜单的"搜索"文框中输入 cmd 命令，打开"命令提示符"窗口。

步骤 2：在"命令提示符"窗口中，输入 ipconfig /all 命令，查看 TCP/IP 协议的具体配置信息，如图 3-37 所示。

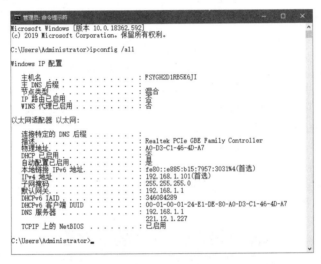

图 3-37　Ipconfig 命令

2. Ping 命令的使用

Ping 命令用来检查网络是否连通，以及测试与目标主机之间的连接速度。Ping 命令自动向目标主机发送一条 32 字节的消息，并计算到目标站点的往返时间。该过程在默认情况下独立进行 4 次。往返时间低于 400ms 即为正常，超过 400ms 则较慢。如果返回"Request timed out"（超时）信息，则说明该目标站点拒绝 Ping 请求（通常是被防火墙阻挡）或连接不通等。

步骤 1：在"命令提示符"窗口中，输入"Ping 127.0.0.1"命令，查看显示结果。如果能 Ping 成功，说明 TCP/IP 协议已正确安装，否则说明 TCP/IP 协议没有安装或 TCP/IP 协议有错误等。

步骤 2：如果以上测试成功，输入"Ping 默认网关"命令，其中的"默认网关"就是如图 3-37 中所示的默认网关 IP 地址，查看显示结果。如果能 Ping 成功，说明主机到默认网关的链路是连通的，否则，有可能是网线没有连通、IPv4 地址或子网掩码设置有误等。

步骤 3：如果以上测试均成功，输入"Ping 221.12.33.227"命令，查看显示结果。其中的"221.12.33.227"是 Internet 上某服务器的 IP 地址。如果 Ping 成功，说明主机能访问 Internet，否则，说明默认网关设置有误或默认网关没有连接到 Internet 等。

步骤 4：如果以上测试均成功，输入"Ping www.baidu.com"命令，查看显示结果，如图 3-38 所示。如果 Ping 成功，说明 DNS 服务器工作正常，能把网址（www.baidu.com）正确解析为 IP 地址（180.101.49.11）。否则，说明主机 DNS 服务器的设置有误。

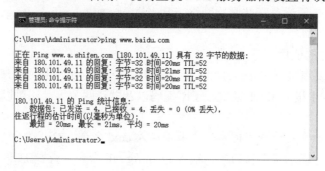

图 3-38　Ping 命令

3. Telnet 命令的使用

Internet 远程登录是指用户可以在本地自己的终端上，通过 Internet 与另一个地方的主机进行交互。也就是说，如果登录成功，本地用户就像远程主机的用户一样，可以在权限范围内对远程主机进行操作。Internet 专门设立了 Telnet 协议，为远程登录提供服务。Telnet 远程登录某主机，一般需要账号和密码，有些主机也可使用 Guest（来宾）来登录。下面用 Telnet 命令来远程登录到复旦大学的 BBS 论坛（bbs.fudan.edu.cn）。

步骤 1：出于安全考虑，Telnet 客户端程序在 Windows 10 中默认是关闭的，使用 Telnet 客户端前必须启用相应程序。在控制面板中单击"程序和功能"选项，在打开窗口的左侧窗格中单击"启用或关闭 Windows 功能"选项，打开"Windows 功能"对话框，如图 3-39 所示。

图 3-39　"Windows 功能"对话框

步骤 2：选中"Telnet Client"复选框，单击"确定"按钮，即可启用 Telnet 客户端程序。

步骤 3：在"命令提示符"窗口中，运行"telnet bbs.fudan.edu.cn"命令，本机便开始与远程 BBS 主机进行连接。连接成功后，远程主机要求输入用户名和密码，如图 3-40 所示。

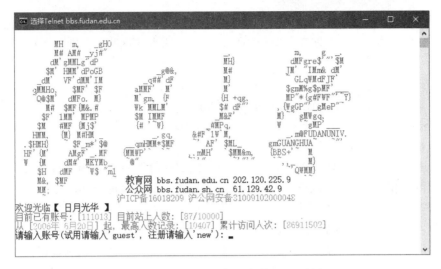

图 3-40　远程登录"复旦大学 BBS"论坛

步骤 4：在"请输入账号"提示符右侧，输入"guest"匿名登录，登录成功后，用户即可按照屏幕的提示进行操作。

3.5　总结与提高

对于一般家庭而言，要实现上网首先必须到中国电信（或中国联通）申请上网的账户和密码，然后在自己的计算机上创建网络连接，利用申请到的账户和密码实现虚拟拨号上网。

局域网中的每台计算机必须要有不同的 IP 地址（一般采用私有 IP 地址）、不同的计算机名和相同的工作组名，才能相互访问，实现文件夹共享、局域网游戏等。有的同学购置了笔记本电脑（安装了无线网卡），通过无线路由器，经过相关设置后，可实现无线上网。

要上网就离不开使用 Web 浏览器，目前应用最广泛的还是微软公司的 IE（Internet Explorer）浏览器，通过 IE 可以搜索资料、阅读新闻、下载软件等，还可以通过 IE 的"安全"属性设置阻止进入一些不健康的网站。

E-mail 的出现大大方便了人们相互之间的联系，要能够收发电子邮件必须先申请电子邮箱，很多网站都提供免费的邮箱服务，申请到电子邮箱后可以在申请邮箱的网站中收发邮件，也可以不登录网站直接在 Outlook 中进行。当然，要使用 Outlook 收发邮件，必须先进行 Outlook 的相关设置。

网络维护主要通过一些常用网络工具来进行，如 Ipconfig、Ping、Telnet 等。

3.6　习题

一、选择题

1. 信息高速公路的基本特征是＿＿＿＿＿、交互性和广域性。

　　A．高速　　　　　B．方便　　　　　C．灵活　　　　　D．直观

2. 电子政务的"_____"服务是指一些业务不必按照部门来设置，而是按照流程做打包处理，按照业务流程，一步步地在某单一的网站上完成所有的这些相关业务手续。
   A．信息单向发布　　　　　　　　　　B．双向互动
   C．在线交易　　　　　　　　　　　　D．一站式
3. 计算机网络中，数据传输速度常用的单位是_____。
   A．bps　　　　　B．字符/秒　　　　C．MHz　　　　D．Byte
4. 计算机网络最突出的优点是_____。
   A．共享资源　　　B．精度高　　　　C．运算速度快　　D．内存容量大
5. 局域网的拓扑结构最主要有星形、_____、总线型和树形四种。
   A．链形　　　　　B．网状形　　　　C．环形　　　　　D．层次形
6. 下面不属于局域网的硬件组成的是_____。
   A．服务器　　　　B．工作站　　　　C．网卡　　　　　D．调制解调器
7. 关于网络传输介质错误的说法是_____。
   A．双绞线内导线绞合可以减少对相邻导线的电磁干扰
   B．光纤传输速率很高，为几百 Mbps
   C．同轴电缆性价比较高，只能用于宽带传输
   D．特殊情况下，可以使用微波、无线电和卫星等媒体传输数据
8. _____是调制解调器的作用之一。
   A．将数字信号调制成模拟信号　　　　B．将二进制数据转为十进制数
   C．将传输信号中的干扰信号去掉　　　D．减少信号传输中的损失
9. _____和_____的集合称为计算机网络体系结构。
   A．数据处理设备、数据通信设备　　　B．通信子网、资源子网
   C．层、协议　　　　　　　　　　　　D．通信线路、通信控制处理器
10. 互联网能提供的最基本服务有_____。
    A．Newsgroup，Telnet，E-mail　　　B．Gopher，finger，WWW
    C．E-mail，WWW，FTP　　　　　　　　D．Telnet，FTP，WAIS
11. Internet 的缺点是_____。
    A．不够安全　　　　　　　　　　　　B．不能传输文件
    C．不能实现现场对话　　　　　　　　D．不能传输声音
12. CERNET 是_____的简称。
    A．中国科技网　　　　　　　　　　　B．中国公用计算机互联网
    C．中国教育和科研计算机网　　　　　D．中国公众多媒体通信网
13. 连接到 WWW 页面的协议是_____。
    A．HTML　　　　B．HTTP　　　　　C．SMTP　　　　D．DNS
14. 互联网中某主机的二级域名为"edu"，表示该主机属于_____。
    A．营利性商业机构　　　　　　　　　B．军事机构
    C．教育机构　　　　　　　　　　　　D．非军事性政府组织机构
15. 下列_____软件不是 WWW 浏览器。
    A．Internet Explorer　　　　　　　　B．Netscape Navigator
    C．Opera　　　　　　　　　　　　　D．CuteFTP

16. Web 地址的 URL 的一般格式为_____。

　　A．协议名/计算机域名地址[路径[文件名]]

　　B．协议名:/计算机域名地址[路径[文件名]]

　　C．协议名:/计算机域名地址/[路径[/文件名]]

　　D．协议名://计算机域名地址[/路径[/文件名]]

17. 在一个 URL："http://www.hziee.edu.cn/index.htm" 中的 www.hziee.edu.cn 是指_____。

　　A．一个主机的域名　　　　　　　B．一个主机的 IP 地址

　　C．一个 Web 网页　　　　　　　D．一个 IP 地址

18. 匿名 FTP 的用户名是_____。

　　A．Guest　　　　B．Anonymous　　　C．Public　　　　D．Scott

19. "ftp://ftp.download.com/pub/doc.txt" 指向的是一个_____。

　　A．FTP 站点　　　　　　　　　　B．FTP 站点的一个文件夹

　　C．FTP 站点的一个文件　　　　　D．地址表示错误

20. 电子邮件地址的格式为：username@hostname，其中 hostname 为_____。

　　A．用户地址名　　　　　　　　　B．ISP 某台主机的域名

　　C．某公司名　　　　　　　　　　D．某国家名

二、实践操作题

1．设置浏览器。

（1）设置 Edge 浏览器，使主页地址为："http://djks.edu.cn"。

（2）设置 Edge 浏览器的收藏夹，增加新的收藏夹，命名为"djks"。

（3）设置 IE 浏览器，使得浏览 Internet 网页时不播放声音。

（4）设置 IE 浏览器，使得给链接加下画线的方式为"悬停"。

2．申请一个 126 网易免费邮箱，然后给 a1b1_c1@yahoo.com.cn 邮箱发送一封电子邮件，主题是"作业"，内容是"老师您好！我已经成功申请了 126 网易免费邮箱"。

学习情境二
学习文字处理
（Word 2019）

- 项目4　自荐书的制作
- 项目5　艺术小报排版
- 项目6　毕业论文排版
- 项目7　批量制作信封和成绩单

项目 4 自荐书的制作

本项目以"自荐书的制作"为例,介绍文档处理软件 Word 2019 的页面设置、字体与段落设置、页面边框、表格的制作方法、边框和底纹、项目符号和编号、文字排列方向、打印预览及打印输出等方面的相关知识。

4.1 项目提出

小李同学大学快毕业了,即将面临找工作的问题,通过学哥学姐们的介绍和学校的就业指导课,小李了解到找工作前要精心制作一份自荐书。小李觉得,要想在激烈的人才竞争中占有一席之地,除有过硬的知识储备和工作能力外,还应该让别人尽快、全面地了解自己。一份精美的自荐书无疑将给别人留下良好的第一印象,毫不夸张地说,自荐书制作的好坏,将直接影响到小李的前途和命运。因此,小李找到计算机老师张老师,请教以下问题:

(1)自荐书中应包含哪些内容?
(2)如何制作一份具有自身特色的自荐书?

张老师帮助小李分析了他的特点和专业优势后,建议他借助文档处理软件 Word 2019 来制作一份自荐书。以下是张老师对制作自荐书的详细讲解。

4.2 项目分析

自荐书指由求职者向招聘者或招聘单位所提交的一种信函,它向招聘者表明求职者拥有能够满足特定工作要求的技能、态度、资质和资信。一封成功的自荐书就是一件营销武器,证明求职者能够解决招聘者的问题或者满足他的特定需要,因此确保求职者能够得到面试的机会。

在写自荐书之前,有必要明确自荐书所要达到的效果:让招聘者对自荐书过目难忘,不忍释手,让招聘者立刻明白并且相信求职者的工作能力。然而要写得好,并非一件容易的事。绝大多数的自荐书如同记流水账,毫无重点,无法给招聘者留下深刻的印象。

自荐书是求职者生活、学习、经历和成绩的概括和集中反映。一般,自荐书应包括三部分:封面、自荐信和个人简历。内容主要涉及:申请求职的背景、个人基本情况、个人专业强项与技能优势、求职的动机与目的等。

可见,制作自荐书一般可分为三个步骤。

第一,制作封面,设计好封面的布局,封面上的内容主要是求职者的毕业学校、专业、姓名、联系电话等信息。

第二,制作自荐信,用文字叙述自己的爱好、兴趣、专业等,要注意自荐信内容的多少,应用的字体、字号及行间距、段间距等,目的是使自荐书的内容在页面中分布合理,不要留太多空白,也不要太拥挤。

第三,制作个人简历,用表格介绍自己的学习经历、工作经历等,包括个人基本情况、联系方式、受教育情况、爱好特长等内容,为了使个人简历清晰、整洁、有条理,最好以表格的形式完成。

自荐书制作完成后,可先用打印预览确保打印出来的内容与所期望的一致(如有出入,可返回进行修改),然后进行打印输出。

由以上分析可知,"自荐书的制作"可以分解为以下五大任务:页面设置,制作封面,制作自荐信,制作表格简历,打印输出。

其操作流程图如图 4-1 所示,完成效果图如图 4-2 所示。

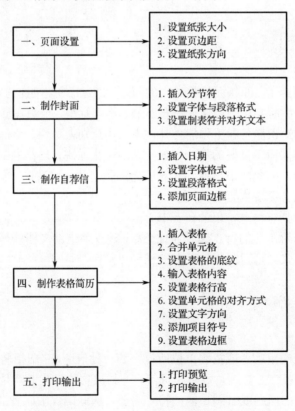

图 4-1 "自荐书的制作"操作流程图

××职业技术学院

自荐书

姓　　名：　李想
专　　业：　计算机
联系电话：　13846592035
电子邮箱：　Lixiang@163.com

自荐信

尊敬的领导：

  您好！

  当您翻开这一页的时候，您已经为我打开了通往成功的第一扇门。感谢您能在我即将踏上人生一个崭新征程的时候，给我一次宝贵的机会。

  我是李想，自小酷爱计算机，基于对信息技术的追求，2017年我考进了我校的计算机应用技术专业，擅长网页设计与制作，于2020年毕业。

  在大学三年的时间里我一直担任班主任助理、系学生会学习部长、班学习委员及团支书。在学习、工作上出色，得到了学校领导、系领导、班主任和同学们的赏识，并光荣地加入了中国共产党。大学生活我一直从人格、知识、综合素质等方面充实、完善自己，把自己培养成"一专多能"的复合型人才，也是我思索人生、超越自我、走向成熟的三年。我还积极参加社会实践活动。

  在素质教育的今天，改革的大潮是一浪高过一浪。作为新世纪的开拓者，心中只有一个信念：势头与拼搏！我表心地希望您能够给我一次机会，我必将还您一个惊喜！我相信我有能力在贵单位干好！相信您的慧眼与我的实力将为我们带来共同的成功！

  祝贵公司宏图大展，贵领导及同仁事业蒸蒸日上！

  再次感谢您看完我的自荐书，诚盼您的佳音！

  选择我，没有错！谢谢！

  此致

敬礼

自荐人：李想
2019年8月18日

个人简历

姓名	李想	性别	男	出生年月	2000.11	照片
民族	汉	籍贯	浙江宁波	政治面貌	中共党员	
学历	大专	专业	计算机	英语水平	CET 四级	
邮给地址	宁波开发区数字科技园B座105室			邮政编码	315175	
E-mail	Lixiang@163.com			联系电话	13846592035	

教育经历	◇ 中学：宁波效实中学 ◇ 大学：××职业技术学院
专业课程	• 网页三剑客 • Photoshop • CorelDRAW • 3DS Max • PHP 动态网页制作、SQL 数据库
技能证书	• ××市 Flash 制作第一名 • ××职业技术学院校园十佳歌手 • 信息学院一等奖学金
爱好特长	• 熟悉网站开发环境，有进行网页制作和团队合作的能力 • 擅长 DIV+CSS 网页制作技巧 • 熟悉 JavaScript 和 VBScript 网页脚本语言以及 Access 数据库和 SQL Server 2008 数据库 • 熟练进行计算机操作，以及 Office 办公软件操作 • 能够使用 Photoshop、CorelDRAW 进行网页图片处理
自我评价	• 踏实诚信，积极乐观，性格开朗，有团队意识 • 吃苦耐劳，有一定的亲和力，勇于挑战自我 • 我相信只有在工作和生活中才能不断地充实自我、提高自我、完善自我
求职意向	• 网页设计师

图 4-2 "自荐书"的制作效果图

4.3 相关知识点

1. Word 2019 工作界面

Office 2019 办公组件很多，功能也各不相同，但是工作界面大同小异，主要包括快速访问工具栏、标题栏、功能选项卡、功能区、文档编辑区、状态栏、视图栏和缩放比例工具等，Word 2019 的工作界面如图 4-3 所示。

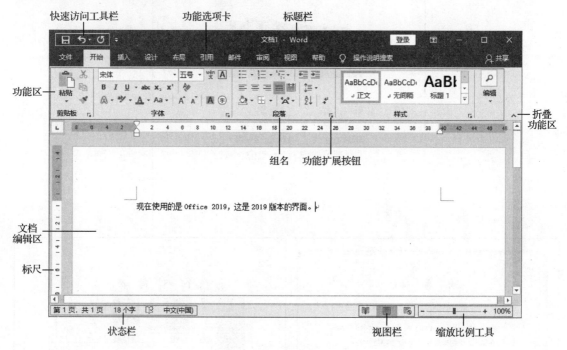

图 4-3　Word 2019 工作界面

2. 字符和段落的格式化

字符的格式化，包括对各种字符的字体、大小、字形、颜色、字符间距、字符之间的上下位置及文字效果等进行设置。

段落的格式化，包括对段落左右边界的定位、段落的对齐方式、缩进方式、行间距、段间距等进行设置。

3. 表格的制作

表格是由若干行和若干列组成，行和列交叉成的矩形部分称为单元格，单元格中可以填入文字、数字、图片等。

表格可用来组织文档的排版，文档中经常需要使用表格来组织有规律的文字和数字，有时还需要用表格将文字段落并行排列。

对表格的编辑，一是以表格为对象进行编辑，包括表格的移动、对齐方式、文字环绕、设置行高和列宽、设置边框和底纹等；二是以单元格为对象进行编辑，包括选定单元格区域，单元格的插入和删除，单元格的合并和拆分，单元格中对象的对齐方式等。

4. 制表位

制表位是指水平标尺上的位置，它指定文字缩进的距离或一栏文字开始的位置。制表位可以让文本向左、向右或居中对齐；或者将文本与小数字符或竖线字符对齐。制表位是一个对齐文本的有力工具。

设置制表位的方法：单击水平标尺最左端的"左对齐式制表符"⌴，直到它更改为所需制表符类型："左对齐式制表符"⌴、"居中式制表符"⊥、"右对齐式制表符"⌐、"小数点对齐式制表符"⊥或"竖线对齐式制表符"Ⅰ，然后在水平标尺上单击要插入制表位的位置。

5. 项目符号和编号

项目符号和编号是放在文本前的点、数字或其他符号，起到强调作用，用于对一些重要条目进行标注或编号，用户可以为选定段落添加项目符号或编号。合理使用项目符号和编号，可以使文档的层次结构更清晰、更有条理。Word 提供了多种项目符号、编号的形式，用户也可以自定义项目符号和编号。

6. 页面边框

页面边框是在页面四周的一个矩形边框，可以设置普通的线型页面边框和各种图标样式的艺术型页面边框，可对页面边框的样式、颜色和应用范围等进行设置。

7. 打印预览及打印输出

"打印预览"就是在正式打印之前，预先在屏幕上观察即将打印文件的打印效果，看看是否符合设计要求，如果满意，就可以打印了。打印前可以对打印的范围、份数、纸张和是否双面打印等进行设置。

4.4 项目实施

任务 1：页面设置

在文档排版之前，一般要先对文档页面进行设置。

步骤 1：打开素材库中的"自荐书（素材）.docx"文件。

步骤 2：设置纸张大小。在"布局"选项卡中，单击"页面设置"组中的"纸张大小"下拉按钮，在打开的下拉列表中选择"A4"纸张，如图 4-4 所示。用户可以根据需要设置"纸张大小"，常见纸张大小有"A4""16 开"等，默认纸张大小为"A4"。也可以选择"其他纸张大小"选项，自定义纸张大小。

微课：页面设置

步骤 3：设置页边距。单击"页面设置"组中的"页边距"下拉按钮，在打开的下拉列表中选择"常规"页边距，如图 4-5 所示。用户可以根据需要设置"页边距"，常见的页边距有"常规""窄""中等""宽""对称"等，默认页边距为"常规"。也可以选择"自定义页边距"选项，自定义页边距。

步骤 4：设置纸张方向。单击"页面设置"组中的"纸张方向"下拉按钮，在打开的下拉列表中选择"纵向"纸张方向，如图 4-6 所示，纸张方向"纵向"和"横向"两种，默认纸张方向为"纵向"。

图 4-4 设置纸张大小

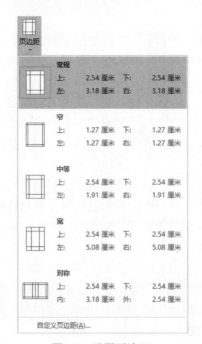

图 4-5 设置页边距

图 4-6 设置纸张方向

任务 2：制作封面

微课：制作封面

在"自荐书"的封面中，主要包括求职者的学校名称、姓名、专业、联系电话、电子邮箱等信息，还可以添加学校标志性建筑的图片。

1. 插入分节符

步骤 1：将光标置于"自荐信"（不是"自荐书"）文字所在行的行首，在"布局"选项卡中，单击"页面设置"组中的"分隔符"下拉按钮，在打开的下拉列表中选择"下一页"分节符，如图 4-7 所示。

步骤 2：使用相同的方法，在"个人简历"文字所在行的行首也插入"下一页"分节符，此时，文档共分为 3 个页面（封面、自荐信、个人简历）。

【说明】如果需要显示"分节符"格式标记，可选择"文件"→"选项"命令，打开"Word 选项"对话框，在左侧窗格中选择"显示"选项，在右侧窗格中选中"显示所有格式标记"复选框。

"分节符"显示为双虚线，"分页符"显示为单虚线。

2. 设置字体与段落格式

步骤 1：在第 1 页中，选中文字"××职业技术学院"，在"开始"选项卡的"字体"组中，设置其格式为"华文行楷，字号为小初，加粗，水平居中"，再单击"段落"组中的"行和段落间距"下拉按钮，在打开的下拉列表中选择"行距选项"选项，如图 4-8 所示。

设置字体格式时，也可通过浮动工具栏进行快速设置，如图 4-9 所示。

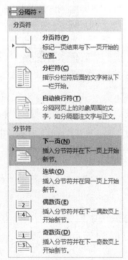

图 4-7 "分隔符"下拉列表

图4-8 "行和段落间距"下拉列表　　　图4-9 通过浮动工具栏进行快速设置字体格式

步骤2：在打开的"段落"对话框中，设置"段前"间距为"1行"，如图4-10所示，单击"确定"按钮。

图4-10 "段落"对话框

步骤3：选中文字"自荐书"，设置其格式为"隶书，字号为96，水平居中"。

步骤4：选中图片，拖动图片的控制柄，适当缩放该图片并使之水平"居中"。

步骤5：选中"姓名""专业""联系电话""电子邮箱"文字所在的4行，设置其格式为"宋体，二号，加粗"。

步骤6：仅选中"姓名"文字所在的行，设置其"段前"间距为"3行"。

3. 设置制表符并对齐文本

步骤1：在"视图"选项卡中，选中"显示"组中的"标尺"复选框，可显示"水平"和"垂直"标尺。

步骤2：将光标置于文字"姓名"前面，在水平标尺的刻度"4"处单击，水平标尺中将出现一个"左对齐式制表符"⌊，此时按Tab键，文字"姓名"所在的行将左对齐至制表符标记处，如图4-11所示。

图 4-11 设置"左对齐式制表符"

步骤 3：使用相同的方法，分别为"专业""联系电话""电子邮箱"所在行添加"左对齐式制表符"，按 Tab 键，将它们左对齐至制表符标记处。

至此，"自荐书"的封面已制作完成，其效果如图 4-12 所示。

图 4-12 "封面"完成效果图

任务 3：制作自荐信

微课：制作自荐信

在自荐信中，一般用文字来叙述求职者的爱好、兴趣、专业等，为了美观起见，可对自荐信所在页面添加艺术页面边框。

1. 插入日期

步骤 1：在第 2 页（自荐信）中，把光标置于最后一行空行中，在"插入"选项卡中，单击"文本"组中的"日期和时间"按钮，打开"日期和时间"对话框。

步骤 2：在打开的"日期和时间"对话框中，选择合适的日期格式，并选中"自动更新"复选框，如图 4-13 所示，单击"确定"按钮，插入当前日期，并在今后打开该文档时会自动更新日期。

2. 设置字体格式

字体格式的设置主要是对文字（汉字、英文字母、数字字符和其他特殊符号）的大小、字形、颜色、字间距和各种修饰效果等进行设置。

步骤 1：选中首行文字"自荐信"，在"开始"选项卡的"字体"组中（或在浮动工具栏中），将字体设置为"华文新魏，字号为一号，加粗"；单击"字体"组右下角的"字体"扩展按钮，打开"字体"对话框，如图 4-14 所示，在"高级"选项卡中设置字符间距为"加宽""12 磅"，单击"确定"按钮。

图 4-13 "日期和时间"对话框

图 4-14 "字体"对话框

步骤 2：选中文本中的"尊敬的领导："文字，将其字体格式设置为"幼圆，四号"，保持选中"尊敬的领导："文字，单击"剪贴板"组中的"格式刷"按钮，拖动鼠标（此时鼠标指针形状变为"格式刷"）选中"自荐人："和"日期"所在段落，将它们的格式也设置为"幼圆，四号"。

步骤 3：将正文文字（从"您好"到"敬礼"为止）的字体格式设置为"宋体，小四"。

3. 设置段落格式

段落格式设置主要对左右边界、对齐方式、缩进方式、行间距、段间距等进行设置。

步骤 1：选中标题文字"自荐信"，单击"段落"组中的"居中"按钮。选中正文段落（从"您好"到"敬礼"为止），单击"段落"组右下角的"段落"扩展按钮，打开"段落"对话框，如图 4-15 所示，在"缩进和间距"选项卡中，设置段落格式为"左对齐，首行缩进 2 字符，1.75 倍行距"，单击"确定"按钮。

步骤 2：将光标定位在"敬礼"所在的段落，拖动水平标尺中的"首行缩进"滑块至左页边距处，取消"敬礼"所在段落的首行缩进，如图 4-16 所示。

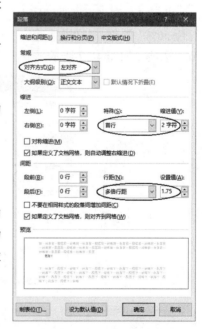

图 4-15 "段落"对话框

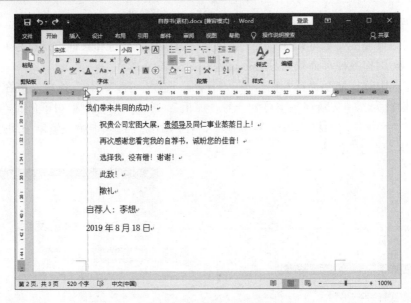

图 4-16　取消首行缩进

步骤 3：选中最后两行内容（即"自荐人"和"日期"所在的两行），单击"段落"组中的"文本右对齐"按钮，使这两行内容右对齐，并将"自荐人"所在段落的格式设置为"段前间距 1.5 行"。

4．添加页面边框

步骤 1：在"设计"选项卡中，单击"页面背景"组中的"页面边框"按钮，打开"边框和底纹"对话框。

步骤 2：在"设置"区域中选中"方框"选项，在"颜色"下拉框中选择"白色，背景 1，深色 50%"颜色，在"艺术型"下拉框中选择合适的艺术边框，在"应用于"下拉框中选择"本节"选项，如图 4-17 所示，单击"确定"按钮。

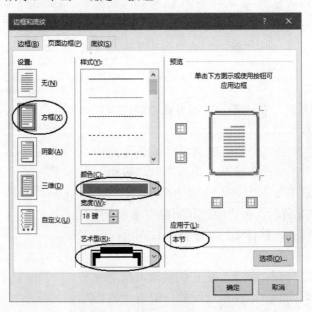

图 4-17　"边框和底纹"对话框

至此,自荐信已制作完成,其效果如图 4-18 所示。

图 4-18 "自荐信"完成效果图

任务 4:制作表格简历

使用表格是文字排版简洁、有效的方式之一。如果将个人简历用表格的形式来表现,会使人感觉整洁、清晰,有条理。

1. 插入表格

步骤 1:在第 3 页中,使用"格式刷"工具复制文字"自荐信"的格式至文字"个人简历"。

步骤 2:将光标定位在下一空行中(第 2 行),在"插入"选项卡中,单击"表格"组中的"表格"下拉按钮,在打开的下拉列表中选择"插入表格"选项,如图 4-19 所示。

步骤3：在打开的"插入表格"对话框中，设置表格的列数为7，行数为11，如图4-20所示，单击"确定"按钮。

图4-19 "表格"下拉列表　　　　　　图4-20 "插入表格"对话框

2. 合并单元格

在设计复杂表格的过程中，当需要将表格的若干个单元格合并为一个单元格时，可以利用Word提供的单元格合并功能。当需要把一个单元格拆分为多个单元格时，可利用单元格的拆分功能。

步骤1：选中表格第7列中的第1～5行，右击，在弹出的快捷菜单中选择"合并单元格"命令，如图4-21所示，将这5个单元格合并成一个单元格。

图4-21 合并单元格

步骤2：选中表格第4行的第2～4列单元格，右击，在弹出的快捷菜单中选择"合并单元格"命令；选中第5行的第2～4列单元格，将单元格合并；再分别将第6～11行的第2～7列单元格合并，单元格合并后的效果如图4-22所示。

图 4-22　合并单元格后的效果图

3. 设置表格的底纹

为表格设置边框和底纹，对创建的表格进行修饰，达到美化版面的效果。

步骤 1：选中表格第 1 列中的第 1～11 行，在"表格工具"下的"设计"选项卡中，在"底纹"下拉列表中，选择底纹颜色为"白色，背景 1，深色 25%"，如图 4-23 所示。

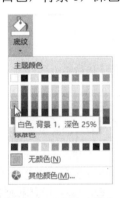

图 4-23　"底纹"颜色

步骤 2：使用相同的方法，将第 3 列的第 1～3 行单元格和第 5 列的第 1～5 行单元格的底纹设置为"白色，背景 1，深色 25%"，设置底纹后的效果如图 4-24 所示。

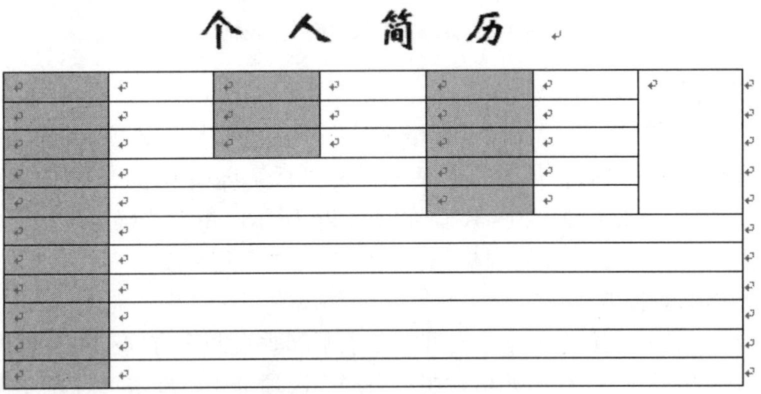

图 4-24　添加底纹后的表格效果图

4. 输入表格内容

步骤1：在已设置底纹的单元格中输入"姓名""性别"等文字，字体格式设置为"仿宋，五号，加粗"。

步骤2：在其他空白单元格中添加相关文字，字体格式设置为"宋体，五号"，如图 4-25 所示。

个 人 简 历

姓名	李想	性别	男	出生年月	2000.11	照片
民族	汉	籍贯	浙江宁波	政治面貌	中共党员	
学历	大专	专业	计算机	英语水平	CET 四级	
通信地址	宁波开发区数字科技园B座105室			邮政编码	315175	
E-mail	Lixiang@163.com			联系电话	13846592035	
教育经历	中学：宁波效实中学 大学：××职业技术学院					
专业课程	网页三剑客 Photoshop CorelDRAW 3DS Max PHP 动态网页制作，SQL 数据库					
获奖证书	××市 Flash 制作第一名 ××职业技术学院校园十佳歌手 信息学院一等奖学金					
爱好特长	熟悉网站开发环境，有进行网页制作和团队合作的经历 擅长 DIV+CSS 网页制作技巧 熟悉 JavaScript 和 VBScript 网页脚本语言以及 Access 数据库和 SQL Server 2008 数据库 熟练进行计算机操作，以及 Office 办公软件操作 能够使用 Photoshop、CorelDRAW 进行网页图片处理					
自我评价	踏实诚信，积极乐观，性格开朗，有团队意识 吃苦耐劳，有一定的亲和力，勇于挑战自我 我相信只有在工作和生活中才能不断地充实自我、提高自我、完善自我					
求职意向	网页设计师					

图 4-25 添加相关文字后的表格

5. 设置表格行高

步骤1：选中表格第 1～5 行，在"表格工具"下的"布局"选项卡中，单击"表"组中的"属性"按钮，打开"表格属性"对话框，在"行"选项卡中，选中"指定高度"复选框，并将"指定高度"设置为"0.7厘米"，如图 4-26 所示，单击"确定"按钮。

步骤2：使用相同的方法，设置表格第 6～11 行的"指定高度"为"3厘米"。

6. 设置单元格的对齐方式

在表格中，单元格中对象的对齐方式可以在水平和垂直两个方向上进行调整。

步骤1：选中表格第 1～5 行单元格，在"布局"选项卡中，单击"对齐方式"组中的"水平居中"按钮，使单元格中的文字在水平和垂直两个方向上都居中。

图 4-26 "表格属性"对话框

步骤 2：使用相同的方法，设置表格中第 6~11 行第 1 列单元格中的所有文字在水平和垂直两个方向上都居中。

步骤 3：选中表格第 6~11 行第 2 列中的所有文字，在"布局"选项卡中，单击"对齐方式"组中的"中部左对齐"按钮，使单元格中的文字在垂直方向上居中。

7. 设置文字方向

步骤 1：选中"教育经历""专业课程""获奖证书""爱好特长""自我评价""求职意向"所在的单元格，在"布局"选项卡中，选择"页面设置"组中的"文字方向"→"垂直"选项，将单元格中的文字垂直排列。

步骤 2：使用相同的方法，设置"照片"所在单元格的文字方向为"垂直"。

8. 添加项目符号

为了使个人简历中的相关内容层次分明，易于阅读和理解，可以为各栏目中的段落添加各种形式的项目符号。

步骤 1：选中"教育经历""专业课程""获奖证书""爱好特长""自我评价""求职意向"等栏目右侧的所有文本段落，即选中表格中第 6~11 行第 2 列单元格中的所有文字。

步骤 2：在"开始"选项卡中，单击"段落"组中的"项目符号"下拉按钮，在打开的下拉列表中选择最后一个项目符号，如图 4-27 所示。

9. 设置表格边框

默认情况下，表格的所有边框都为"0.5 磅"的黑色直线。为了达到美化表格的目的，可对表格边框的线型、粗细、颜色等进行修改。

图 4-27 选择项目符号

以下将表格的外侧框线设置为"双细线（＝＝）"，内侧框线设置为"虚线（----）"。

步骤 1：选中整张表格后，在"表格工具"下的"设计"选项卡中，单击"边框"组右下角的"边框"扩展按钮，打开"边框和底纹"对话框，在"边框"选项卡中，在"设置"区域中选择"方框"选项，选择"样式"为"双细线（＝＝）"，在对话框右侧可预览设置效果，如图 4-28 所示。

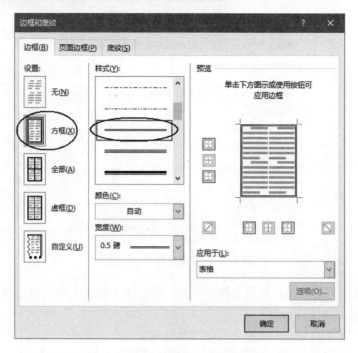

图 4-28　设置外侧框线

步骤2：在"设置"区域中选择"自定义"选项，选择"样式"为"虚线（----）"，单击对话框右侧"预览"效果图中心的某一位置，"预览"效果图中将出现十字形虚线，如图 4-29 所示，单击"确定"按钮，从而将表格内侧框线设置为虚线。

至此，"表格简历"已制作完成，其效果如图 4-30 所示。

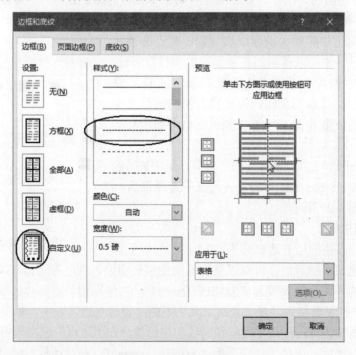

图 4-29　设置内框线

个人简历

姓名	李想	性别	男	出生年月	2000.11	
民族	汉	籍贯	浙江宁波	政治面貌	中共党员	照片
学历	大专	专业	计算机	英语水平	CET 四级	
通信地址	宁波开发区数字科技园 B 座 105 室			邮政编码	315175	
E-mail	Lixiang@163.com			联系电话	13846592035	

教育经历	◇ 中学：宁波效实中学 ◇ 大学：××职业技术学院
专业课程	◇ 网页三剑客 ◇ Photoshop ◇ CorelDRAW ◇ 3DS Max ◇ PHP 动态网页制作，SQL 数据库
获奖证书	◇ ××市 Flash 制作第一名 ◇ ××职业技术学院校园十佳歌手 ◇ 信息学院一等奖学金
爱好特长	◇ 熟悉网站开发环境，有进行网页制作和团队合作的经历 ◇ 擅长 DIV+CSS 网页制作技巧 ◇ 熟悉 JavaScript 和 VBScript 网页脚本语言以及 Access 数据库和 SQL Server 2008 数据库 ◇ 熟练进行计算机操作，以及 Office 办公软件操作 ◇ 能够使用 Photoshop、CorelDRAW 进行网页图片处理
自我评价	◇ 踏实诚信，积极乐观，性格开朗，有团队意识 ◇ 吃苦耐劳，有一定的亲和力，勇于挑战自我 ◇ 我相信只有在工作和生活中才能不断地充实自我、提高自我、完善自我
求职意向	◇ 网页设计师

图 4-30 "表格简历"完成效果图

任务 5：打印输出

打印文档之前，最好先预览一下打印效果，以确保打印出来的内容与所期望的一致。

步骤 1：选择"文件"→"打印"命令，如图 4-31 所示，用户所做的纸张大小、纸张方向、页面边距等设置都可以在"设置"区域查看，在窗口右侧预览区域可以查看打印预览效果，并且还可以通过调整窗口右下角的缩放滑块 来缩放预览视图的大小。

微课：打印输出

在确认需打印的文档正确无误后，即可打印文档。

步骤2：在如图4-31所示的界面中，在"打印机"下拉列表中选择已安装的打印机，设置合适的打印份数、打印范围等参数后，单击"打印"按钮，开始打印输出。

图4-31　打印预览

4.5　总结与提高

在本项目中，学到了以下知识：页面设置、字符格式化、段落格式化、表格制作（合并单元格、拆分单元格、单元格属性设置、单元格内容对齐方式设置等）、项目符号、插入图片、页面边框设置、文档的分节和制表位的使用等。

在进行文字排版时，对文字的格式调整需要先选中文字本身，对段落格式的调整需要先将光标定位在要调整格式的段落中或选中段落本身。在进行表格操作时，首先要数清表格的行数和列数后再进行表格的插入，个人简历表可在表格中使用绘制表格工具进行表格线的绘制，也可以使用擦除工具进行多余边线的擦除。表格中若有斜线表头，可使用绘制表格工具进行斜线绘制，绘制后将表格中的内容分为上下两段，上段执行右对齐，下段执行左对齐。加边框或底纹时要注意选择对象（是单元格还是整个表格）。

制表位是对齐文本的有效工具，可以精确地对齐文本，掌握了制表位的使用，能快速、准确地对文本进行设置。

在进行正式打印之前，最好先进行"打印预览"，以便确定排版效果是否满意；开始打印前需要进行打印设置，包括选取打印机、设置打印范围、打印份数、单/双面打印等。

另外，很多操作不但可以通过工具按钮来进行，还可以从快捷菜单中选择相应命令来进行。版面设计具有一定的技巧性和规范性，应多观察实际生活中各种出版物的版面风格，以便设计出具有实用性的文档。

4.6 习题

一、选择题

1. Word 是 Microsoft 公司开发的一个_____。
   A．操作系统　　　　　　　　B．表格处理软件
   C．文字处理软件　　　　　　D．数据库管理系统
2. Word 2019 文档的扩展名是_____。
   A．.txt　　　　B．.wps　　　　C．.docx　　　　D．.dotx
3. 第一次保存文件时，将出现_____对话框。
   A．保存　　　　B．全部保存　　C．另存为　　　　D．保存为
4. 在 Word 中，文件打开操作会实现_____。
   A．将文件从内存调入寄存器　　B．将文件从外存调入内存
   C．将文件从 U 盘调入硬盘　　　D．将文件从硬盘调入寄存器
5. 在 Word 中，如果用户选中了大段文字后，按了空格键，则_____。
   A．在选中的文字后插入空格　　B．在选中的文字前插入空格
   C．选中的文字被空格代替　　　D．选中的文字被送入回收站
6. 在 Word 中，要设置字符颜色，应先选定文字，再选择"开始"功能区_____分组中的命令。
   A．段落　　　　B．字体　　　　C．样式　　　　D．颜色
7. 以下关于"Word 文本行"的说法中，正确的说法是_____。
   A．输入文本内容到达文档右边界时，只有按回车键才能换行
   B．Word 文本行的宽度与页面设置有关
   C．在 Word 中文本行的宽度就是显示器的宽度
   D．Word 文本行的宽度用户无法控制
8. 在段落的对齐方式中，_____可以使段落中的每一行（包括段落的结束行）都能与页面左右边界对齐。
   A．左对齐　　　B．两端对齐　　C．居中对齐　　　D．分散对齐
9. 在 Word 的编辑状态下，选择了文档全文，若在"段落"对话框中设置行距为 20 磅的格式，应该选择"行距"列表框中的_____。
   A．单倍行距　　B．1.5 倍行距　C．多倍行距　　　D．固定值
10. 要设置精确的缩进量，应当使用_____方式。
    A．标尺　　　　B．样式　　　　C．段落格式　　　D．页面设置
11. 在 Word 中，下列关于标尺的叙述，错误的是_____。
    A．水平标尺的作用是缩进全文或插入点所在的段落、调整页面的左右边距、改变表的宽度、设置制表符的位置等

B．垂直标尺的作用是缩进全文、改变页面的上、下宽度

C．利用标尺可以对光标进行精确定位

D．标尺分为水平标尺和垂直标尺

12．在 Word 文档中，插入表格的操作时，正确的说法是_____。

  A．可以调整每列的宽度，但不能调整高度

  B．可以调整每行和列的宽度和高度，但不能随意修改表格线

  C．不能画斜线

  D．以上都不对

13．有关表格排序的说法正确是_____。

  A．只有数字类型可以作为排序的依据

  B．只有日期类型可以作为排序的依据

  C．笔画和拼音不能作为排序的依据

  D．排序规则有升序和降序

14．"剪切"命令用于删除文本或图形，并将删除的文本或图形放置到_____。

  A．硬盘上　　　B．软盘上　　　C．剪贴板上　　　D．文档上

15．关于 Word 查找操作，错误的说法是_____。

  A．可以从插入点当前位置开始向上查找

  B．无论在什么情况下，查找操作都是在整个文档范围内进行

  C．Word 可以查找带格式的文本内容

  D．Word 可以查找一些特殊的格式符号，如分页符等

16．用 Word 字处理软件把文章中所有出现的"学生"两字都改成以粗体显示，可以选择_____功能。

  A．样式　　　B．改写　　　C．替换　　　D．粘贴

17．打印预览中显示的文档外观与_____的外观完全相同。

  A．草稿视图显示　　　　　　B．页面视图显示

  C．实际打印输出　　　　　　D．大纲视图显示

18．Word 快速访问工具栏中的按钮可以通过_____进行增减。

  A．"文件"菜单中的"选项"命令

  B．"页面布局"功能区的"页面设置"命令

  C．"视图"功能区"窗口"分组中的命令

  D．"引用"功能区中的命令

19．以下哪一个选项卡不是 Word 2019 的标准选项卡_____。

  A．审阅　　　B．图表工具　　　C．开发工具　　　D．加载项

20．防止文件丢失的方法有_____。

  A．自动备份　　　B．自动保存　　　C．另存一份　　　D．以上都是

二、实践操作题

1．使用 Word 2019 程序打开素材库中的"A 大学.docx"文件，按下面的操作要求进行操作，并把操作结果存盘。

（1）将最后一段文字"A 大学位于……"所在段落，移动到第 1 页"学校概况"之前，并设置与"A 大学（A University），坐落于中国历史……"具有相同的段落格式。

（2）对文档中所有的英文字母设置成蓝色。

（3）设置纸张大小为“16开”，左右页边距各为2厘米。

（4）表格操作。将表格中多个“人文学院”合并为只剩一个，且将该单元格设置为“中部两端对齐”。将“金融学系，财政学系”拆分成两行，分别为“金融学系”和“财政学系”。

（5）对文档插入页码，居中显示。

2．使用Word的插入表格、合并单元格、拆分单元格、单元格属性设置、单元格内容对齐方式设置等功能，制作如图4-32所示的个人简历表。

个人简历表

<table>
<tr><td colspan="2">姓名</td><td></td><td>性别</td><td></td><td>民族</td><td></td><td rowspan="3">相片</td></tr>
<tr><td colspan="2">身份证号码</td><td colspan="3"></td><td>出生年月</td><td></td></tr>
<tr><td colspan="2">政治面貌</td><td></td><td>现户籍所在地</td><td colspan="3"></td></tr>
<tr><td colspan="2">学历</td><td colspan="3"></td><td>学位</td><td colspan="2"></td></tr>
<tr><td colspan="2">学历类别</td><td colspan="3"></td><td>职称</td><td colspan="2"></td></tr>
<tr><td colspan="2">毕业学校</td><td colspan="3"></td><td>毕业时间</td><td colspan="2"></td></tr>
<tr><td colspan="2">所学专业1</td><td colspan="3"></td><td>所学专业2</td><td colspan="2"></td></tr>
<tr><td colspan="2">通信地址</td><td colspan="4"></td><td>邮编</td><td></td></tr>
<tr><td colspan="2">联系电话</td><td colspan="6">固话：　　手机：</td></tr>
<tr><td>学习和工作经历</td><td colspan="7"></td></tr>
<tr><td>个人特长及奖惩情况</td><td colspan="7"></td></tr>
<tr><td rowspan="7">家庭成员及主要社会关系</td><td>姓名</td><td>与本人关系</td><td>出生年月</td><td colspan="3">工作单位</td><td>职务</td></tr>
<tr><td></td><td></td><td></td><td colspan="3"></td><td></td></tr>
<tr><td></td><td></td><td></td><td colspan="3"></td><td></td></tr>
<tr><td></td><td></td><td></td><td colspan="3"></td><td></td></tr>
<tr><td></td><td></td><td></td><td colspan="3"></td><td></td></tr>
<tr><td></td><td></td><td></td><td colspan="3"></td><td></td></tr>
<tr><td></td><td></td><td></td><td colspan="3"></td><td></td></tr>
<tr><td>备注</td><td colspan="7"></td></tr>
</table>

图4-32　个人简历表

项目 5 艺术小报排版

本项目以"艺术小报排版"为例，介绍文档处理软件 Word 2019 的版面设置、版面布局、艺术字的用法、文本框的用法、图文混排、分栏等方面的相关知识。

5.1 项目提出

经过激烈的学生会干部评选，小李同学终于被评选为机电工程学院的宣传部部长，上任后接到的第一项工作就是要制作一期"窗口"院刊，他开始收集相关素材，设计版面布局，随着制作过程的深入，他发现很多效果制作不出来，遇到的主要问题有：

（1）如何在不同的页面设置不同的页眉内容？
（2）如何让一个文字块放置在一个特定的位置？
（3）如何插入水平横线？
（4）如何在一个页面中分两栏排列文字？
（5）如何让文字包围图片？
（6）如何给文章加上艺术化边框？

随着交稿日期的临近，小李同学只好向计算机老师求助，希望老师帮助解决所遇到的各种问题。

5.2 项目分析

计算机老师张老师了解情况后指出，院刊的排版要先做好版面的整体规划，然后对每个版面进行具体的排版。

院刊可分为两个版面，正反面打印，以节约纸张。首先，要设置好每个版面的纸张大小、页边距等，并设置页眉和页脚"奇偶页不同"，这样可对奇数页和偶数页设置不同的页眉内容。然后对每个版面进行具体布局，根据每篇文章字数的多少和内容的重要性，把各篇文章或图片按照均衡协调的原则在版面中进行合理"摆放",从而把版面划分成若干版块。最重要的版块是报头,可通过插入艺术字、图片等设计出美观大方的报头。

由于文本框可调大小,并可任意移动位置,因此,对于字数较少的文章,可把它放入文本框中,方便布局。对于字数较多的文章,可分两栏排列,还可在文章中插入图片、形状等,美化版块设计。对于图片、形状等图形对象,还可设置它的文字环绕方式。为了使各个版块之间层次分明、艺术美观,可对文本框设置艺术化边框,还可在版块之间插入水平横线。

由以上分析可知,"艺术小报排版"可以分解为六大任务:版面设置、版面布局、报头艺术设计、正文格式设置、插入形状和图片、分栏设置和文本框设置。

其操作流程如图5-1所示,完成效果图如图5-2所示。

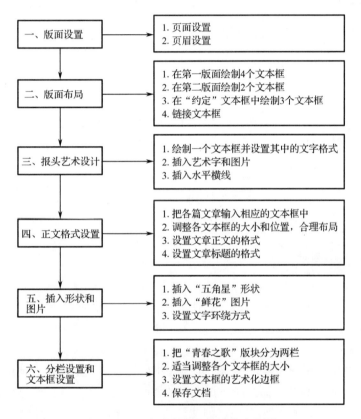

图5-1 "艺术小报排版"操作流程图

图 5-2 "艺术小报排版"完成效果图

5.3 相关知识点

1. 页面设置
页面设置包括设置纸张大小、纸张方向、页边距、布局、文档网格等。

2. 文本框
在 Word 中,文本框是指一种可移动、可调大小的文字或图形容器。使用文本框,可以将文本放置在页面中的任意位置,而且在一页上可放置多个文本框,人们经常使用文本框对版面进行布局。文本框也属于一种图形对象,因此可以为文本框设置各种边框格式、选择填充色、添加阴影、设置文字环绕方式等,还可使文本框中的文字与文档中其他文字有不同的排列方向(横排、竖排)。

3. 分栏
分栏是文档排版中常用的一种版式,它使页面在水平方向上分为两栏或多栏,文字是逐栏排列的,填满一栏后才转到下一栏,文档内容分列于不同的栏中。分栏使页面排版灵活,阅读方便,在各种报纸和杂志中应用非常广泛。

4. 艺术字
艺术字是一种特殊的图形,它以图形的方式来展示文字,具有美术效果,能够美化版面,广泛应用于宣传、广告、商标、标语、黑板报、报纸杂志和书籍的装帧等,越来越被大众所喜欢。

5.4 项目实施

任务 1：版面设置

1. 页面设置

艺术小报的页面可设置为 A4 纸张，纸张方向为纵向。

步骤 1：启动 Word 2019 程序，在"布局"选项卡中，单击"页面设置"组中的"页面设置"扩展按钮，打开"页面设置"对话框，在"纸张"选项卡中，选择纸张大小为 A4，如图 5-3 所示。

微课：版面设置

步骤 2：在"页边距"选项卡中，设置页边距为"上 2.3 厘米，下 2.3 厘米，左 2 厘米，右 2 厘米"，选择纸张方向为"纵向"，如图 5-4 所示。

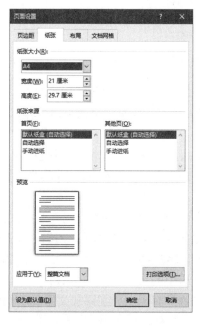

图 5-3　设置纸张大小

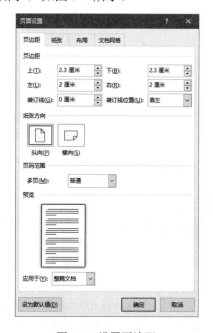

图 5-4　设置页边距

步骤 3：在"布局"选项卡中，选中页眉和页脚"奇偶页不同"复选框，如图 5-5 所示，单击"确定"按钮。

由于艺术小报共有 2 个版面，还需添加一个版面。

步骤 4：在"插入"选项卡中，单击"页面"组中的"分页"按钮，此时会插入另一个空白页面，组成 2 个空白版面。

2. 页眉设置

为奇数页和偶数页设置不同的页眉内容。

步骤 1：在"插入"选项卡中，单击"页眉和页脚"组中的"页眉"下拉按钮，在打开的下拉列表中选择"编辑页眉"选项，此时空白页面中显示了页眉。

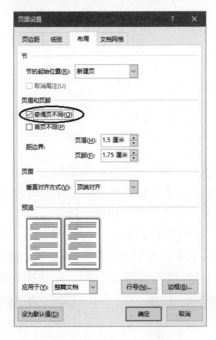

图 5-5　设置页眉和页脚"奇偶页不同"

步骤 2：把光标定位于第 1 页的页眉（奇数页页眉）中，在"开始"选项卡中，单击"段落"组中的"两端对齐"按钮，此时光标位于页眉的最左端，在第 1 页的页眉中输入文字"窗口"，然后按 4 次 Tab 键，光标会移至页眉的右端。

步骤 3：在"插入"选项卡中，单击"页眉和页脚"组中的"页码"下拉按钮，在打开的下拉列表中选择"当前位置"→"普通数字"选项，此时会在光标所在的位置插入页码"1"。

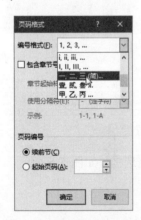

步骤 4：再单击"页眉和页脚"组中的"页码"下拉按钮，在打开的下拉列表中选择"设置页码格式"选项，打开"页码格式"对话框，如图 5-6 所示，选择"编号格式"为"一，二，三（简）…"，单击"确定"按钮，此时页眉中的页码由"1"变为"一"。

步骤 5：在页码"一"的左、右两侧分别添加文字"第"和"版"，构成"第 N 版"的形式。

步骤 6：在"第"文字前插入若干个空格，使"第 N 版"文字靠右对齐，效果如图 5-7 所示。

步骤 7：使用相同的方法，设置偶数页的页眉，效果如图 5-8 所示。

图 5-6　"页码格式"对话框

步骤 8：在"页眉和页脚工具"的"设计"选项卡中，单击"关闭页眉和页脚"按钮，退出页眉编辑状态。

说明：在编辑页眉的内容时，双击页面中间的空白处，也可退出页眉编辑状态。

步骤 9：单击"快速访问工具栏"中的"保存"按钮，把文件保存在桌面上，命名为"艺术小报.docx"。

图 5-7 奇数页页眉

图 5-8 偶数页页眉

任务 2：版面布局

版面布局就是把各篇文章或图片按照均衡协调的原则在版面中进行合理"摆放"，从而把版面划分成若干版块。版面布局十分重要，它直接影响到刊物的美观程度。

由于第一版中各版块的内容没有分栏，具有"方块"特点，可用文本框进行版面布局。

微课：版面布局

步骤 1：将光标置于第 1 页中，在"插入"选项卡中，单击"文本"组中的"文本框"下拉按钮，在打开的下拉列表中选择"绘制横排文本框"选项，此时光标变为十字形状。

步骤 2：在第一版面和第二版面的适当位置绘制如图 5-9 所示的 6 个文本框，构成两版的整体布局基本轮廓。

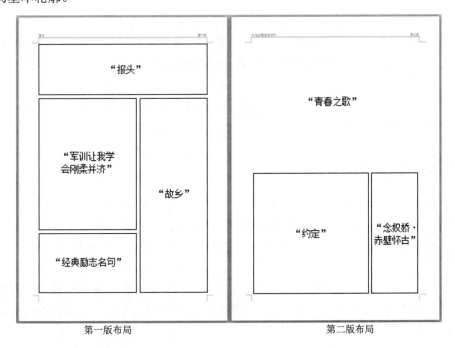

图 5-9 版面布局

对照图 5-2 中的效果图,"约定"文本框中的内容是分两栏排列的,可是在文本框中无法直接实现文字分栏排列,为此,这里采用多文本框互相链接的办法实现文字的"分栏"排列效果。

步骤 3:选中第二版中的"约定"文本框,在"插入"选项卡中,单击"文本"组中的"文本框"下拉按钮,在打开的下拉列表中选择"绘制横排文本框"选项,此时光标变为十字形状,在"约定"文本框内绘制 2 个水平排列的横排文本框,中间留一些空白。

步骤 4:在"插入"选项卡中,单击"文本"组中的"文本框"下拉按钮,在打开的下拉列表中选择"绘制竖排文本框"选项,在刚才绘制的两个横排文本框的中间空白处再绘制 1 个竖排文本框,如图 5-10 所示。

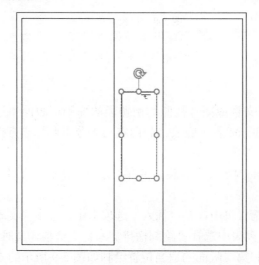

图 5-10 在"约定"文本框中绘制 3 个文本框(2 个横排,1 个竖排)

步骤 5:选中"约定"文本框内的第 1 个横排文本框,在"绘图工具"的"格式"选项卡中,单击"文本"组中的"创建链接"按钮,此时鼠标指针变成水杯形状,将水杯状的鼠标指针移动到准备链接的第 2 个横排文本框内部,此时鼠标指针变成倾斜的水杯形状,然后单击,2 个横排文本框就建立了链接,第 1 个横排文本框中显示不下的文字会自动转移到第 2 个横排文本框中显示,而且第 2 个横排文本框中的文字紧接第 1 个横排文本框中的文字,这样可以实现文字的"分栏"排列效果。

任务 3:报头艺术设计

微课:报头艺术设计

报头是小报的总题目,相当于小报的眼睛,为了达到艺术美观的效果,可采用艺术字、水平横线等方法来实现报头的艺术设计。

步骤 1:将光标置于"报头"文本框中,按多次 Enter 键,插入多个空行,然后选中"报头"文本框,在该文本框内部的右上角再绘制一个横排文本框,并把报头的素材文字输入(复制)到报头内部右上角的横排文本框中,并设置这些文字的行距为 1.15 倍,调整内部文本框的大小,使内部文本框刚能容纳下所有文字,如图 5-11 所示。

图 5-11　设置"报头"文本框中的文字

步骤2：将光标置于"报头"文本框左上角的第1行空行中，在"插入"选项卡中，单击"文本"组中的"艺术字"下拉按钮，在打开的下拉列表中选择第1行第3列的样式，此时在"报头"文本框中出现艺术字"请在此放置您的文字"，修改艺术字为"窗口"，并设置其字体格式为"宋体，64磅"。

步骤3：选中"窗口"艺术字，在"格式"选项卡的"艺术字样式"组中，设置其"文本填充"为黑色，"文本轮廓"为黑色，"文字效果"的"阴影"为"偏移：左下"，如图5-12所示。

步骤4：适当上移"艺术字"文本框的下框线，然后将光标置于艺术字"窗口"下面的空白行中，在"插入"选项卡中，单击"插图"组中的"图片"按钮，插入素材库中的"窗口图片.png"图片，在图片左侧插入多个空格，使图片略向右移，并把艺术字"窗口"略向右上方移动一定距离，使艺术字"窗口"与图片保持一定距离并对齐，如图5-13所示。

步骤5：将光标置于图片下方的空白行中，在"开始"选项卡中，单击"段落"组中的"边框"下拉按钮，在打开的下拉列表中选择"横线"选项，即可在图片下方插入一条水平横线。

步骤6：使用相同的方法，在内部文本框的空白行中（"编辑"所在行的下一行）插入另一水平横线，效果如图5-14所示。

图 5-12　设置艺术字"阴影"为"左下斜偏移"

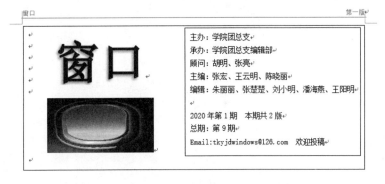

图 5-13　插入图片并调整与艺术字之间的距离

图 5-14 插入艺术横线后的"报头"文本框

在设计报头的过程中，可不断调整各个文本框的大小和报头中文字的格式，使其符合版面设计要求。

任务 4：正文格式设置

微课：正文格式设置

报头设计完毕后，下面先复制各篇文章的文字素材到相应的文本框或版块中，然后设置各篇文章的具体格式。

步骤 1：将各篇文章的文字素材复制到相应的文本框或版块中。

步骤 2：把"约定"文章内容（不含文章标题"约定"）复制到"约定"文本框内的第 1 个横排文本框中，因为 2 个横排文本框已经建立了链接，第 1 个横排文本框中显示不下的文字会自动转移到第 2 个横排文本框中显示，而且第 2 个横排文本框中的文字紧接第 1 个横排文本框中的文字。

步骤 3：在"约定"文本框内的中间的竖排文本框中输入文章标题"约　　定"（中间留 2 个空格）。

步骤 4：把"念奴娇·赤壁怀古"文章内容（含标题）复制到"念奴娇·赤壁怀古"文本框内，选中该文本框中的所有文字，在"布局"选项卡中，单击"页面设置"组中的"文字方向"下拉按钮，在打开的下拉列表中选择"垂直"选项，如图 5-15 所示，此时"念奴娇·赤壁怀古"文本框内所有文字的排列方向改为垂直方向。

图 5-15 "文字方向"下拉列表

步骤 5：适当调整 2 个版面中各个文本框的大小，使各个文本框能显示文本框内的所有文字，并删除最后一段多余的空行（如果有空行）。

【说明】"青春之歌"版块下方的空行不要删除。

步骤 6：设置 2 个版面（报头除外）所有文本框中的正文文字（各篇文章的标题文字除外）格式为"宋体，五号，左对齐，1.15 倍行距"。

步骤 7：设置标题"军训让我学会刚柔并济"的格式为"宋体，四号，红色，居中"；标题"故乡"的格式为"楷体，四号，绿色，居中"；标题"经典励志名句"的格式为"隶书，小三号，蓝色，居中，段前段后间距为 6 磅"；标题"青春之歌"的格式为"华文行楷，三号，居中"；标题"约　　定"的格式为"幼圆，三号，加粗，居中"；标题"念奴娇·赤壁怀古"的格式为"宋体，四号，加粗，居中"。

步骤 8：再次适当调整 2 个版面中各个文本框的大小，使各个文本框能显示文本框内的所有文字。

任务 5：插入形状和图片

下面在标题"经典励志名句"的两侧分别插入一个形状"五角星"。

步骤 1：将光标置于标题"经典励志名句"的左侧，在"插入"选项卡中，单击"插图"组中的"形状"下拉按钮，在打开的下拉列表中选择"星与旗帜"区域中的"五角星"形状，如图 5-16 所示。

微课：插入形状和图片

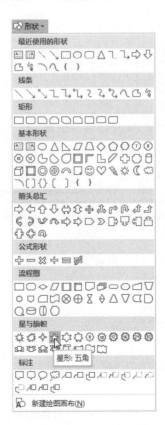

图 5-16 "形状"下拉列表

步骤 2：此时光标变成十字形状，拖动鼠标在标题"经典励志名句"的左侧绘制出一个大小合适的"五角星"，选中刚绘制的形状"五角星"，在"格式"选项卡的"大小"组中，设置"五角星"的高度和宽度均为 0.5 厘米，如图 5-17 所示，在"形状样式"组中，选择"形状填充"为红色，选择"形状轮廓"为红色。

步骤 3：选中红色的"五角星"，按 Ctrl+C 组合键复制，再按 Ctrl+V 组合键粘贴，把复制的第 2 个"五角星"移动到标题"经典励志名句"的右侧，再通过 Ctrl+方向键，对这 2 个红色"五角星"的位置进行微调，使它们位于一个合适的位置，如图 5-18 所示。

图 5-17　设置"五角星"的大小

图 5-18　2 个"五角星"的位置

下面在"青春之歌"版块中，插入一幅"鲜花"图片，并设置为"四周型"文字环绕方式。

步骤 4：在"青春之歌"版块中，将光标置于要放置"鲜花"图片的位置，在"插入"选项卡中，单击"插图"组中的"图片"按钮，插入素材库中的"鲜花.png"图片。

步骤 5：右击"青春之歌"版块中的"鲜花"图片，在弹出的快捷菜单中选择"环绕文字"→"四周型"命令，适当调整"鲜花"图片的位置和大小，效果如图 5-19 所示。

图 5-19　"四周型"文字环绕方式

任务 6：分栏设置和文本框设置

微课：分栏设置和文本框设置

"分栏"是文档排版中常用的一种版式，在各种报纸和杂志中应用广泛。它使页面在水平方向上分为几个栏，文字是逐栏排列的，填满一栏后才转到下一栏。

因为"青春之歌"版块中的内容较多，为了便于阅读，下面对它进行分栏设置。

步骤 1：选中"青春之歌"版块中的正文内容（标题除外），在"布局"选项卡中，单击"页面设置"组中的"栏"下拉按钮，在打开的下拉列表中选择"更多栏"选项，打开"栏"对话框，如图 5-20 所示。

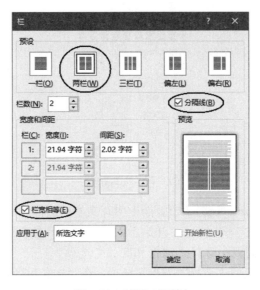

图 5-20 "栏"对话框

步骤 2：在"预设"区域中选择"两栏"选项，并选中"分隔线"和"栏宽相等"复选框，单击"确定"按钮，"分栏"效果如图 5-21 所示。

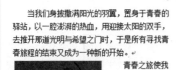

图 5-21 "分栏"效果

步骤 3：再次适当调整 2 个版面中各个文本框的大小，直到每个文本框的空间比较紧凑，不留空位，同时又刚好显示出每篇文章的所有内容。

步骤 4：选中"军训让我学会刚柔并济"文本框，在"格式"选项卡的"形状样式"组中，选择"形状轮廓"为"无轮廓"，如图 5-22 所示，此时该文本框的框线不显示。

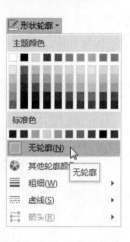

图 5-22 形状轮廓

步骤 5：使用相同的方法，设置 2 个版面中所有文本框的框线不显示（无轮廓）。

步骤 6：选中"故乡"文本框，在"开始"选项卡中，单击"段落"组中的"边框"下拉按钮 ，在打开的下拉列表中选择"边框和底纹"选项，打开"边框和底纹"对话框，如图 5-23 所示，在"设置"区域中选择"方框"选项，在"样式"列表框中选择某一样式边框，单击"确定"按钮，此时"故乡"文本框的四周添加了指定样式的边框线。

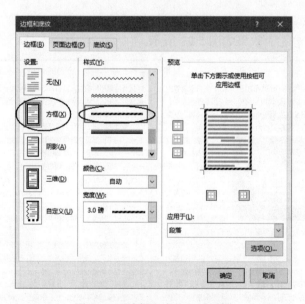

图 5-23 "边框和底纹"对话框

如果边框线有部分被遮挡，请调节文本框的大小，使边框线全部显示出来。

步骤 7：使用相同的方法，为"经典励志名句"文本框和"约定"文本框添加某种样式的边框线，效果如图 5-24 所示。

步骤 8：单击"快速访问工具栏"中的"保存"按钮 ，保存文件，完成院刊"窗口"的排版。

项目5　艺术小报排版

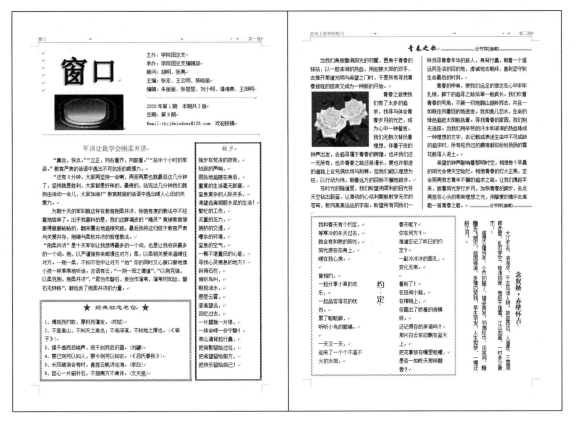

图 5-24　院刊效果图

5.5　总结与提高

本项目通过对院刊"窗口"的排版，综合介绍了 Word 中的各种排版技巧，如文本框、艺术字、水平横线、图片、文字环绕方式、分栏等。

在本项目中，首先要确定版面的布局，可用文本框、分栏等将版面进行分割。本项目用文本框、分栏等将版面划分成七个版块。然后对各版块进行具体的设计，可在适当位置插入艺术字、水平横线、形状、图片等。

文本框是 Word 中放置文本或图形的容器，使用文本框可以将文本放置在页面中的任意位置，文本框可设置为任意大小，还可以为文本框内的文字设置格式。对于只需突出文字效果的文本框，可以取消文本框的边框线；对于需要突出排版整体效果的文本框，也可以设置各种边框格式、选择填充色、添加阴影等。可见，文本框在 Word 排版中的运用是十分广泛的。

在文档中插入图片后，还可设置图片的环绕方式，使图文混排更加美观。艺术字、图片等的文字环绕方式有嵌入型、四周型、紧密型、穿越型、上下型、衬于文字下方、浮于文字上方等。

在版块设计中还可应用分栏，分栏也是 Word 排版中常用的一种格式，多见于各种报纸和杂志。它使页面在水平方向上分为几个栏，文字是逐栏排列的，一栏填满后方可转到下一栏，分栏使页面排版灵活，阅读方便。

通过本项目的学习，在以后的工作、学习和生活中，如果遇到要制作介绍学校、院系、班级的宣传小报，或者要制作公司的内部刊物、宣传海报等时，相信在本项目中所学到的各种排版技巧一定会十分有用。

5.6 习题

一、选择题

1. 要将插入点快速移动到文档开始位置应按_____键。
   A．Ctrl+Home　　　　　　　　B．Ctrl+PageUp
   C．Ctrl+↑　　　　　　　　　　D．Home
2. 在Word编辑窗口中，要将光标移到文档尾部，可用_____。
   A．Ctrl+End　　B．End　　　C．Ctrl+Home　　D．Home
3. 在Word的编辑状态，连续进行两次"插入"操作，当单击两次"撤销"按钮后，则_____。
   A．将第一次插入的内容全部取消　　B．将两次插入的内容全部取消
   C．将第二次插入的内容全部取消　　D．两次插入的内容都不取消
4. 在Word的_____视图方式下，可以显示分页效果。
   A．阅读版式　　B．大纲　　　C．页面　　　　D．Web版式
5. 如果要在文本中插入符号"√"，可以_____。
   A．用"插入"选项卡中的"对象"操作
   B．用"插入"选项卡中的"图片"操作
   C．用"拷贝"和"粘贴"的办法从其他的图形中复制一个
   D．用"插入"选项卡中的"符号"或在光标处右击并选择"插入符号"命令后再进行
6. 如果在Word的文本中插入图片，那么图片只能放在文字的_____。
   A．左边　　　　B．中间　　　C．下面　　　　D．前三种都可以
7. 在Word 2019中不能直接进行的操作是_____。
   A．生成超文本　B．图文混排　C．编辑表格　　D．创建数据库表
8. 当编辑具有相同格式的多个文档时，可使用_____。
   A．样式　　　　B．向导　　　C．联机帮助　　D．模板
9. Word具有分栏功能，下列关于分栏的说法正确的是_____。
   A．最多可以分4栏　　　　　　B．各栏的宽度必须相同
   C．各栏的宽度可以不同　　　　D．各栏的间距是固定的
10. 艺术字对象实际上是_____。
    A．文字对象　　B．图形对象　C．链接对象　　D．以上都不对
11. 在书籍杂志的排版中，为了将页边距根据页面的内侧、外侧进行设置，可将页面设置为_____。
    A．对称页边距　　　　　　　　B．拼页
    C．书籍折页　　　　　　　　　D．反向书籍折页

12. Word 中的手动换行符是通过_____产生的。

   A．插入分页符 B．插入分节符

   C．按 Enter D．按 Shift+Enter

13. 下列对象中，不可以设置链接的是_____。

   A．文本上 B．背景上 C．图形上 D．剪贴图上

14. 在表格中，如需运算的空格恰好位于表格最底部，需将该空格以上的内容累加，可通过插入_____公式实现。

   A．=ADD(BELOW) B．=ADD(ABOVE)

   C．=SUM(BELOW) D．=SUM(ABOVE)

15. 关于 Word 2019 的页码设置，以下表述错误的是_____。

   A．页码可以被插入到页眉页脚区域

   B．页码可以被插入到左右页边距

   C．如果希望首页和其他页页码不同，必须设置"首页不同"

   D．可以自定义页码并添加到构建基块管理器中的页码库中

16. Smart 图形不包含下面的_____。

   A．图表 B．流程图 C．循环图 D．层次结构图

17. 在同一个页面中，如果希望页面上半部分为一栏，后半部分分为两栏，应插入的分隔符号为_____。

   A．分页符 B．分栏符

   C．分节符（连续） D．分节符（奇数页）

18. 在 Word 中，_____用于控制文档在屏幕上的显示大小。

   A．页面显示 B．全屏显示 C．显示比例 D．缩放显示

19. 以下_____是可被包含在文档模板中的元素。

   ① 样式 ② 快捷键 ③ 页面设置信息 ④ 宏方案项 ⑤ 工具栏

   A．①②④⑤ B．①②③④

   C．①③④⑤ D．①②③④⑤

20. 关于模板，以下表述正确的是_____。

   A．新建的空白文档基于 normal.dotx 模板

   B．构建基块各个库存放在 Built-In Building Blocks 模板中

   C．可以使用微博模板将文档发送到微博中

   D．工作组模板可以用于存放某个工作小组的用户模板

二、实践操作题

1. 按要求为以下文字排版。

太极码（两笔字型）这一国家火炬计划重点推广项目，由于具有简易、科学、高效的优点，深受初学计算机者尤其是中老年干部的欢迎，目前已在首都各大机关广泛推广，全国 20 多个省市也正在广泛传学。

干部学习计算机一般靠工作之余，而太极码恰恰具备记忆量小、极易掌握和熟练的优点，特别适合不懂英语和汉语拼音、文化程度偏低的初学计算机人员学习。

太极码汉字输入法，是戴顺天先生历经 9 年艰辛，在中华民族传统文化——《易经》的启发下发明的。它将汉字基本输入笔画仅分为直画（阳画）和折画（阴画）两类，字元在键盘上

的分布，模拟太极图式，故被称为太极码。它成功地解决了计算机汉字输入的高效性与简易性的矛盾。

要求：

（1）将第一段字符设为"黑体、五号、加粗"，并设置"字符间距"为"加宽 1 磅"。

（2）给最后一段字符加"灰色—20%"的底纹。

（3）设置第二段的"行距"为"0.8 倍行距"，"段前"间距为"6 磅"，"段后"间距为"10 磅"。

（4）设置文章的左、右页边距分别为 3.59 厘米、2.59 厘米。

（5）在文档的最后，插入一张联机图片（圣诞老人），并设置其"高度"为 6 厘米，"宽度"为 3.6 厘米。

2．按要求为以下文字排版。

当前，自动化特别是商场管理信息系统（MIS）已经成为我国计算机应用的一大热点。围绕这一热点，无论是用户，还是产业界，都在密切地注视着和积极地投入这一蓬勃兴起的新的计算机应用中。

与一般计算机应用一样，我国商场 MIS 的发展经历了启蒙期、试点期，开始进入了初步发展期。这一应用起源于 20 世纪 70 年代末、80 年代初，大约经过了 5 年左右的启蒙期，80 年代中期进入了试点期。以大连商场为代表的微机 MIS 模式和北京友谊商场为代表的小型机 MIS 模式几乎同时开始探索，其间曾一度出现过试点及微机应用热。由于受限于外部环境、应用技术、管理体制的变化等方面的原因，这些试点都没有取得圆满的成功。1994 年以来，这一应用再次成为热点。归纳起来，形成这次商场 MIS 热点的原因主要是：

（1）市场竞争的需求是形成商场 MIS 热点的根本原因

商场从计划经济体制走向市场经济体制，最大的变化是企业要在激烈的市场竞争中生存、发展。瞬息万变的市场需求，数以十万、百万计的商品信息，日新月异的服务项目及手段，多元化的经营方式，连锁化、集团化的企业规模，高效低成本的管理体系，与全国各地乃至国际经济系统的接轨，这一切需求都要求冲破传统、落后、封闭的人工管理系统，而建立一个网络化、现代化的高效运转的计算机管理信息系统。

（2）××××××

……

要求：

（1）在第一行"自动化"字符前，插入"商业"两个汉字，最后一段内容置"灰色—20%"底纹。

（2）把"1．市场……根本原因"设置成黑体，四号，加粗。

（3）将第一段落的内容，设置成左缩进为 0.5 厘米，右缩进为 0.5 厘米。

（4）在文档中插入艺术字"商场管理信息系统"，选择第一种"艺术字"样式，字体为宋体，字号为 20。设置"艺术字"的环绕方式为"四周型"。

（5）将修改后的文档另存为文件"w07_new.docx"，存放在桌面上。

3．在桌面上，建立文档"sjzy.docx"，设计会议邀请函。要求：

（1）在一张 A4 纸上，正反面书籍折页打印，横向对折。

（2）页面（一）和页面（四）打印在 A4 纸的同一面；页面（二）和页面（三）打印在 A4 纸的另一面。

（3）四个页面要求依次显示如下内容：

① 页面（一）显示"邀请函"三个字，上下左右均居中对齐显示，竖排，字体为隶书，字号72磅。

② 页面（二）显示"汇报演出定于2020年5月21日，在学生活动中心举行，敬请光临！"，文字横排。

③ 页面（三）显示"演出安排"，文字横排，居中，应用样式"标题1"。

④ 页面（四）显示两行文字，行（一）为"时间：2020年5月21日"，行（二）为"地点：学生活动中心"，竖排，左右居中显示。

项目 6 毕业论文排版

本项目以"毕业论文排版"为例,介绍在 Word 长文档排版中所用到各种排版方法与技巧,主要包括:通过样式快速设置格式,利用大纲级别的标题自动生成目录,利用分节符把论文分成几个不同的部分,利用域设置页眉页脚,对论文添加批注和修订等。

6.1 项目提出

小李即将大学生毕业,他在大学要完成的最后一项"作业"就是对写好的毕业论文进行排版。开始他并没有在意,因为以前使用 Word 软件进行文字编辑,感觉都很简单。可是当他看到学校对毕业论文格式的要求后,心里开始慌张了,不知道从何下手。

毕业论文文档不仅篇幅长,而且格式多,处理起来比普通文档要复杂得多。在论文的排版过程中,小李遇到了以下几个问题。

(1)如何设置论文的文档属性?

(2)如何为论文各章节和正文等快速设置相应的格式?

(3)如何自动生成论文目录?

(4)如何把论文分成三大部分:封面和摘要、目录、论文正文,以便对这三大部分设置不同的页眉和页脚等?

(5)如何让论文正文奇数页的页眉内容随论文的章标题而改变,如何把论文正文偶数页的页眉内容设置为论文题目,并使论文封面、摘要和目录页上没有页眉内容?

(6)如何在目录和论文正文的页脚中插入不同数字格式的页码?

这些都是小李从来没有遇到过的问题,不得已他只好去请教计算机老师,小李在老师的指导和帮助下,一步一步地学会了论文的排版,上述问题迎刃而解。现在小李对 Word 编辑排版有了较充分的认识,能够得心应手地使用 Word 2019 对长文档进行排版,下面跟随小李同学来学习毕业论文排版的方法。

6.2 项目分析

首先,小李对论文排版做了详细的分析,毕业论文通常包括封面、摘要、目录、正文(含致谢、参考文献)等几个部分。根据学校对毕业论文格式的要求,封面和摘要无页眉和页脚;目录无页眉,但须在页脚中插入页码(格式可设为"i,ii,iii,…");在正文、致谢和参考文献中,奇偶页的页眉内容不同,在奇数页页眉中插入章标题,在偶数页页眉中插入毕业论文题目,在页脚中插入页码(格式与目录中的页码格式不同,一般设为"1,2,3,…")。为了完成以上设置,须把论文分为三部分(3节),可在论文正文前和目录前分别插入"分节符",从而把论文分为三部分:封面和摘要(第1节)、目录(第2节)和论文正文(第3节,含致谢和参考文献),如图6-1所示。

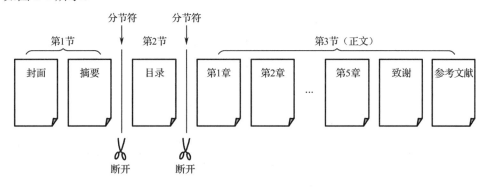

图6-1 插入"分节符"示意图

封面通常由学校给出严格的格式,只需从学校的网站上下载插入即可。论文中的摘要是对论文整体的一个综述。一般,中文摘要在前,英文摘要(可选)在后,各占一页纸。论文其他部分的排版样式及字体、字号等,学校也有具体的要求,在排版论文时必须严格遵守。

利用 Word 2019 对论文进行排版之前,首先要进行页面(如纸张大小、页边距、版式等)设置和文档属性(如标题、作者等)设置,而在论文排版的过程中常常需要使用样式,以使论文各级标题、正文等版面格式符合要求,Word 2019 中已内置了一些常用样式,可直接应用这些样式,也可根据排版要求,修改这些样式或新建样式。论文正文中各个层次之间,可分为一级标题(章标题)、二级标题(节标题)、三级标题(小节标题)和正文内容。对于正文中的图表和新名词可以添加题注和脚注。在论文正文中设置各级标题后,可利用 Word 的引用功能自动生成论文目录。把论文分成3个节后,在每个节中可以设置不同的页眉和页脚内容。

最后,论文排好版后要提交给指导老师审阅,指导老师通过批注和修订对论文提出修改意见后,再返回给学生,学生可接受或拒绝老师添加的批注和修订。

由以上分析可知,"毕业论文排版"可以分解为以下七大任务:设置页面和文档属性,设置标题样式和多级列表,添加题注和脚注,自动生成目录和论文分节,添加页眉和页脚,添加论文摘要和封面,使用批注和修订。

其操作流程图如图6-2所示,完成效果图如图6-3所示。

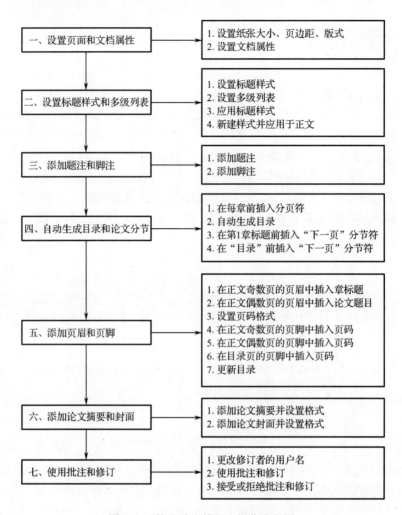

图6-2 "毕业论文排版"操作流程图

图6-3 "毕业论文排版"完成效果图

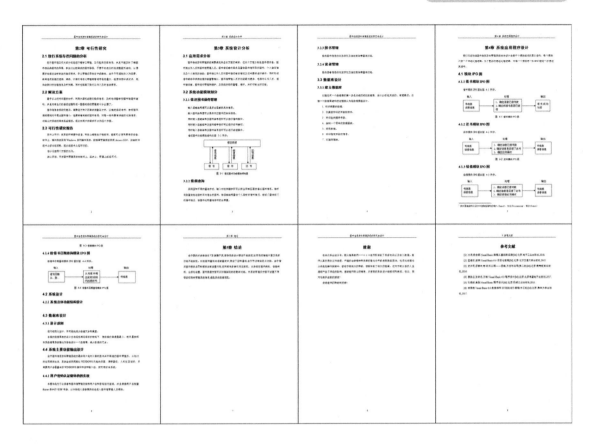

图6-3 "毕业论文排版"完成效果图(续)

6.3 相关知识点

1. 文档属性

文档属性包含了文档的详细信息,如:标题、作者、主题、类别、关键词、文件长度、创建日期、最后修改日期和统计信息等。

2. 样式

样式为字体、字号、缩进、行间距等字符格式和段落格式设置的组合,将这一组合作为集合加以命名和存储。应用样式时,将同时应用该样式中所有的格式设置指令,可以帮助用户快速格式化 Word 文档。

在编排重复格式时,先创建一个该格式的样式,然后在需要的地方套用这种样式,就无须一次次地对它们进行重复的格式化操作了。

3. 目录

"目"指篇名或书名,"录"是对"目"的说明和编次。目录是长文档不可缺少的部分。通过目录可了解文档结构,并可快速定位需要查询的内容。在目录中,左侧是标题,右侧是标题所对应的页码。

要在较长的 Word 文档中成功添加目录,应该正确采用带有级别的样式,例如"标题1"~

"标题9"样式。目录是以"域"的方式插入到文档中的（会显示灰色底纹），因此可以进行更新。当文档中的内容或页码有变化时，可在目录中的任意位置右击，选择"更新域"命令，显示"更新目录"对话框。如果只是页码发生改变，可选择"只更新页码"选项。如果有标题内容的修改或增减，可选择"更新整个目录"选项。

4. 节

"节"是 Word 划分文档的一种方式，是独立的排版单位。可对文档中不同的节设置不同的排版格式，如不同的纸张、不同的页边距、不同的页眉页脚、不同的页码、不同的页面边框、不同的分栏等。建立新文档，Word 默认将整篇文档视为一节，此时，整篇文档只能采用一致的页面格式。因此，为了在同一文档中设置不同的页面格式就必须将文档划分为若干节。通过插入分节符，可把文档分为若干个节，分节符显示为两条横向虚线。

5. 页眉和页脚

页眉和页脚是页面中的两个特殊区域，它们分别位于文档中每个页面页边距（页边距：页面上打印区域之外的空白空间）的顶部和底部区域。通常诸如文档的标题、页码、公司徽标、作者名等信息需要显示在页眉和页脚上。

6. 批注和修订

批注和修订是用于审阅别人的 Word 文档的两种方法。

批注是读者在阅读 Word 文档时所提出的注释、问题、建议或者其他想法。批注不会集成到文本编辑中。它们只是对文档编辑提出建议，批注中的建议文字经常会被复制并粘贴到文本中，但批注本身不是文档的一部分。

修订却是文档的一部分，修订是对 Word 文档进行插入、删除、替换和移动等编辑操作时，使用一种特殊的标记来记录所做的修改，以便于其他用户或者原作者了解文档所做的修改，可以根据实际情况决定接受或拒绝修订。

7. 参考文献

参考文献是为撰写或编辑论著而引用的有关参考资料（如图书、期刊等），参考文献是出版物不可缺少的重要组成部分。

（1）参考文献的标识

通常参考文献的类型以单字母方式标识：

M——专著，C——论文集，N——报纸文章，J——期刊文章，D——学位论文，R——报告，S——标准，P——专利；对于不属于上述的文献类型，采用字母"Z"标识。

（2）参考文献的编排格式

常见参考文献的编排格式及示例如下。

① 专著类

格式：[序号] 著者.书名[M].出版地：出版社，出版年：页码.

示例：[1] 梁景红.网站设计与网页配色[M].北京：人民邮电出版社，2018：15-18.

② 期刊类

格式：[序号] 著者.篇名[J].刊名，出版年，卷号（期）：页码.

示例：[2] 薛天.App 界面设计中色彩的搭配应用[J].艺术科技，2019,32(21):102-103.

③ 报纸类

格式：[序号] 著者.文章名[N].报名，出版年-月-日（版次）.

示例：[3] 谢希德.创造学习的新思路[N].人民日报，2008-12-25(10).

④ 互联网资料

格式：[序号] 著者. 文章名. [EB/OL]. 完整网址，发表年-月-日.

示例：[4] 王明亮.关于中国学术期刊标准化数据库系统工程的进展[EB/OL]. http://www.cajcd.edu.cn/pub/wml.txt/150810-2.html,2015-08-10.

6.4 项目实施

任务1：设置页面和文档属性

用Word 2019排版论文之前，首先要进行页面和文档属性的设置。

步骤1：打开素材库中的"毕业论文（素材）.docx"文件，在"布局"选项卡中，单击"页面设置"组右下角的"页面设置"扩展按钮，打开"页面设置"对话框，在"纸张"选项卡中，纸张大小选择"A4"，如图6-4所示。

微课：设置页面和文档属性

步骤2：在"页边距"选项卡中，上、下、左、右页边距分别设置为2.8厘米、2.5厘米、3.0厘米、2.5厘米，装订线为0.5厘米，装订线位置为"靠左"，纸张方向为"纵向"，如图6-5所示。

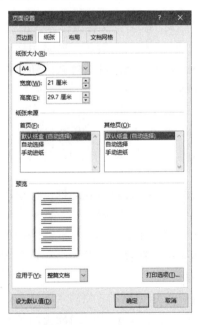

图6-4 "纸张"选项卡

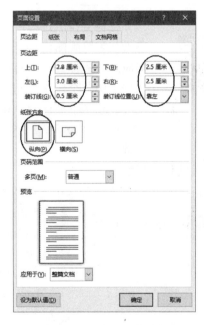

图6-5 "页边距"选项卡

步骤3：在"布局"选项卡中，选中页眉和页脚"奇偶页不同"复选框，如图6-6所示，单击"确定"按钮，关闭"页面设置"对话框。

步骤4：选择"文件"→"信息"命令，单击窗口右侧窗格中的"属性"下拉按钮，在打开的下拉列表中选择"高级属性"选项，打开"毕业论文（素材）.docx 属性"对话框，在"摘要"选项卡中，设置标题为"图书信息资料管理系统的研究与设计"（毕业论文题目），作者为

"李想",单位为"××职业技术学院",如图6-7所示,单击"确定"按钮。

图6-6 "布局"选项卡

图6-7 "摘要"选项卡

任务2:设置标题样式和多级列表

微课:设置标题样式和多级列表

在论文排版过程中常常需要使用样式,以使论文各级标题、正文、致谢、参考文献等版面格式符合要求,Word 2019 中已内置了一些常用样式,可直接应用这些样式,也可根据排版的格式要求,修改这些样式或新建样式。论文全文中各个层次之间,可分为一级标题(章标题)、二级标题(节标题)、三级标题(小节标题)和正文内容等。

使用多级列表可为文档设置层次结构,方便论文内容的组织,也便于阅读。

1. 设置标题样式

步骤1:在"视图"选项卡中,选中"显示"组中的"导航窗格"复选框,在窗口左侧将显示"导航"窗格。

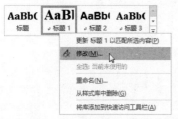

图6-8 修改"标题1"样式

步骤2:在"开始"选项卡中,右击"样式"组中的"标题1"样式,在弹出的快捷菜单中选择"修改"命令,如图6-8所示,打开"修改样式"对话框。

步骤3:在"修改样式"对话框的"格式"区域中,设置格式为"黑体,三号,加粗,居中",选中"自动更新"复选框,如图6-9所示。

步骤4:单击"修改样式"对话框左下角的"格式"下拉按钮,在打开的下拉列表中选择"段落"命令,如图6-10所示,打开"段落"对话框。

步骤5:在"段落"对话框中,设置段落格式为"段前、段后间距0.5行,单倍行距",如图6-11所示,单击"确定"按钮返回到"修改样式"对话框,再单击"确定"按钮完成"标题 1"样式的设置。

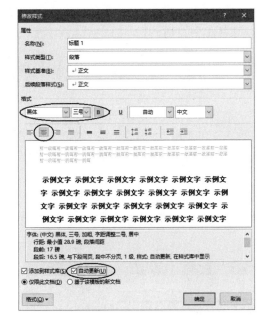

图 6-9 "修改样式"对话框

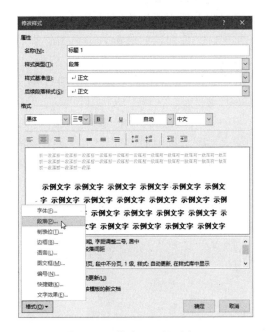

图 6-10 "格式"下拉列表

图 6-11 "段落"对话框

步骤 6：使用相同的方法，修改"标题 2"样式的格式为"黑体，小三号，加粗，左对齐，自动更新，段前、段后间距 0.5 行，单倍行距"，"标题 3"样式的格式为"黑体，四号，加粗，左对齐，自动更新，段前、段后间距 0.5 行，单倍行距"。

2. 设置多级列表

多级列表是用于为列表或文档设置层次结构而创建的列表。创建多级列表可使列表具有复杂的结构，并使列表的逻辑关系更加清晰。列表最多可有 9 个级别。

步骤 1：将光标置于"第 1 章 问题的定义"所在行中，在"开始"选项卡中，单击"段落"组中的"多级列表"下拉按钮，在打开的下拉列表中选择"定义新的多级列表"选项，如图 6-12 所示。

步骤 2：在打开的"定义新多级列表"对话框中，选择左上角的级别"1"，并在"输入编号的格式"文本框中的"1"的左、右两侧分别输入"第"和"章"，构成"第 1 章"的形式，再单击左下角的"更多"按钮，将"将级别链接到样式"设置为"标题 1"，"编号之后"为"空格"，如图 6-13 所示。

步骤 3：在图 6-13 所示的界面中，再选择左上角的级别"2"，此时"输入编号的格式"默认为"1.1"的形式，"将级别链接到样式"设置为"标题 2"，"对齐位置"为"0 厘米"，"编号之后"为"空格"，如图 6-14 所示。

图 6-12 "多级列表"下拉列表

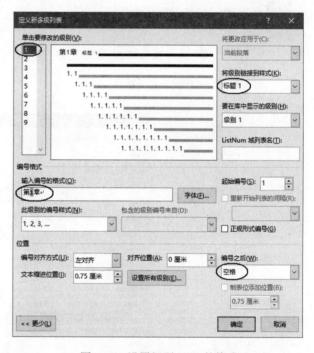

图 6-13 设置级别"1"的格式

步骤 4：在图 6-14 所示的界面中，再选择左上角的级别"3"，此时"输入编号的格式"默认为"1.1.1"的形式，"将级别链接到样式"设置为"标题 3"，"对齐位置"为"0 厘米"，"编号之后"为"空格"，如图 6-15 所示，单击"确定"按钮，完成多级列表的设置，此时"样式"组中的"标题 1""标题 2""标题 3"的样式按钮中出现了多级列表，如图 6-16 所示。

3. 应用标题样式

步骤 1："第 1 章 问题的定义"所在段落已经自动应用了"标题 1"样式，使用"格式刷"功能把"第 1 章 问题的定义"的格式复制到其他章标题（第 2 章～第 5 章），以及"致谢"和"参考文献"标题。

步骤 2：在第 2 章～第 5 章的标题中，删除多余的"第 N 章"形式的文字，如图 6-17

所示。

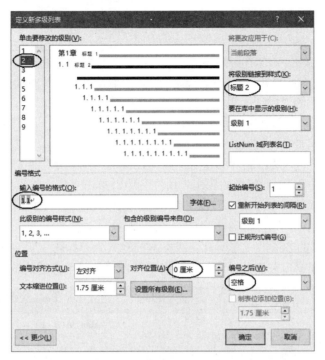

图 6-14 设置级别"2"的格式

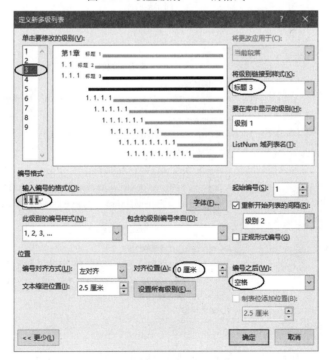

图 6-15 设置级别"3"的格式

图 6-16　样式按钮中出现了多级列表

图 6-17　删除多余的文字

步骤 3：将光标置于"致谢"文字的左侧，按 2 次退格键（Backspace）删除"第 6 章"字样，在"开始"选项卡的"段落"组中，单击"居中"按钮（此时，在窗口左侧的"导航"窗格中可以看到，前面原有的各章的章编号消失），再单击快速访问工具栏中的"撤销"按钮，可还原前面各章的章编号。

步骤 4：使用相同的方法，删除"参考文献"左侧的"第 6 章"字样。

步骤 5：将光标置于"1.1 问题的提出"所在行中，单击"样式"组中的"标题 2"按钮，使该二级标题应用"标题 2"样式，然后使用"格式刷"功能把"1.1 问题的提出"的格式复制到其他所有二级标题中，最后删除多余的"X.Y"形式的文字。

步骤 6：使用相同的方法，设置所有三级标题的样式为"标题 3"，并删除多余的"X.Y.Z"形式的文字。此时，在窗口左侧的"导航"窗格中可以看到整个文档的结构，如图 6-18 所示。

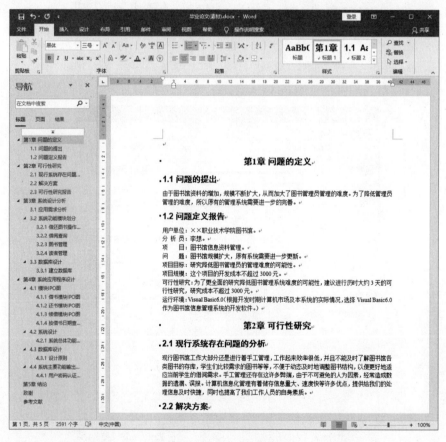
图 6-18　在"导航"窗格中可以看到整个文档的结构

【说明】

（1）为了便于排版，本素材文件中已将所有章名文本（包括"致谢"和"参考文献"）设置为红色，节名文本设置为绿色，小节名文本设置为蓝色。

(2)应用样式"标题1"设为一级标题,同理,应用样式"标题2""标题3"的分别成为二级标题、三级标题。

(3)整个窗口被分成两部分,左侧"导航"窗格显示整个文档的标题结构,右侧窗格显示文档内容。选择"导航"窗格中的某个标题,右侧窗格中会显示该标题下的内容,这样可实现快速定位。

(4)应用样式,实际上就是应用了一组格式。

4. 新建样式并应用于正文

根据排版需要,还可新建样式,下面新建样式"正文01",格式为"宋体、五号、左对齐、1.5倍行距、首行缩进2个字符、自动更新",并把它应用于论文的正文中。

步骤1:将光标置于正文中(不是标题中),在"开始"选项卡中,单击"样式"组右下角的"样式"扩展按钮,打开"样式"任务窗格,如图6-19所示。

步骤2:单击"样式"任务窗格左下角的"新建样式"按钮,打开"根据格式化创建新样式"对话框,设置新建样式的名称为"正文01",设置其格式为"宋体、五号、左对齐、1.5倍行距、自动更新",如图6-20所示。

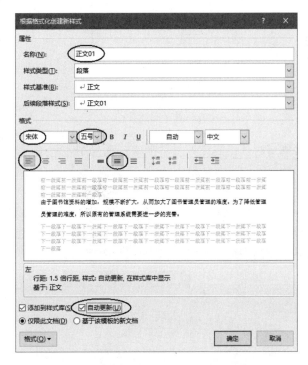

图6-19 "样式"任务窗格   图6-20 "根据格式化创建新样式"对话框

步骤3:在图6-20所示的界面中,单击左下角的"格式"下拉按钮,在打开的下拉列表中选择"段落"命令,在打开的"段落"对话框中,设置段落格式为"首行缩进2个字符"。

步骤4:单击"确定"按钮返回"根据格式设置创建新样式"对话框,再单击"确定"按钮,完成样式"正文01"的新建,新建的样式名"正文01"会出现在"样式"任务窗格的样式列表中。

步骤5:把新建的样式"正文01"应用于所有正文中(不包括章名、节名、小节名、空行、图和图的题注等),最后关闭"样式"任务窗格。

任务 3：添加题注和脚注

题注是指给图形、表格、文本或其他项目添加一种带编号的注解。脚注是为某些文本内容添加注解以说明该文本的含义和来源。脚注一般位于每一页文档的底部，可以用作对本页的内容进行解释，适用于对文档中的难点进行说明。

微课：添加题注和脚注

1. 添加题注

步骤 1：将光标置于第 1 张图片下一行的题注前，如图 6-21 所示，在"引用"选项卡中，单击"题注"组中的"插入题注"按钮，打开"题注"对话框。

步骤 2：在"题注"对话框中，单击"新建标签"按钮，打开"新建标签"对话框，在"标签"文本框中输入文字"图"，如图 6-22 所示，再单击"确定"按钮，返回到"题注"对话框。

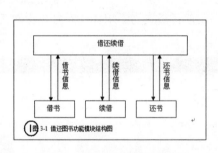

图 6-21　将光标置于图题注前

图 6-22　新建标签"图"

步骤 3：在"题注"对话框中，选择刚才新建的标签"图"，再单击"编号"按钮，在打开的"题注编号"对话框中选中"包含章节号"复选框，如图 6-23 所示，再单击"确定"按钮，返回到"题注"对话框。此时，"题注"文本框中的内容由"图 1"变为"图 3-1"，如图 6-24 所示，再单击"确定"按钮，完成该图片题注的添加。

步骤 4：删除多余的文字"图 3-1"，删除后，在题注（"图 3-1"）和图片的说明文字（"借还图书功能模块结构图"）之间保留一个空格。

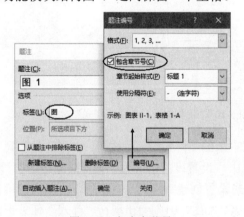

图 6-23　包含章节号

图 6-24　"题注"对话框

步骤 5：在"开始"选项卡中，单击"段落"组中的"居中"按钮，将该图片的题注居中，选中该图片，也单击"居中"按钮，将该图片也居中。

步骤6：使用相同的方法，依次对文档中的其余4张图片添加题注（删除其中"图 X-Y"形式的多余文字），并将其余4张图片及其题注居中。

步骤7：选中文档中第1张图片上一行中的"下图"两字，如图6-25所示，在"引用"选项卡中，单击"题注"组中的"交叉引用"按钮，打开"交叉引用"对话框。

步骤8：在"交叉引用"对话框中，选择"引用类型"为"图"，"引用内容"为"仅标签和编号"，在"引用哪一个题注"列表框中选择需要引用的题注（"图3-1 借还图书功能模块结构图"），如图6-26所示，然后单击"插入"按钮，再单击"关闭"按钮，完成"下图"两字的交叉引用。

图6-25 选中"下图"两字　　　　　图6-26 "交叉引用"对话框

步骤9：使用相同的方法，依次对文档中其余4张图片上一行中的"下图"两字进行交叉引用。

如果文档中有"表格"，可用类似的方法对其中的"表格"添加题注并进行交叉引用。

2. 添加脚注

下面在文档中首次出现"IPO"的地方添加脚注，脚注内容为"IPO 是指结构化设计中变换型结构的输入（Input）、加工（Processing）、输出（Output）"。

步骤1：选中文档中首次出现的"IPO"文字，如图6-27所示。

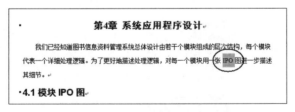

图6-27 选中文档中首次出现的"IPO"文字

步骤2：在"引用"选项卡中，单击"脚注"组中的"插入脚注"按钮，然后在页面底部"脚注"处输入脚注内容"IPO 是指结构化设计中变换型结构的输入（Input）、加工（Processing）、输出（Output）"，如图6-28所示。

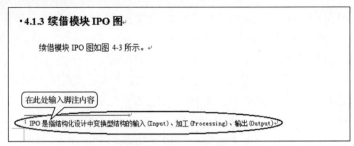

图 6-28 输入脚注内容

任务 4：自动生成目录和论文分节

微课：自动生成目录和论文分节

在论文正文中设置各级标题后，为了使每章内容另起一页，可在每章前插入分页符，然后利用 Word 的引用功能为论文提取目录。

1. 在每章前插入分页符

步骤 1：将光标置于第 1 章的标题文字"问题的定义"的左侧（不是在上一行的空行中），在"插入"选项卡中，单击"页面"组中的"分页"按钮，在第 1 章前插入"分页符"。

步骤 2：选择"文件"→"选项"命令，打开"Word 选项"对话框，在左侧窗格中选择"显示"选项，在右侧窗格中选中"显示所有格式标记"复选框，如图 6-29 所示，单击"确定"按钮，可在文档中显示"分页符"（单虚线）。

图 6-29 "Word 选项"对话框

步骤 3：使用相同的方法，在其余 4 章（第 2 章～第 5 章）前，以及"致谢"和"参考文献"前，依次插入"分页符"，使它们另起一页显示。

2. 自动生成目录

步骤 1：将光标置于首页空白页中，输入"目录"两个字，然后按 Enter 键，设置"目录"

两字的格式为"黑体,小二,居中"。

步骤 2:将光标置于"目录"所在行的下一行空行中,在"引用"选项卡中,单击"目录"组中的"目录"下拉按钮,在打开的下拉列表中选择"自定义目录"选项,如图 6-30 所示。

步骤 3:在打开的"目录"对话框中,选中"显示页码"和"页码右对齐"复选框,选择"显示级别"为 3,如图 6-31 所示,单击"确定"按钮,生成的目录如图 6-32 所示。

图 6-30 插入目录

图 6-31 "目录"对话框

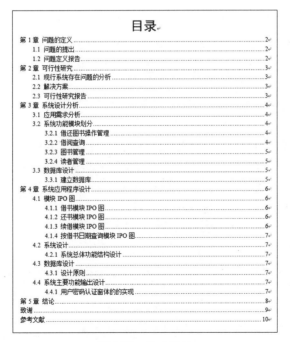

图 6-32 论文目录

3. 插入分节符,把论文分为 3 部分

为了在论文的不同部分设置不同的页面格式(如不同的页眉和页脚、不同的页码编号等),

在"第1章"前插入分节符,使目录、论文正文成为两个不同的节,再在"目录"前插入分节符,以便在目录前插入论文封面和摘要。这样,就把整个文档分为3节:封面和摘要(第1节)、目录(第2节)和论文正文(第3节)。在不同的节中,可设置不同的页眉和页脚。

步骤1:将光标置于第1章标题"问题的定义"的左侧,在"布局"选项卡中,单击"页面设置"组中的"分隔符"下拉按钮,在打开的下拉列表中选择"下一页"分节符,如图6-33所示,从而插入"下一页"分节符。

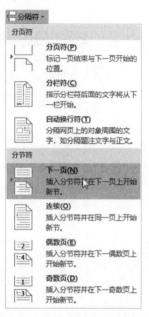

图6-33 插入"下一页"分节符

步骤2:使用相同的方法,在"目录"前插入"下一页"分节符,在"目录"前会添加一空白页。注意:分节符显示为双虚线,而分页符显示为单虚线。

任务5:添加页眉和页脚

微课:添加页眉和页脚

根据毕业论文排版要求,封面、摘要和目录页上没有页眉,论文正文有页眉。因为在任务1中,已设置页眉和页脚"奇偶页不同",所以要对论文正文的奇偶页的页眉分别进行设置。在奇数页的页眉中插入章标题(一级标题),在偶数页的页眉中插入论文题目。

1. 在正文奇数页的页眉中插入章标题

步骤1:将光标置于论文正文(第3节)第1页(奇数页)中,在"插入"选项卡中,单击"页眉和页脚"组中的"页眉"下拉按钮,在打开的下拉列表中选择"编辑页眉"选项,切换到"页眉和页脚"的编辑状态,此时光标位于页眉中。

步骤2:在"页眉和页脚工具"的"设计"选项卡中,取消"导航"组中的"链接到前一节"按钮的选中状态,如图6-34所示,确保"论文正文"节(第3节)奇数页页眉与"目录"节(第2节)奇数页页眉的链接断开,链接断开后,页眉右下角的文字"与上一节相同"会消失。

步骤3:在"设计"选项卡中,单击"插入"组中的"文档部件"下拉按钮,在打开的下拉列表中选择"域"选项,如图6-35所示。

步骤 4：在打开的"域"对话框中，在"类别"下拉框中选择"链接和引用"选项，在"域名"列表框中选择"StyleRef"选项，在"样式名"列表框中选择"标题 1"选项，选中"插入段落编号"复选框，如图 6-36 所示，单击"确定"按钮，此时在奇数页页眉中插入章标题的编号"第 1 章"，再在其后插入一个空格。

图 6-34　断开链接

步骤 5：使用相同的方法，再插入"域"，在打开的"域"对话框中，在"类别"下拉框中选择"链接和引用"选项，在"域名"列表框中选择"StyleRef"选项，在"样式名"列表框中选择"标题 1"选项，不要选中"插入段落编号"复选框，单击"确定"按钮，此时在章编号"第 1 章"后面插入了章标题"问题的定义"，如图 6-37 所示。

图 6-35　选择"域"选项

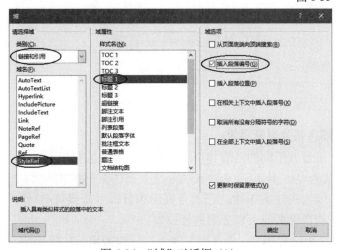

图 6-36　"域"对话框（1）

图 6-37 奇数页的页眉内容

2. 在正文偶数页的页眉中插入论文题目

步骤 1：将光标置于论文正文第 2 页（偶数页）的页眉中，在"设计"选项卡中，取消"导航"组中的"链接到前一节"按钮的选中状态，确保"论文正文"节偶数页页眉与"目录"节偶数页页眉的链接断开。

步骤 2：在"页眉和页脚"选项卡中，单击"插入"组中的"文档部件"下拉按钮，在打开的下拉列表中选择"域"选项，打开"域"对话框，在"类别"下拉框中选择"文档信息"选项，在"域名"列表框中选择"Title"选项，如图 6-38 所示，再单击"确定"按钮，就可在偶数页页眉中插入已在任务 1 中设置好的文档标题（Title，即论文题目）："图书信息资料管理系统的研究与设计"，如图 6-39 所示。

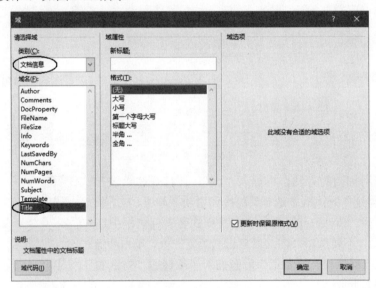

图 6-38 "域"对话框（2）

图 6-39 偶数页的页眉内容

3. 在页脚中添加页码并更新目录

在不同的节中，可设置不同的页眉和页脚。根据毕业论文排版要求，封面和摘要无页码，"目录"节的页码格式为"ⅰ,ⅱ,ⅲ,…"，"论文正文"节的页码格式为"1,2,3,…"，页码位于页脚中，并居中显示。因为在任务 1 中，已设置页眉和页脚"奇偶页不同"，所以要对"论文正文"节和"目录"节的奇偶页的页脚分别进行设置。

步骤 1：将光标置于论文正文（第 3 节）第 1 页（奇数页）的页脚中，在"设计"选项卡中,取消"导航"组中的"链接到前一节"按钮的选中状态,确保"论文正文"节(第3节)奇数页页脚与"目录"节(第2节)奇数页页脚的链接断开,链接断开后,页脚右上角的文字"与上一节相同"会消失。

步骤2:单击"页眉和页脚"组中的"页码"下拉按钮,在打开的下拉列表中选择"设置页码格式"命令,如图6-40所示,打开"页码格式"对话框,选择编号格式为"1,2,3,…",选中"起始页码"单选按钮,并设置起始页码为1,如图6-41所示,再单击"确定"按钮,完成页码格式设置。

图6-40 设置页码格式

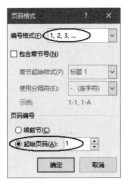

图6-41 "页码格式"对话框

步骤3:再单击"页眉和页脚"组中的"页码"下拉按钮,在打开的下拉列表中选择"当前位置"→"普通数字"选项,即可在页脚中插入页码,最后设置页码居中显示。

至此,论文正文奇数页的页码已设置完成,下面设置论文正文偶数页的页码。

步骤4:将光标置于论文正文(第3节)第2页(偶数页)的页脚中,与前面的操作方法一样,先撤选"链接到前一节"复选框,再插入页码(普通数字),并设置页码居中显示。

至此,论文正文奇数页和偶数页的页码均已设置完成。

步骤5:与"论文正文"节中的页码设置方法一样,读者自行完成"目录"节的页码设置(页码格式为"i,ii,iii,…",居中显示)。

步骤6:页眉和页脚设置完成后,在"设计"选项卡中,单击"关闭页眉和页脚"按钮,退出页眉和页脚的编辑状态。

因为论文正文中的页码已重新设置,原自动生成的目录内容(包括页码)自动更新。

步骤7:右击"目录"页中的目录内容,在弹出的快捷菜单中选择"更新域"命令,打开"更新目录"对话框,如图6-42所示,根据需要,选择"只更新页码"或"更新整个目录"单选按钮,再单击"确定"按钮,即可更新目录内容。

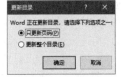

图6-42 "更新目录"对话框

任务6:添加论文摘要和封面

毕业论文中已有目录和论文正文,下面添加论文摘要和封面。

步骤1:在目录页前的空白页中(第1节),输入论文摘要(含关键词),并根据需要设置相关格式,如图6-43所示。

微课:添加论文摘要和封面

步骤 2：将光标置于文字"摘要"前，在"插入"选项卡中，单击"页"组中的"分页"按钮，在"摘要"前插入一新空白页。

步骤 3：在新插入的空白页中，插入学校要求的毕业论文封面，封面上一般含有学校名称、论文题目、实习单位、实习岗位、专业班级、学生姓名、指导老师、日期等，如图 6-44 所示（各所学校对封面的要求可能会有所不同），根据实际情况填写封面上的相关内容。可以利用制表符来对齐论文题目、实习单位、指导老师等内容。

图 6-43　论文摘要　　　　　　　　　图 6-44　封面效果图

任务 7：使用批注和修订

微课：使用批注和修订

至此，毕业论文的排版已基本结束，通常情况下，学生会把已排版的论文提交给指导老师审阅，指导老师通过批注和修订对论文提出修改意见后，再返回给学生，学生可接受或拒绝老师添加的批注和修订。

1. 更改修订者的用户名

步骤 1：在"审阅"选项卡中，单击"修订"组右下角的"修订选项"扩展按钮，打开"修订选项"对话框，如图 6-45 所示。

【说明】 "修订"按钮分为 2 部分，上半部分为图形按钮，单击它则开始修订或取消修订；下半部分为下拉按钮，单击它则会打开下拉列表。

步骤 2：单击"更改用户名"按钮，打开"Word 选项"对话框，在左侧窗格中选择"常规"选项，在右侧窗格中的"用户名"文本框中输入修订者的用户名，如"黄老师"，在"缩写"文本框中输入用户名的缩写，如"Huang"，如图 6-46 所示，单击"确定"按钮，返回到"修订选项"对话框，再单击"确定"按钮。

2. 使用批注和修订

步骤1：在"审阅"选项卡的"修订"组中，单击"显示以供审阅"下拉按钮，在打开的下拉列表中选择"所有标记"选项，如图 6-47 所示，再单击"显示标记"下拉按钮，在打开的下拉列表中选中"批注框"→"在批注框中显示修订"选项，如图 6-48 所示。

步骤 2：单击"修订"组中的"修订"图形按钮，此时该图形按钮处于选中状态，表示可以开始修订。

图 6-45 "修订选项"对话框　　　　　　　图 6-46 "Word 选项"对话框

图 6-47 "显示以供审阅"下拉列表　　　图 6-48 "显示标记"下拉列表

步骤 3：在"第 1 章"所在的页面中，在"项目"所在行中，删除"馆"字，并在本行行尾的句号前插入文字"系统的研究与设计"，此时在页面右侧的批注框中显示了"删除的内容：馆"，插入的文字"系统的研究与设计"在页面中蓝色显示，并添加了单下画线。

步骤 4：使用相同的方法，把下一行的"更新"两字修改为"完善"两字，修订效果如图 6-49 所示。

图 6-49　使用修订

步骤 5：选中本页面中第 1 次出现的"Basic6.0"文字，再单击"批注"组中的"新建批注"按钮，在页面右侧的"批注框"中输入批注信息"中间应该有一空格"，批注信息前面会自动加上人像和批注者的用户名。

步骤 6：使用相同的方法，对第 2 次出现的"Basic6.0"文字添加相同的批注信息，批注效果如图 6-50 所示。

步骤 7：在图 6-47 所示的界面中，选择其他不同的选项，注意查看文档的显示效果。

步骤 8：在图 6-48 所示的界面中，选择其他不同的选项，注意查看文档的显示效果。

图 6-50　添加批注

当文档开始修订后，用户对文档进行修改后将显示标记，但不同类型的修改所显示的标记也不同，例如，在默认情况下插入的内容将会有单下画线。事实上，用户可以自定义修订标记的样式和颜色，以便更好地区别标记。

步骤 9：在图 6-45 所示的界面中，单击"高级选项"按钮，打开"高级修订选项"对话框，如图 6-51 所示，在该对话框中，可自定义修订标记的样式和颜色。

步骤 10：单击"保护"组中的"限制编辑"按钮，将打开"限制编辑"任务窗格，如图 6-52 所示，在该任务窗格中可对文档的格式和编辑设置各种限制，关闭"限制编辑"任务窗格。

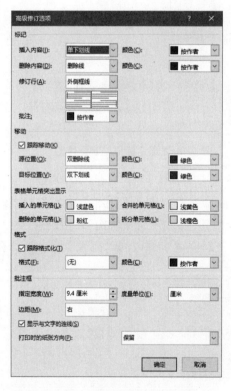

图 6-51　"高级修订选项"对话框

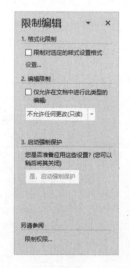

图 6-52　"限制编辑"任务窗格

3. 接受或拒绝批注和修订

老师对学生的论文进行批注和修订后，学生可根据实际情况，接受或拒绝老师的批注和修订。

批注不会集成到文本编辑中,它们只是对编辑提出建议,批注中的建议文字经常会被复制并粘贴到文本中,但批注本身不是文档的一部分,所以无法接受或拒绝批注本身。接受批注就是不管它,拒绝批注则是删除它。

修订却是文档的一部分,修订是对 Word 文档所做的插入或删除等。可以查看插入或删除的内容、修改的作者,以及修改时间。当接受修订时,它将把修订内容转换为常规文字;当接受删除时,它将从整个文档中删除;拒绝插入内容即是将其删除;拒绝删除内容即是保留原始文本;如果接受格式更改,它们就会应用于文本的最终版本;拒绝格式更改,格式将被删除。

图 6-53 "审阅窗格"下拉列表

步骤 1:单击"修订"组中的"审阅窗格"下拉按钮,在打开的下拉列表中选择"垂直审阅窗格"选项,如图 6-53 所示,可在文档窗口中显示"垂直审阅窗格",如图 6-54 所示。

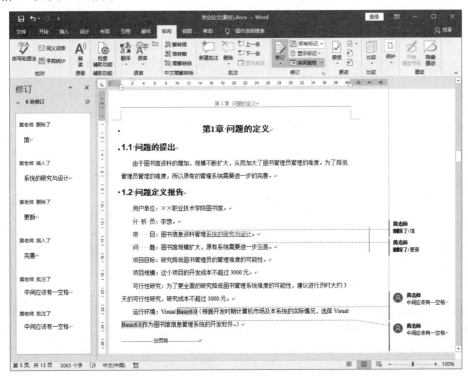

图 6-54 垂直审阅窗格(左窗格)

步骤 2:将光标置于"审阅窗格"中的第 1 条修订处,单击"更改"组中的"接受"图形按钮(或下拉列表中的"接受此修订"选项),表示接受此修订,修订内容会转换为常规文字,接受修订后,在"审阅窗格"中,光标会自动转到下一修订处。

如果单击"更改"组中的"拒绝"图形按钮(或下拉列表中的"拒绝更改"选项),表示拒绝修订,保留原始文字。

步骤 3:使用相同的方法,"接受"或"拒绝"其他 3 处的修订。

批注不同于修订,当"接受"或"拒绝"批注时,文档内容本身不会发生变化,"接受"

批注就是不理批注，批注本身还会保留，拒绝批注则是删除批注本身。根据"批注"中的建议或提示，手工修改文档内容。

步骤 4：在"审阅窗格"中，当光标移到第 1 个"批注"中时，根据"批注"内容（"中间应该有一空格"），在文档中的第 1 次出现的"Basic6.0"的中间插入一个空格，即把"Basic6.0"修改为"Basic 6.0"，然后单击"更改"组中的"拒绝"图形按钮，删除"批注"本身。

步骤 5：使用相同的方法，对另一个"批注"进行相同的处理。

【说明】 "接受"或"拒绝"按钮均分为 2 部分，上半部分为图形按钮，单击它则表示"接受"或"拒绝"修订；下半部分为下拉按钮，单击它则会打开下拉列表，如图 6-55 所示。

步骤 6：再次单击"修订"组中的"修订"图形按钮，此时该图形按钮处于未选中状态，表示结束修订。

（a）"接受"下拉列表

（b）"拒绝"下拉列表

图 6-55 "接受"和"拒绝"下拉列表

6.5 总结与提高

本项目以"毕业论文排版"为例，介绍了长文档的排版方法和技巧，要重点掌握样式、节、页眉和页脚的设置方法。

在创建标题样式时，要明确各级别之间的相互关系及正确设置标题编号格式等，否则，将会导致排版出现标题级别的混乱状况。

可以为文档自动创建目录，使目录的制作变得非常简便，但前提是已经为各级标题设置了样式。当目录标题或页码发生变化时，注意及时更新目录内容。

分节符可以将文档分成若干个"节"，不同的节可以设置不同的页面格式，如不同的纸张、不同的页边距、不同的页眉页脚、不同的页码、不同的页面边框、不同的分栏等。在使用"分节符"时不要与"分页符"混淆。

设置不同的页眉和页脚时，可在"页面设置"中设置页眉和页脚"奇偶页不同"，要注意断开不同"节"之间的链接，可以利用插入"域"来设置灵活的页眉和页脚内容。

题注是指给图形、表格、文本或其他项目添加一种带编号的注解，如"图 6-4　纸张设置"，Word 会对题注进行自动编号，如果移动、添加或者删除带题注的某一项目，Word 也会自动调整编号。一旦某一项目带有题注，用户就可以对其建立交叉引用。

在文档中，有时要为某些文本内容添加注解以说明该文本的含义和来源，这种注解说明在 Word 中就称为脚注和尾注。脚注一般位于每一页文档的底部，可以用作对本页的内容进行解释，适用于对文档中的难点进行说明；而尾注一般位于整个文档的末尾，常用来列出文章或书籍的参考文献等。

6.6 习题

一、选择题

1. 当工具栏上的"剪切"和"复制"按钮颜色黯淡，不能使用时，表示_____。
   A．此时只能从"开始"选项卡中调用"剪切"和"复制"命令
   B．在文档中没有选定任何内容
   C．剪贴板已经有了要剪切或复制的内容
   D．选定的内容太长，剪贴板中放不下

2. 在 Word 中进行查找和替换正文时，若操作错误则_____。
   A．必须手工恢复　　　　　　　　B．有时可恢复，有时就无可挽回
   C．无可挽回　　　　　　　　　　D．可用"撤销"来恢复

3. 下列关于 Word 页眉和页脚的叙述中，_____是错误的。
   A．文档内容和页眉、页脚可以同时处于编辑状态
   B．文档内容可以和页眉、页脚一起打印
   C．编辑页眉和页脚时不能编辑文档内容
   D．页眉、页脚中也可以进行格式设置和插入剪贴画

4. 关于 Word 的页眉、页脚功能，无法实现的操作是_____。
   A．在页眉和页脚区域都设置页码
   B．将图片设置成页眉
   C．在同一节文本中设置不同的页脚
   D．在不同节的文本中设置相同的页眉

5. Word 的样式是一组的_____集合。
   A．格式　　　　B．模板　　　　C．公式　　　　D．控制符

6. 假设插入点在文档中的某个字符之后，当选择某个样式时，该样式就对当前_____起作用。
   A．行　　　　　B．列　　　　　C．段　　　　　D．页

7. 在 Word 中编辑某毕业论文，若想为其建立便于更新的目录，应先对各行标题设置_____。
   A．字体　　　　B．字号　　　　C．某样式　　　D．居中

8. 在 Word 中，如果存在图1、图2、……、图10十张图，如果删除了图2，希望编号图3、图4、……、图10自动变为图2、图3、……、图9，则应将图1、图2、……、图10设置成_____。
   A．脚注　　　　B．尾注　　　　C．题注　　　　D．索引

9. Word 2019 插入题注时如需加入章节号，如"图1-1"，无须进行的操作是_____。
   A．将章节起始位置套用内置标题样式
   B．将章节起始位置应用多级符号
   C．将章节起始位置应用自动编号
   D．自定义题注样式为"图"

10. 在 Word 2019 新建段落样式时，可以设置字体、段落、编号等多项样式属性，以下不属于样式属性的是＿＿＿＿＿＿＿。
    A．制表位　　　　　B．语言　　　　　C．文本框　　　　　D．快捷键
11. 通过设置内置标题样式，以下哪个功能无法实现＿＿＿＿＿＿＿。
    A．自动生成题注编号　　　　　　　B．自动生成脚注编号
    C．自动显示文档结构　　　　　　　D．自动生成目录
12. 如果要将某个新建样式应用到文档中，以下哪种方法无法完成样式的应用＿＿＿＿＿＿＿。
    A．使用快速样式库或样式任务窗格直接应用
    B．使用查找与替换功能替换样式
    C．使用格式刷复制样式
    D．使用 Ctrl+W 快捷键重复应用样式
13. 关于样式、样式库和样式集，以下表述正确的是＿＿＿＿＿＿＿。
    A．快速样式库中显示的是用户最为常用的样式
    B．用户无法自行添加样式到快速样式库
    C．多个样式库组成了样式集
    D．样式集中的样式存储在模板中
14. 关于大纲级别和内置样式的对应关系，以下说法正确的是＿＿＿＿＿＿＿。
    A．如果文字套用内置样式"正文"，则一定在大纲视图中显示为"正文文本"
    B．如果文字在大纲视图中显示为"正文文本"，则一定对应样式为"正文"
    C．如果文字的大纲级别为 1 级，则被套用样式"标题 1"
    D．以上说法都不正确
15. Word 文档的编辑限制包括＿＿＿＿＿＿＿。
    A．格式设置限制　　　　　　　　　B．编辑限制
    C．权限保护　　　　　　　　　　　D．以上都是
16. 如果 Word 文档中有一段文字不允许别人修改，可以通过＿＿＿＿＿＿＿。
    A．格式设置限制　　　　　　　　　B．编辑限制
    C．设置文件修改密码　　　　　　　D．以上都是
17. 关于导航窗格，以下表述错误的是＿＿＿＿＿＿＿。
    A．能够浏览文档中的标题
    B．能够浏览文档中的各个页面
    C．能够浏览文档中的关键文字和词
    D．能够浏览文档中的脚注、尾注、题注等
18. 若文档被分为多个节，并在"页面设置"的版式选项卡中将页眉和页脚设置为奇偶页不同，则以下关于页眉和页脚说法正确的是＿＿＿＿＿＿＿。
    A．文档中所有奇偶页的页眉必然都不相同
    B．文档中所有奇偶页的页眉可以都不相同
    C．每个节中奇数页页眉和偶数页页眉必然不相同
    D．每个节的奇数页页眉和偶数页页眉可以不相同
19. 在 Word 中建立索引，是通过标记索引项，在被索引内容旁插入域代码形式的索引项，随后再根据索引项所在的页码生成索引。与索引类似，以下哪种目录，不是通过标记引用项所

在位置生成目录_____。

　　A．目录　　　　　B．书目　　　　　C．图表目录　　　D．引文目录

20．Word 2019 可自动生成参考文献书目列表，在添加参考文献的"源"主列表时，"源"不可能直接来自_____。

　　A．网络中各知名网站　　　　　B．网上邻居的用户共享
　　C．电脑中的其他文档　　　　　D．自己录入

二、实践操作题

1．在桌面上先建立文档"Example.docx"，由 6 页组成。其中：

（1）第一页中第一行内容为"浙江"，样式为"正文"。

（2）第二页中第一行内容为"江苏"，样式为"正文"。

（3）第三页中第一行内容为"浙江"，样式为"正文"。

（4）第四页中第一行内容为"江苏"，样式为"正文"。

（5）第五页中第一行内容为"安徽"，样式为"正文"。

（6）第六页为空白。

（7）在文档页脚处插入"X/Y"形式的页码，X 为当前页数，Y 为总页数，居中显示。

（8）使用自动索引方式，建立索引自动标记文件"MyIndex.docx"，其中：标记为索引项的文字 1 为"浙江"，主索引项 1 为"Zhejiang"；标记为索引项的文字 2 为"江苏"，主索引项 2 为"Jiangsu"。使用自动标记文件，在文档"Example.docx"第六页中创建索引。

2．在桌面上建立文档"MyCity.docx"，共有两页组成。要求：

（1）第一页内容如下：

第 1 章　浙江

1.1　杭州和宁波

第 2 章　福建

2.1　福州和厦门

第 3 章　广东

3.1　广州和深圳

要求：章和节的序号为自动编号（多级符号），分别使用样式"标题 1"和"标题 2"。

（2）新建样式"fujian"，使其与样式"标题 1"在文字格式外观上完全一致，但不会自动添加到目录，并应用于"第 2 章　福建"。

（3）在文档的第二页中自动生成目录。

（4）对"宁波"添加一条批注，内容为"海港城市"；对"广州和深圳"添加一条修订，删除"和深圳"。

3．在桌面上建立文档"MyDoc.docx"。要求：

（1）文档总共有 6 页，第 1 页和第 2 页为一节，第 3 页和第 4 页为一节，第 5 页和第 6 页为一节。

（2）每页显示内容均为三行，左右居中对齐，样式为"正文"。

① 第一行显示：第 x 节

② 第二行显示：第 y 页

③ 第三行显示：共 z 页

其中 x，y，z 是使用插入的域自动生成的，并以中文数字（壹、贰、叁）的形式显示。

（3）每页行数均设置为40，每行30个字符。

（4）每行文字均添加行号，从"1"开始，每节重新编号。

4．在桌面上建立主控文档"Main.docx"，按序创建子文档"Sub1.docx""Sub2.docx"和"Sub3.docx"。要求：

（1）Sub1.docx 中第一行内容为"Sub^1"，第二行内容为文档创建的日期（使用域，格式不限），样式均为正文。

（2）Sub2.docx 中第一行内容为"Sub_2"，第二行内容为"→"，样式均为正文。

（3）Sub3.docx 中第一行内容为"办公软件高级应用"，样式为正文，将该文字设置为书签（名为 Mark）；第二行为空白行；在第三行插入书签 Mark 标记的文本。

5．在桌面上建立文档"考试信息.docx"，由 3 页组成。要求：

（1）第一页中第一行内容为"语文"，样式为"标题 1"；页面垂直对齐方式为"居中"；页面方向为纵向、纸张大小为 16 开；页眉内容设置为"90"，居中显示；页脚内容设置为"优秀"，居中显示。

（2）第二页中第一行内容为"数学"，样式为"标题 2"；页面垂直对齐方式为"顶端对齐"；页面方向为横向、纸张大小为 A4；页眉内容设置为"65"，居中显示；页脚内容设置为"及格"，居中显示；对该页面添加行号，起始编号为"1"。

（3）第三页中第一行内容为"英语"，样式为"正文"；页面垂直对齐方式为"底端对齐"；页面方向为纵向、纸张大小为 B5；页眉内容设置为"58"，居中显示；页脚内容设置为"不及格"，居中显示。

6．对素材库中的文件"练习文档.docx"，按下列要求进行操作，并将结果存盘，注意及时保存操作结果。

操作要求：

（1）对正文进行排版。

① 使用多级符号对章名、小节名进行自动编号，代替原始的编号。要求：

* 章号的自动编号格式为：第 X 章（例：第 1 章），其中：X 为自动排序，阿拉伯数字序号，对应级别 1，居中显示。

* 小节名自动编号格式为：$X.Y$，X 为章数字序号，Y 为节数字序号（例：1.1），X、Y 均为阿拉伯数字序号。对应级别 2。左对齐显示。

② 新建样式，样式名为："样式"+考生准考证号后 5 位。其中：

* 字体：中文字体为"楷体"，西文字体为"Time New Roman"，字号为"小四"。

* 段落：首行缩进 2 字符，段前 0.5 行，段后 0.5 行，行距 1.5 倍；两端对齐。其余格式，默认设置。

③ 对正文中的图添加题注"图"，位于图下方，居中。要求：

* 编号为"章序号"-"图在章中的序号"。例如，第 1 章中第 2 幅图，题注编号为 1-2。

* 图的说明使用图下一行的文字，格式同编号。

* 图居中。

④ 对正文中出现"如下图所示"的"下图"两字，使用交叉引用。

* 改为"图 X-Y"，其中"X-Y"为图题注的编号。

⑤ 对正文中的表添加题注"表"，位于表上方，居中。

* 编号为"章序号"-"表在章中的序号"。例如，第 1 章中第 1 张表，题注编号为 1-1。

* 表的说明使用表上一行的文字，格式同编号。

* 表居中，表内文字不要求居中。

⑥ 对正文中出现"如下表所示"中的"下表"两字，使用交叉引用。

* 改为"表 X-Y"，其中"X-Y"为表题注的编号。

⑦ 对正文中首次出现"Access"的地方插入脚注。

* 添加文字"Access 是由微软发布的关联式数据库管理系统。"。

⑧ 将②中的新建样式应用到正文中无编号的文字。不包括章名、小节名、表文字、表和图的题注、脚注。

（2）在正文前按序插入三节，使用 Word 提供的功能，自动生成如下内容：

① 第 1 节：目录。其中："目录"使用样式"标题 1"，并居中；"目录"下为目录项。

② 第 2 节：图索引。其中："图索引"使用样式"标题 1"，并居中；"图索引"下为图索引项。

③ 第 3 节：表索引。其中："表索引"使用样式"标题 1"，并居中；"表索引"下为表索引项。

（3）使用适合的分节符，对正文进行分节。添加页脚，使用域插入页码，居中显示。要求：

① 正文前的节，页码采用"ⅰ,ⅱ,ⅲ,…"格式，页码连续。

② 正文中的节，页码采用"1,2,3,…"格式，页码连续。

③ 正文中每章为单独一节，页码总是从奇数开始。

④ 更新目录、图索引和表索引。

（4）添加正文的页眉。使用域，按以下要求添加内容，居中显示。其中：

① 对于奇数页，页眉中的文字为：章序号 章名（例如：第 1 章　XXX）。

② 对于偶数页，页眉中的文字为：节序号 节名（例如：1.1　XXX）。

项目 7

批量制作信封和成绩单

本项目是以"批量制作信封和成绩单"为例,介绍如何利用 Word 2019 的"邮件合并"功能批量制作信封和成绩单等方面的相关知识。

7.1 项目提出

每个学期结束时,计 20-1 班的班主任刘老师要做一件比较棘手的事情:学校要求根据已有的"各科成绩",给每位学生发一份"成绩单"(见图 7-1),"成绩单"填写完成后,还要根据"班级通信录"把"成绩单"邮寄给学生。机械 20-2 班的班主任陈老师也遇到了相同的问题,陈老师一开始将"成绩单"复制了 50 份,但接下来的事却让他犯了愁,要把每位学生的姓名及分数填写进去,并不是一件轻松的事情,不仅工作量大,而且极容易出错!

学生成绩单
(2020—2021 学年第二学期 计 20-1 班)

学号	姓名	高等数学	大学英语	体育	邓小平理论	计算机应用基础	C语言程序设计	网页设计

图 7-1 空白的"学生成绩单"

陈老师听说刘老师利用 Word 软件的"邮件合并"功能已经解决了这个问题,因此陈老师找到刘老师,希望刘老师帮助解决以下几个问题。

(1)根据"班级通信录",如何快速批量制作信封。
(2)根据已有的"各科成绩",如何快速批量制作成绩单。

刘老师了解情况后,向陈老师介绍了自己的做法,经过刘老师的指点,陈老师也顺利地完成了任务。以下是刘老师提出的解决方法。

7.2　项目分析

为了下面的操作更加简便，可把“班级通信录”和“各科成绩”中的数据合并在同一个Excel 工作表（如“学生成绩.xlsx”文件中的“学生成绩”工作表）中，工作表内容如图 7-2 所示。

学号	姓名	地址	邮编	高等数学	大学英语	体育	邓小平理论	计算机应用基础	C语言程序设计	网页设计
2020207101	蔡明	武汉市水果湖东湖路16号	430071	74	70	75	76	98	79	64
2020207102	曹贵斌	广州市艺苑路东庆街2号	510310	87	68	77	83	60	66	72
2020207103	董文宁	深圳市桂园路红围街3号	518001	77	66	96	61	68	71	73
2020207104	方必杰	长春市人民大街158号	130022	52	54	86	91	97	99	96
2020207105	顾芳	合肥市长江中路57号	230001	63	64	73	95	53	68	71
2020207106	何杰	上海市绍兴路21号	200020	79	94	79	68	84	83	92
2020207107	黄敏	上海市风阳路660号	200041	85	50	85	94	76	72	99
2020207108	姜敏杰	武汉市汉口洞庭街127号	430014	66	87	95	88	77	89	85
2020207109	李皖东	深圳市彩田南路26号	518026	66	74	90	51	54	89	95
2020207110	林小峰	西安市友谊东路22号	710054	87	78	62	60	57	81	72
2020207111	戚旭飞	武汉市珞瑜路456号	430070	81	51	83	70	67	87	85
2020207112	刘明	郑州市金水路17号	450003	72	97	97	94	86	67	75
2020207113	段海峰	郑州市农业路73号	450002	77	55	83	61	95	85	50
2020207114	张迎	杭州市文三路20号	310012	51	75	73	92	78	77	61
2020207115	李泓	南昌市阳明路139号	330006	79	54	86	88	87	68	76
2020207116	孙莉莉	杭州市平海路61号	310006	89	51	88	70	75	87	53
2020207117	任俊兵	济南市英雄山路4号	250002	72	55	65	66	61	69	90

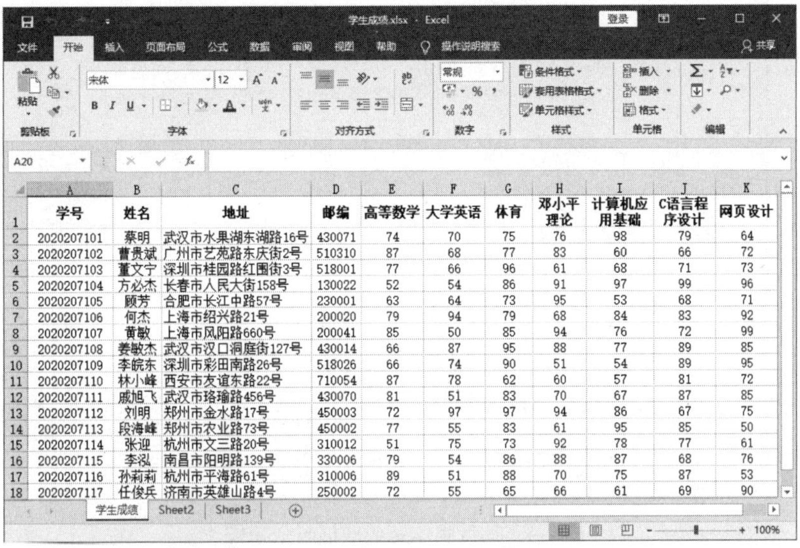

图 7-2　“学生成绩”工作表

利用“信封制作向导”可快速制作信封，然后利用 Word 的“邮件合并”功能将学生的“姓名”“地址”“邮编”等数据合并到信封中，生成每人单独一个信封。

对于学生成绩单，先制作好如图 7-1 所示的空白“学生成绩单”主文档，然后利用 Word 的“邮件合并”功能将“各科成绩”的数据合并到“学生成绩单”中，生成每人单独一张的成绩单。为了提高打印速度和节约打印纸张，删除邮件合并后文件中的“分节符”，可以实现在一页纸中打印多个学生的成绩单。最后，打印出每位学生的信封和成绩单，然后邮寄给他们。

由以上分析可知，“批量制作信封和成绩单”可以分解为以下两大任务：批量制作信封；批量制作成绩单。

其操作流程图如图 7-3 所示。批量制作完成的信封和成绩单的效果图分别如图 7-4 和图 7-5 所示。

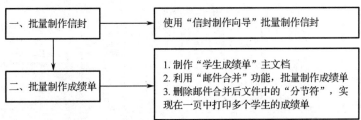

图 7-3　“批量制作信封和成绩单”操作流程图

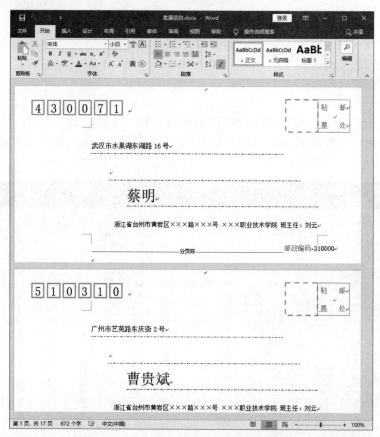

图 7-4　批量制作完成的信封效果图

图 7-5　批量制作完成的成绩单效果图

7.3 相关知识点

1. 邮件合并

"邮件合并"这个名称最初是在批量处理"邮件文档"时提出的。具体地说，就是在邮件文档（主文档）的固定内容（相当于模板）中，合并与发送信息相关的一组数据，这些数据可以来自 Excel 工作表、Access 数据表等数据源中，从而批量生成需要的邮件文档，大大提高工作效率。

"邮件合并"功能除了可以批量处理信封、信函等与邮件相关的文档外，还可以轻松地批量制作标签、请柬、工资条、成绩单、准考证、获奖证书等。

"邮件合并"的适用范围：需要制作的数量比较大且文档内容可分为固定不变的部分和变化的部分（如打印信封，寄信人信息是固定不变的，而收信人信息是变化的部分），变化的内容来自数据表中含有标题行的数据记录表。

2. 信封制作向导

"信封制作向导"是 Word 中提供的一个向导式邮件合并工具，利用"信封制作向导"提供的操作步骤可以快速批量制作信封。

3. 域

简单地讲，域就是引导 Word 在文档中自动插入文字、图形、页码或其他信息的一组代码。每个域都有一个唯一的名字，它具有的功能与 Excel 中的函数非常相似。

域可以在无须人工干预的条件下自动完成任务，如编排文档页码并统计总页数；按不同格式插入日期和时间并更新；通过链接与引用在活动文档中插入其他文档；自动编制目录、关键词索引、图表目录；实现邮件的自动合并与打印；创建标准格式分数、为汉字加注拼音等。

域也可以被格式化。可以将字体、段落和其他格式应用于域结果，使它们融合在文档中，有时，如果不仔细看甚至看不出域代码中的信息。

7.4 项目实施

任务1：批量制作信封

批量制作信封可通过"信封制作向导"来实现。

步骤1：启动 Word 2019 程序后，在"邮件"选项卡中，单击"创建"组中的"中文信封"按钮，打开"信封制作向导"对话框，如图 7-6 所示。

步骤2：单击"下一步"按钮，进入"信封样式"界面，单击"信封样式"下拉按钮，在打开的下拉列表中选择符合国家标准的信封型号，这里选择"国内信封-DL(220×110)"选项，界面中还提供了四个打印复选框，可以根据实际需要选中相应复选框，这里选中所有复选框，如图 7-7 所示。

微课：批量制作信封

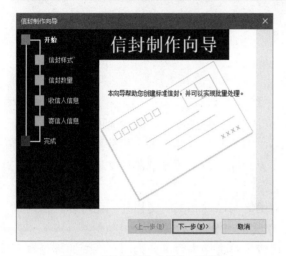

图7-6 "信封制作向导"对话框

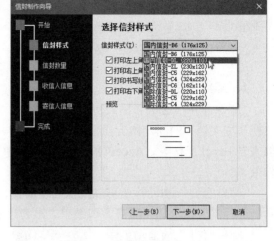

图7-7 选择信封样式

步骤3：单击"下一步"按钮，进入"信封数量"界面，选择生成信封的方式和数量，这里选中"基于地址簿文件，生成批量信封"单选按钮，如图7-8所示。

步骤4：单击"下一步"按钮，进入"收信人信息"界面，单击"选择地址簿"按钮，在打开的对话框中选择并打开素材库中的 Excel 文件（"学生成绩.xlsx"文件），打开文件后，在"匹配收信人信息"区域中设置收信人信息与地址簿中的对应信息，这里只选择了"姓名"、"地址"和"邮编"信息，如图7-9所示。

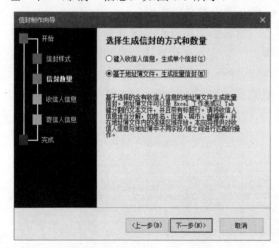

图7-8 选择生成信封的方式和数量

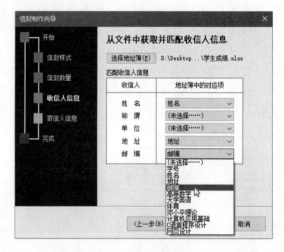

图7-9 匹配收信人信息

【说明】在打开地址簿文件时，默认情况为打开文本文件。如果地址簿文件为 Excel 文件，应在"打开"对话框的"文件类型"下拉列表中选择"Excel"选项。

步骤5：单击"下一步"按钮，进入"寄信人信息"界面，需要输入寄信人的姓名、单位、地址和邮编等信息。由于批量制作的信封上都需要有相同的寄信人信息，此时可填写真实的寄信人信息，如图7-10所示。

步骤6：单击"下一步"按钮，再单击"完成"按钮，完成信封制作向导，并生成一个新的文档，内容如图7-4所示。最后单击"保存"按钮保存生成的信封，命名为"批量信封.docx"。

项目7 批量制作信封和成绩单

图 7-10　输入寄信人信息

任务 2：批量制作成绩单

批量制作信封可以采用"信封制作向导"的方法，批量制作成绩单可以利用 Word 2019 中的"邮件合并"功能来实现。下面先制作空白的"学生成绩单"主文档，然后利用 Word 的"邮件合并"功能将"各科成绩"的数据合并到"学生成绩单"中，生成每人单独一张的成绩单。为了提高打印速度和节约打印纸张，删除邮件合并后文件中的"分节符"，可以实现在一页纸中打印多个学生的成绩单。

微课：批量制作成绩单

1. 制作"学生成绩单"主文档

步骤 1：在 Word 2019 窗口中，新建一空白文档，输入"学生成绩单"表格，并设置适当的格式，各门成绩先空着，最后在文档末尾添加 2~3 行空行（方便下面在一页纸张上能打印多张成绩单），如图 7-1 所示。

步骤 2：单击快速访问工具栏中的"保存"按钮，保存文件，命名为"学生成绩单主文档.docx"。

2. 利用"邮件合并"功能，批量制作成绩单

步骤 1：打开刚才建立的"学生成绩单主文档.docx"文件，在"邮件"选项卡中，单击"开始邮件合并"组中的"开始邮件合并"下拉按钮，在打开的下拉列表中选择"普通 Word 文档"选项，如图 7-11 所示。

步骤 2：单击"开始邮件合并"组中的"选择收件人"下拉按钮，在打开的下拉列表中选择"使用现有列表"选项，如图 7-12 所示。

步骤 3：在打开的"选取数据源"对话框中，选择素材库中的"学生成绩.xlsx"文件，如图 7-13 所示。

步骤 4：单击"打开"按钮，弹出"选择表格"对话框，选择其中的"学生成绩$"工作表，如图 7-14 所示，单击"确定"按钮。

155

图 7-11 "开始邮件合并"下拉列表

图 7-12 "选择收件人"下拉列表

图 7-13 "选取数据源"对话框

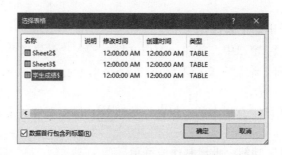
图 7-14 "选择表格"对话框

步骤 5：将光标定位在"学号"下面的空白单元格中，单击"编写和插入域"组中的"插入合并域"下拉按钮，在打开的下拉列表中选择"学号"选项，如图 7-15 所示，这时在"学号"下面的空白单元格中插入了"《学号》"合并域。

【说明】 "插入合并域"下拉列表中的各个选项就是"学生成绩$"工作表中的字段名。

步骤 6：使用相同的方法，在所有其他空白单元格中插入相应的合并域，结果如图 7-16 所示。

步骤 7：单击"完成"组中的"完成并合并"下拉按钮，在打开的下拉列表中选择"编辑单个文档"选项，如图 7-17 所示。

【说明】 在如图 7-17 所示的界面中，如果选择"打印文档"选项，可以直接批量打印学生成绩单；如果选择"发送电子邮件"选项，可以将批量生成的学生成绩单通过邮件发送给指定的收件人。

图 7-15 插入合并域　　　　图 7-16 插入全部合并域后的"学生成绩单"主文档

步骤 8：在打开的"合并到新文档"对话框中，选择"全部"单选按钮，如图 7-18 所示。

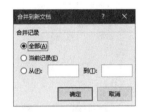

图 7-17 "完成并合并"下拉列表　　　　图 7-18 "合并到新文档"对话框

步骤 9：单击"确定"按钮，完成邮件合并，系统会自动处理并生成每位学生单独一张的成绩单，并在新文档中——列出，如图 7-19 所示。

图 7-19 邮件合并效果

3. 删除"分节符"并在一页中打印多份成绩单

在这个邮件合并后的新文档（信函 1.docx）中，一页只保存了一个学生的成绩单（有多页），这是因为每页的最后都包含了"分节符"（显示为双虚线）。为了提高打印速度和节约打印纸张，可设计在一张 A4 纸上打印 3～4 个学生的成绩单。

步骤 1：在"开始"选项卡中，单击"编辑"组中的"替换"按钮，打开"查找和替换"对话框，如图 7-20 所示。

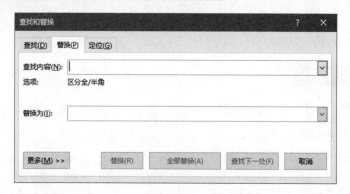

图 7-20 "查找和替换"对话框

步骤 2：在"替换"选项卡中，将光标定位在"查找内容"文本框中，然后单击对话框左下角的"更多"按钮，展开对话框内容，再单击对话框底部的"特殊格式"下拉按钮，在打开的下拉列表中选择"分节符"特殊格式，如图 7-21 所示，此时在"查找内容"文本框中填入了"^b"特殊格式符号。

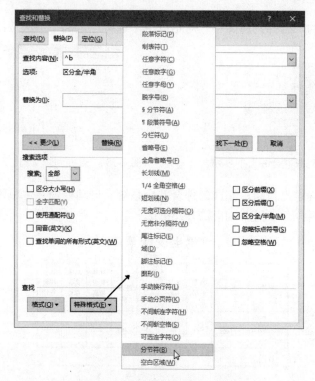

图 7-21 选择特殊格式"分节符"

步骤 3：在"替换为"文本框中不需填写任何内容，即把"分节符"替换为空白，相当于删除"分节符"，然后单击"全部替换"按钮，替换后的文档如图 7-5 所示，最后将它保存为"批量学生成绩单.docx"文件。

【说明】 删除文档中的所有"分节符"，目的是使所有的成绩单连贯起来，这样一页纸就可容纳 3 份左右的学生成绩单，中间以空行分隔开。

7.5 总结与提高

"邮件合并"功能将 Word 主文档和存储数据的文档或数据库链接在一起，成批地将数据填写到主文档的指定位置，从而极大地提高了文档的制作效率。"邮件合并"除了可以批量处理信封、信函等与邮件相关的文档外，还可以批量处理标签、请柬、工资条、成绩单、准考证和获奖证书等。

"邮件合并"的操作方法，归纳起来主要是以下 3 步。

（1）建立数据源，制作文档中变化的部分。一般使用 Word 及 Excel 的表格、Access 数据表等，可以事先创建好数据源，用到时直接打开它，如"学生成绩.xlsx"。

（2）建立主文档，制作文档中不变的部分，相当于制作模板，如空白的"学生成绩表"。

（3）插入合并域，以域的方式将数据源中相应内容插入主文档中。

如果插入的不是域的数据时，可以直接在主文档中输入。

7.6 习题

一、实践操作题

1．先在桌面上建立成绩信息文件"CJ.xlsx"，内容如表 7-1 所示。操作要求如下：

（1）使用"邮件合并"功能，建立成绩单范本文件"CJ_T.docx"，内容如图 7-22 所示。

（2）生成所有考生的成绩单文件"CJ.docx"。

表 7-1 考生成绩表

姓　名	语　文	数　学	英　语
张三	80	91	98
李四	78	69	79
王五	87	86	76
赵六	65	97	81

2．先在桌面上建立考生信息文件"Ks.xlsx"，内容如表 7-2 所示。操作要求如下：

（1）使用"邮件合并"功能，建立信息单范本文件"Ks_T.docx"，内容如图 7-23 所示。

（2）生成所有考生的信息单文件"Ks.docx"。

图 7-22 成绩单范本

表 7-2 考生信息表

准考证号	姓　名	性　别	年　龄
8011400001	张三	男	22
8011400002	李四	女	18

续表

准考证号	姓　　名	性　　别	年　　龄
8011400003	王五	男	21
8011400004	赵六	女	20
8011400005	吴七	女	21
8011400006	陈一	男	19

准考证号：«准考证号»

姓名	«姓名»
性别	«性别»
年龄	«年龄»

图 7-23　信息单范本

学习情境三

学习电子表格处理（Excel 2019）

- 项目 8　学生成绩分析与统计
- 项目 9　工资表数据分析
- 项目 10　水果超市销售数据分析

项目 8

学生成绩分析与统计

本项目以"学生成绩分析与统计"为例,介绍 Excel 2019 的基本操作、工作表的格式设置、公式和函数的使用、筛选和排序的使用、图表的使用等方面的相关知识。

8.1 项目提出

以前大家可能经常看到,老师夹着一本教材和一本学生花名册走进教室开始讲课。但进入信息时代后,教材被电子教案所替代;学生花名册也采用了全新的电子表格。电子表格究竟有什么用呢?

我们举个简单的例子来说明这个问题:每一位教师期末都需要计算学生的成绩并制作相应的成绩分布图。而学生的成绩通常由学生的考勤情况、作业情况、期中成绩和期末成绩所组成。在传统情况下,教师需要手工统计学生的到课情况,登记学生的作业及考试成绩,根据以上大量的数据进行计算和汇总,并最终计算出学生的总评成绩。而现在,教师只需要在电子表格中输入相关数据,很快便可完成各种计算和相应的统计了。

为了方便学生成绩的管理,张老师制作了四张工作表:学生考勤表(见图 8-1)、学生作业表(见图 8-2)、学生成绩表(见图 8-3)和期末成绩分析表(见图 8-4)。

学号	姓名	第1周	第2周	第3周	第4周	第5周	第6周	第7周	第8周	第9周	第10周	考勤分
2020302201	楼晶庆	√	×	√	√	△	√	√	△	√	√	
2020302202	林木森	√	√	√	×	√	√	√	√	√	√	
2020302203	吴一刚	√	√	×	√	√	×	√	√	√	√	
2020302204	胡小明	√	√	√	△	√	√	√	√	√	√	
2020302205	夏燕	√	√	√	√	√	√	√	△	√	√	
2020302206	李欢笑	√	√	√	√	√	√	√	√	√	√	
2020302207	来俊锋	√	√	√	√	√	△	√	√	√	√	
2020302208	蔡依晨	√	√	√	△	√	√	√	√	√	√	
2020302209	胡晓月	√	√	×	√	√	√	√	√	√	√	
2020302210	虞君	√	√	√	√	√	√	√	√	√	√	

图 8-1 学生考勤表

项目8 学生成绩分析与统计

学号	姓名	作业一	作业二	作业三	作业四	作业五	作业六	平均分
2020302201	楼晶庆	61	99	90	75	60	89	
2020302202	林木森	78	98	55	60	99	92	
2020302203	吴一刚	99	52	53	92	86	54	
2020302204	胡小明	62	91	83	78	92	57	
2020302205	夏燕	78	70	53	67	64	56	
2020302206	李欢笑	51	64	71	95	80	80	
2020302207	来俊锋	69	99	93	51	93	65	
2020302208	蔡依晨	69	59	70	87	57	77	
2020302209	胡晓月	80	99	76	94	57	99	
2020302210	虞君	70	89	68	66	87	84	

图 8-2 学生作业表

学号	姓名	考勤（10%）	作业（20%）	期中（20%）	期末（50%）	总评分	评级
2020302201	楼晶庆			63	75		
2020302202	林木森			85	50		
2020302203	吴一刚			52	93		
2020302204	胡小明			67	52		
2020302205	夏燕			52	60		
2020302206	李欢笑			69	58		
2020302207	来俊锋			65	54		
2020302208	蔡依晨			52	65		
2020302209	胡晓月			68	79		
2020302210	虞君			85	64		

分数段	人数
90～100	
80～89	
70～79	
60～69	
0～59	

图 8-3 学生成绩表　　　　　　　　　　图 8-4 期末成绩分析表

由于教学管理的需要，需要进行以下五项工作：
（1）利用公式和函数，计算学生的"考勤分"、作业"平均分"和"总评分"。
（2）根据"总评分"计算相应的"评级"，并统计"期末成绩"各分数段的学生人数。
（3）为了使表格更加美观、易读，需要对工作表进行各种格式设置。
（4）筛选出"期末成绩"不及格的同学，并降序排列。
（5）用图表显示"期末成绩"各分数段的学生人数。

传统的统计方法烦琐且容易出错，使用了 Excel 2019 之后，很多问题便可迎刃而解。以下是张老师的解决方法。

8.2 项目分析

"考勤表"用于记录学生的到课情况，按照传统的方法，用"√""△"或"×"分别表示学生到课、迟到、旷课三种情况。每一个"√"得 10 分，每一个"△"得 5 分，"×"不得分，可利用 COUNTIF 函数计算"√""△"的个数，再分别乘以 10 和 5 后相加得到"考勤分"。在"作业表"中，可利用 AVERAGE 函数计算 6 次作业成绩的"平均分"。在"成绩表"中，需要复制前两张表中的计算结果，并根据公式"总评分=考勤分×10%+作业平均分×20%+期中成绩×20%+期末成绩×50%"计算"总评分"。

根据"总评分"，计算相应的"评级"，如果总评分>=90，评级为"优秀"；90>总评分>=80，评级为"良好"；80>总评分>=70，评级为"中等"；70>总评分>=60，评级为"及格"；总评分<60，评级为"不及格"。在"分析表"中，根据"成绩表"中的"期末成绩"，利用 COUNTIF 函数统计"期末成绩"各分数段的学生人数。

计算完毕，为了使表格更加美观、易读，可以对工作表中的字体、框线等进行设置。再设置条件格式，让"期末成绩"不及格的分数用红色显示。

打开自动筛选后，再设置筛选条件为"期末成绩<60"，可筛选出"期末成绩"不及格的同学，再对"期末成绩"进行降序排列。

最后，可根据统计结果，在"分析表"中，用图表的方式显示统计结果。由于统计的是"期末成绩"各分数段的学生人数，所以用柱形图显示相对比较直观。

由以上分析可知，实现"学生成绩分析与统计"可以分解为以下五大任务：利用公式和函数计算学生的"考勤分"、作业"平均分"和"总评分"；根据"总评分"计算相应的"评级"，并统计"期末成绩"各分数段的学生人数；设置表格格式；筛选"期末成绩"不及格的同学，并降序排列；用图表显示"期末成绩"各分数段的学生人数。

其操作流程图如图 8-5 所示。

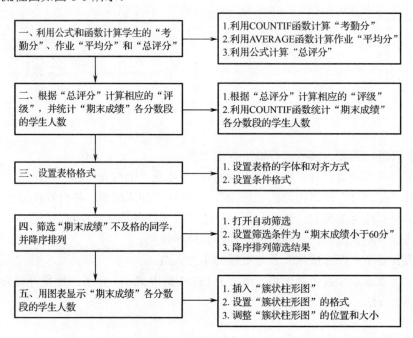

图 8-5 "学生成绩分析与统计"操作流程图

8.3 相关知识点

1. 工作簿

在 Excel 2019 中，工作簿（又称 Excel 文件）是处理和存储数据的文件，其扩展名为".xlsx"。

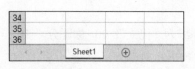

图 8-6 工作表标签

2. 工作表

Excel 2019 中的工作表用于存储和处理数据，由行和列组成。每张工作表都有自己的名字。每个工作簿在新建的时候，默认包含一张标签名为 Sheet1 的工作表，如图 8-6 所示。

工作表的行号由 1、2、3、…表示，列号由 A、B、C、…表示。

3. 单元格

单元格是工作表中的一个小方格，是表格的最小单位，单元格名称（也称单元格地址）由列号和行号组成，如 A1 单元格。活动单元格是指当前正在操作的单元格，由一个加粗的边框标识。任何时候只能有一个活动单元格，只有在活动单元格中才可以输入数据。活动单元格右下角的小黑点，称为填充柄，拖动填充柄可把单元格内容自动填充或复制到相邻单元格中。

单元格区域是由若干个相邻的单元格组成的矩形块，引用单元格区域可用它的左上角单元格地址和右下角单元格地址表示，中间用冒号分隔，如"B2:F5"。

4. 单元格的引用

单元格的引用是指用工作表中的坐标位置来标识单元格，即用单元格所在列号和行号表示其位置，如 C5，表示 C 列第 5 行。

在工作表中，对单元格的引用有三种方法：

（1）相对引用

相对引用，如 A1，这是最常见的引用方式，定义为：在复制公式时，公式中的引用地址会跟着发生变化。如 D1 单元格中有公式"=A1+B1"，当将公式复制到 D2 单元格时，公式变为"=A2+B2"。

（2）绝对引用

绝对引用，如$A$1，即在列号和行号前各加一个"$"符号，定义为：在复制公式时，公式中的引用地址（$A$1）不会跟着发生变化。如 D1 单元格中有公式"=$A$1+$B$1"，当将公式复制到 D2 单元格时，公式仍为"=$A$1+$B$1"。

（3）混合引用

混合引用，如$A1，即在列号或行号前加一个"$"符号，定义为：在复制公式时，公式中引用地址的部分内容（列号或行号）会跟着发生变化。如 D1 单元格中有公式"=$A1+B$1"，当将公式复制到 D2 单元格时，公式变为"=$A2+B$1"。

注意：加上了绝对地址符"$"的列号和行号为绝对地址，在公式向旁边复制时不会发生变化，没有加上绝对地址符"$"的列号和行号为相对地址，在公式向旁边复制时会跟着发生变化。混合引用时部分地址发生变化。

在输入单元格地址后，可以按 F4 键在"绝对引用""混合引用"和"相对引用"状态之间切换。

5. 公式

公式以"="开始，其后才是公式的内容。公式的输入、编辑等操作都可以在编辑栏中完成。在单元格中显示的并不是公式本身，而是公式计算的结果。公式中通常包含函数。

6. 函数

Excel 2019 中提供了大量的函数，利用函数可实现各种复杂的计算和统计。

Excel 2019 提供的函数共有 13 类，400 多个函数，涵盖了财务、日期与时间、数学与三角函数、统计、查找与引用、数据库、文本、逻辑、信息、工程、多维数据集、兼容性、Web 等各种不同领域的数据处理任务。其中有一类特别的函数称为"兼容性函数"，这些函数实际上已经由新函数替换，但为了与以前的版本兼容，依然在 Excel 2019 中提供这些函数。

函数的语法为：函数名（参数 1，参数 2，… ）

单击编辑栏左侧的"插入函数"按钮 f_x，可方便地插入各种函数。

（1）AVERAGE 函数

主要功能：求出所有参数的算术平均值。

使用格式：AVERAGE（number1,number2,…）

参数说明：number1,number2,…，需要求平均值的数值或引用单元格（区域），参数个数不能超过 255 个。

应用举例：在 B8 单元格中输入公式："=AVERAGE(B7:D7,F7:H7,7,8)"，即可求出 B7 至 D7 区域、F7 至 H7 区域中的数值和 7、8 的平均值。

（2）COUNTIF 函数

主要功能：统计某个单元格区域中符合指定条件的单元格数目。

使用格式：COUNTIF（range,criteria）

参数说明：range 代表要统计的单元格区域；criteria 表示指定的条件表达式。

应用举例：在 C17 单元格中输入公式："=COUNTIF(B1:B13,">=80")"，即可统计出 B1 至 B13 单元格区域中，数值大于或等于 80 的单元格数目。

（3）IF 函数

主要功能：根据对指定条件的逻辑判断的真假结果，返回相对应的内容。

使用格式：IF（logical_test,value_if_true,value_if_false）

参数说明：logical_test 代表逻辑判断表达式；value_if_true 表示当判断条件为逻辑"真（TRUE）"时的显示内容，如果忽略返回"TRUE"；value_if_false 表示当判断条件为逻辑"假（FALSE）"时的显示内容，如果忽略返回"FALSE"。

应用举例：在 C29 单元格中输入公式："=IF(C26>=18,"符合要求","不符合要求")"，如果 C26 单元格中的数值大于或等于 18，则 C29 单元格显示"符合要求"字样，反之显示"不符合要求"字样。

（4）IFS 函数

主要功能：检查是否满足一个或多个条件，且返回符合第一个 TRUE 条件的值。IFS 可以取代多个嵌套 IF 语句，并且有多个条件时更方便阅读。

使用格式：IFS（logical_test1,value_if_true1,logical_test2,value_if_true2,…）

参数说明：logical_test1 代表第 1 个逻辑判断表达式；value_if_true1 表示当第 1 个判断条件为逻辑"真（TRUE）"时的显示内容。logical_test2 代表第 2 个逻辑判断表达式；value_if_true2 表示当第 2 个判断条件为逻辑"真（TRUE）"时的显示内容。以此类推。

应用举例：如图 8-7 所示。

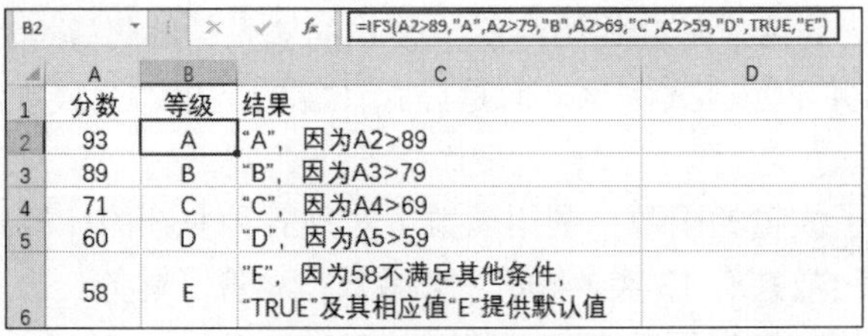

图 8-7 IFS 函数用例

7. 筛选

数据筛选是使数据清单中只显示满足条件的数据记录，而将不满足条件的数据记录从视图中隐藏起来。可以按颜色筛选或按文本筛选。

8. 排序

排序方式有升序和降序两种，升序是指数据按照从小到大的顺序排列，降序是指数据按照从大到小的顺序排列，空格总是排在最后。

排序并不是针对某一列进行的，而是以某一列的数据大小为顺序，对所有的记录进行排序，即无论是升序还是降序排列，每一条记录的内容都不容改变，改变的只是它在数据清单中显示的位置。

9. 图表

在 Excel 2019 中，图表是指将工作表中的数据用图形表示出来。使用图表会使得用 Excel 编制的工作表更易于理解和交流，使数据更加有趣、吸引人、易于阅读和评价，也可以帮助我们分析和比较数据。

Excel 2019 提供了 17 类图表类型，分别是柱形图、折线图、饼图、条形图、面积图、XY 散点图、地图、股价图、曲面图、雷达图、树状图、旭日图、直方图、箱形图、瀑布图、漏斗图和组合图。

当基于工作表选定区域建立图表时，Excel 2019 使用来自工作表的值，并将其当作数据点在图表上显示。数据点可用条形、线条、柱形、切片、点及其他形状表示。这些形状称作数据标示。

建立了图表后，可以通过增加图表项，如数据标记、图例、标题、文字、趋势线、误差线及网格线来美化图表及强调某些信息。大多数图表项可被移动或调整大小。也可以用图案、颜色、对齐、字体及其他格式属性来设置这些图表项的格式。当工作表中的数据发生变化时，相应的图表也会跟着改变。

10. 常用数据类型及输入技巧

在 Excel 2019 中有多种数据类型，常用的数据类型主要有文本型、数值型、日期型等。

文本型数据可以包括中文、字母、数字、空格和符号等，其对齐方式默认为左对齐。要输入由纯数字组成的文本（如电话号码），必须在其前加单引号，或者先输入一个等号（=），再在文本前后加上双引号，如="010"。

数值型数据包括 0~9、( )、+、-等，其对齐方式默认为右对齐。当输入绝对值很大或很小的数时，自动改为科学计数法表示（如 2.34E+12）。小数位数超过设定值时，自动"四舍五入"，但计算时一律以输入数而不是显示数进行，故不必担心误差。输入分数时，要先输入 0 和空格，如要输入分数 1/4，正确的输入方法是"0 1/4"，否则 Excel 会将分数当成日期。

日期型数据的格式为"年-月-日"或"年/月/日"，当年的年份可省略不输入，但"月"和"日"必须输入，如输入 5/4，一般在单元格中显示为"5 月 4 日"，其对齐方式默认为右对齐。

快速输入的方法有很多，如利用填充柄自动填充、自定义序列、按 Ctrl+Enter 键可在选定区域中自动填充相同数据等。

8.4 项目实施

任务 1：利用公式和函数计算学生的"考勤分"、作业"平均分"和"总评分"

1. 利用 COUNTIF 函数计算"考勤分"

在"考勤表"中，用"√""△"或"×"分别表示学生到课、迟到、旷课三种情况。每一个"√"得 10 分，每一个"△"得 5 分，"×"不得分，可利用 COUNTIF 函数计算"√""△"的个数，再分别乘以 10 和 5 后相加得到"考勤分"。

微课：计算"考勤分"、作业"平均分"和"总评分"

步骤 1：打开素材库中的素材文件"学生成绩（素材）.xlsx"，选择"考勤表"工作表标签，使该工作表成为当前工作表。在 M3 单元格中输入公式"=COUNTIF(C3:L3,$L$3)＊10+COUNTIF(C3:L3,$G$3)＊5",按 Enter 键确认。

【公式详解】 COUNTIF 函数的作用是计算某个区域中满足给定条件的单元格数目,包含 2 个参数,如图 8-8 所示。第一个参数 Range 指明了要计算其中非空单元格数目的区域,在本例中为"C3:L3",即第一个学生的考勤记录区。第二个参数 Criteria 为统计条件,可以是以数字、表达式或者文本形式定义的条件,在本例中条件为"√"或"△",由于"√"或"△"不能在公式中直接输入,所以在公式中采用了绝对地址引用。公式"COUNTIF(C3:L3,$L$3)＊10"将每次"到课"计算为 10 分,公式"COUNTIF(C3:L3,$G$3)＊5"将每次"迟到"计算为 5 分。

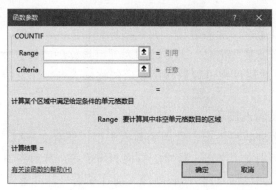

图 8-8　COUNTIF 函数界面

步骤 2:将光标移至 M3 单元格右下角小黑点处(填充柄),当鼠标箭头变成实心十字的时候,按下鼠标左键并拖动至 M32 单元格,结果如图 8-9 所示。

	A	B	C	D	E	F	G	H	I	J	K	L	M
1	学生考勤表												
2	学号	姓名	第1周	第2周	第3周	第4周	第5周	第6周	第7周	第8周	第9周	第10周	考勤分
3	2020302201	楼晶庆	√	×	√	√	△	√	√	△	√	√	80
4	2020302202	林木森	√	√	√	×	√	√	√	√	√	√	90
5	2020302203	吴一刚	√	√	×	√	√	×	√	√	√	√	80
6	2020302204	胡小明	√	√	√	√	△	√	√	√	√	√	95
7	2020302205	夏燕	√	√	√	√	√	√	√	△	√	√	95
8	2020302206	李欢笑	√	√	√	√	√	√	√	√	√	√	100
9	2020302207	来俊锋	√	√	√	√	△	√	√	√	√	√	95
10	2020302208	蔡依晨	√	√	√	△	√	√	√	√	√	√	95
11	2020302209	胡晓月	√	√	×	√	√	√	√	√	√	√	90
12	2020302210	虞君	√	√	√	√	√	√	√	√	√	√	100
13	2020302211	严必谦	√	√	√	√	√	√	×	√	√	√	85
14	2020302212	朱明虹	√	√	√	√	√	√	√	√	√	√	100
15	2020302213	潘汉林	√	√	√	√	√	△	√	√	√	√	95
16	2020302214	顾一飞	√	√	√	√	√	√	√	√	√	√	100
17	2020302215	金东华	√	√	√	√	△	√	√	√	√	√	95
18	2020302216	屠晓洁	√	√	√	×	√	√	√	√	√	√	90
19	2020302217	陈碧连	√	√	√	√	√	√	√	√	√	√	100
20	2020302218	吴雨	√	√	√	√	√	×	△	√	√	√	85
21	2020302219	叶翰威	√	×	√	√	√	√	√	√	√	√	90
22	2020302220	李成哲	√	√	√	√	√	√	√	√	√	√	100
23	2020302221	邢超	√	√	√	√	√	△	√	√	√	√	95
24	2020302222	周江明	√	√	√	√	×	√	√	√	√	√	90
25	2020302223	宋梦	√	√	√	√	√	√	√	√	√	√	95
26	2020302224	应明谕	√	√	√	√	√	√	√	√	√	√	100
27	2020302225	施雯铭	√	√	√	√	√	√	√	√	△	√	95
28	2020302226	舒雨婷	√	√	√	√	√	√	√	√	√	√	100
29	2020302227	顾方舟	√	√	√	×	√	√	△	√	√	√	85
30	2020302228	林大卫	√	√	√	√	√	△	√	√	√	√	95
31	2020302229	蔡岛	√	√	√	√	√	√	√	√	√	√	100
32	2020302230	胡恩慧	√	√	√	√	√	√	√	√	√	√	100

图 8-9　计算"考勤分"

【说明】 双击单元格的填充柄,也可完成单元格的填充操作。

2. 利用 AVERAGE 函数计算作业"平均分"

在"作业表"中，可利用 AVERAGE 函数计算 6 次作业成绩的"平均分"。

步骤 1：选择"作业表"工作表标签，使该工作表成为当前工作表。选中 I3 单元格后，单击"编辑"组中的"自动求和"下拉按钮Σ，在打开的下拉列表中选择"平均值"选项，如图 8-10 所示，此时工作表的界面如图 8-11 所示，在 I3 单元格中自动填入了"=AVERAGE(C3:H3)"，确认函数的参数正确无误后，按 Enter 键，从而计算出作业"平均分"。

图 8-10 "插入函数"对话框　　　　图 8-11 计算作业"平均分"（1）

步骤 2：拖动 I3 单元格的填充柄至 I32 单元格，计算其他同学的作业"平均分"，结果如图 8-12 所示。

图 8-12 计算作业"平均分"（2）

从图 8-12 所示的界面中可见，作业"平均分"保留了多位小数，小数位数显然太多了，下面设置单元格格式，保留 0 位小数（小数位后第一位四舍五入）。

步骤 3：选择 I3:I32 单元格区域后，右击鼠标，在弹出的快捷菜单中选择"设置单元格格式"命令，打开"设置单元格格式"对话框，在"数字"选项卡中，在"分类"列表框中选择"数值"选项，调整小数位数为"0"，如图 8-13 所示，单击"确定"按钮。

3. 利用公式计算"总评分"

在"考勤表"和"作业表"中已计算出"考勤分"和作业"平均分"，下面把"考勤分"和作业"平均分"选择性粘贴到"成绩表"的相应单元格区域中，然后利用公式"总评分=考勤分＊10%+作业平均分＊20%+期中成绩＊20%+期末成绩＊50%"计算"总评分"。

用微课学计算机应用基础（Windows 10+Office 2019）

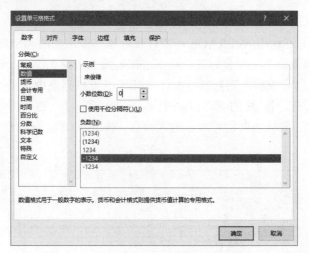

图 8-13 "设置单元格格式"对话框

图 8-14 选择性粘贴"值"

步骤 1：选择"考勤表"中的 M3:M32 单元格区域后，右击鼠标，在弹出的快捷菜单中选择"复制"命令，再选择"成绩表"中的 C3 单元格，右击鼠标，在弹出的快捷菜单中选择"粘贴选项"中的"值"命令，如图 8-14 所示，即可粘贴"考勤表"中的"考勤分"数值，而不是粘贴"考勤分"的计算公式。

【注意】 如果在快捷菜单中选择"粘贴选项"中的"粘贴"命令，将粘贴考勤分的计算公式，并显示"#REF！"错误，这是因为公式中的单元格地址是在"考勤表"中，而不是在"成绩表"中。

步骤 2：使用相同的方法，复制并选择性粘贴（值）"作业表"中的"平均分"至"成绩表"中的 D3:D32 单元格区域。

步骤 3：在"成绩表"的 G3 单元格中输入公式"=C3＊10%+D3＊20%+E3＊20%+F3＊50%"，然后按 Enter 键，并拖动 G3 单元格的填充柄至 G32 单元格，再设置 G3:G32 单元格区域的小数位数为 1。

任务 2：根据"总评分"计算相应的"评级"，并统计"期末成绩"各分数段的学生人数

微课：计算"评级"，并统计"期末成绩"各分数段的学生人数

1. 根据"总评分"计算相应的"评级"

下面根据"总评分"，计算相应的"评级"并填入"评级"列中，如果总评分>=90 分，评级为"优秀"；90 分>总评分>=80 分，评级为"良好"；80 分>总评分>=70 分，评级为"中等"；70 分>总评分>=60 分，评级为"及格"；总评分<60 分，评级为"不及格"。

步骤 1：在 H3 单元格中输入公式"=IF(G3>=90,"优秀",IF(G3>=80,"良好",IF(G3>=70,"中等",IF(G3>=60,"及格",IF(G3<60,"不及格"))))"，按 Enter 键确认。

也可使用公式"=IFS(G3>=90,"优秀",G3>=80,"良好",G3>=70,"中等",G3>=60,"及格",TRUE,"不及格")"。

步骤2：拖动H3单元格的填充柄至H32单元格，最终结果如图8-15所示。

学号	姓名	考勤(10%)	作业(20%)	期中(20%)	期末(50%)	总评分	评级
2020302201	樊晶庆	80	79	63	75	73.9	中等
2020302202	林木森	90	80	85	50	67.1	及格
2020302203	吴一刚	80	73	52	93	79.4	中等
2020302204	胡小明	95	77	67	52	64.3	及格
2020302205	夏燕	95	65	52	60	62.8	及格
2020302206	李欢笑	100	74	69	58	67.5	及格
2020302207	来俊锋	95	78	65	54	65.2	及格
2020302208	蔡依晨	95	70	52	65	66.4	及格
2020302209	胡晓月	90	84	68	79	78.9	中等
2020302210	虞君	100	77	85	64	74.5	中等
2020302211	严必谦	85	72	89	60	70.6	中等
2020302212	朱明虹	100	68	69	67	71.0	中等
2020302213	潘双林	95	67	53	73	70.0	中等
2020302214	顾一飞	100	69	76	74	74.6	中等
2020302215	金东华	95	74	55	85	77.7	中等
2020302216	屠晓洁	90	72	69	84	79.1	中等
2020302217	陈翳连	100	78	85	75	80.0	良好
2020302218	吴雨	85	77	85	77	79.5	中等
2020302219	叶翰威	90	78	65	82	78.5	中等
2020302220	李成哲	100	80	56	84	79.2	中等
2020302221	邢超	95	77	63	88	81.4	良好
2020302222	周江明	90	78	77	89	84.4	良好
2020302223	宋梦	95	74	60	82	77.3	中等
2020302224	应明谕	100	88	91	62	76.8	中等
2020302225	施雯铭	95	74	53	76	72.8	中等
2020302226	舒雨婷	95	69	72	95	85.2	良好
2020302227	顾方舟	85	69	76	72	73.5	中等
2020302228	林大卫	95	77	76	88	84.1	良好
2020302229	蔡岛	100	79	75	78	79.7	中等
2020302230	胡恩慧	100	87	69	98	90.1	优秀

图8-15 "成绩表"计算结果

2. 利用COUNTIF函数统计"期末成绩"各分数段的学生人数

当统计"期末成绩"在80～90分的人数时，这里有两个统计条件要同时满足，一个是">=80分"，另一个是"<90"，可以先用COUNTIF函数计算出"期末成绩>=80分"的人数，再减去用COUNTIF函数计算出的"期末成绩>=90分"的人数即可。计算其他分数段的人数时，可用类似的方法处理。

步骤1：在"分析表"的B3单元格中输入公式"=COUNTIF(成绩表!$F$3:$F$32,">=90")"，统计期末成绩90分以上的学生人数。

步骤2：在B4单元格中输入公式"=COUNTIF(成绩表!$F$3:$F$32,">=80")-B3"，统计期末成绩大于等于80分且小于90分的学生人数。

步骤3：在B5单元格中输入公式"=COUNTIF(成绩表!$F$3:$F$32,">=70")-B3-B4"，统计期末成绩大于等于70分且小于80分的学生人数。

步骤4：在B6单元格中输入公式"=COUNTIF(成绩表!$F$3:$F$32,">=60")-B3-B4-B5"，统计期末成绩大于等于60分且小于70分的学生人数。

步骤5：在B7单元格中输入公式"=COUNTIF(成绩表!$F$3:$F$32,"<60")"，统计期末成绩不及格的学生人数。

"期末成绩"各分数段的学生人数的统计结果如图8-16所示。

期末成绩分析表	
分数段	人数
90～100	3
80～89	8
70～79	9
60～69	6
0～59	4

图8-16 期末成绩分析统计

任务3：设置表格格式

为了使表格更加美观、易读，可以对工作表进行各种格式设置。

微课：设置表格格式

1. 设置表格的字体和对齐方式

步骤1：在"考勤表"中，选中A1:M1单元格区域，在"开始"选项卡中，单击"对齐方式"组中的"合并后居中"按钮，将标题"学生考勤表"居中，并设置标题字号为24。

步骤2：选中A2:M32单元格区域，设置字号为10，并单击"单元格"组中的"格式"下拉按钮，在打开的下拉列表中选择"自动调整列宽"选项。设置A2:M32单元格区域的"对齐方式"为"水平居中"。

下面为表格添加边框。

步骤3：选中A2:M32单元格区域，单击"字体"组中的"下框线"下拉按钮，在打开的下拉列表中选择"所有框线"选项，这时可以看到整个表格都被添加了细边框。再选择下拉列表中的"粗匣框线"选项，这时可以看到选中区域的外部被添加了粗边框。

步骤4：选中A2:M2单元格区域，在刚才的"框线"下拉列表中选择"双底框线"选项，这时表格首行被添加了双底框线，最后效果如图8-17所示。

图8-17 设置格式后的"考勤表"

步骤5：参照上面的步骤1～步骤4，对"作业表""成绩表"和"分析表"设置同样的格式。设置"分析表"中A、B两列的宽度为16。

2. 设置条件格式

设置"期末成绩"不及格的分数显示为红色。

步骤1：在"成绩表"中，选中F3:F32单元格区域，在"开始"选项卡中的"样式"组中，单击"条件格式"下拉按钮，在打开的下拉列表中选择"突出显示单元格规则"→"小于"选项，如图8-18所示。

步骤2：在打开的"小于"对话框中，在左边的文本框中输入60，在右边的下拉列表中选择"红色文本"选项，如图 8-19 所示，单击"确定"按钮，此时所有"期末成绩"不及格的分数显示为红色。

图 8-18 选择"小于"选项

图 8-19 "小于"对话框

任务 4：筛选"期末成绩"不及格的同学，并降序排列

接下来，对数据进行筛选和排序，筛选"期末成绩"小于 60 分的同学，并按"期末成绩"进行降序排列。

步骤 1：在"成绩表"中，选中 A2:H2 单元格区域，在"开始"选项卡中，单击"编辑"组中的"排序和筛选"下拉按钮，在打开的下拉列表中选择"筛选"选项，此时可以看到列标题右侧多了一个下拉箭头，如图 8-20 所示。

微课：筛选"期末成绩"不及格的同学，并降序排列

图 8-20 自动筛选

步骤 2：单击"期末（50%）"单元格右侧的下拉箭头，在打开的下拉列表中选择"数字筛选"→"小于"选项，打开"自定义自动筛选方式"对话框，选择"小于"选项，并在右侧的文本框中输入 60，如图 8-21 所示，再单击"确定"按钮，就可以看到筛选的结果了。

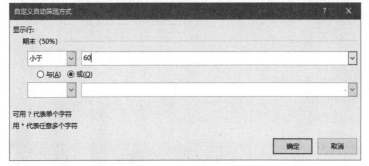

图 8-21 "自定义自动筛选方式"对话框

步骤 3：选择某个期末成绩所在的单元格（如 F4 单元格），单击"编辑"组中的"排序和

筛选"下拉按钮，在打开的下拉列表中选择"降序"选项，可以看到，已筛选的期末成绩按降序排列了，如图8-22所示。

	A	B	C	D	E	F	G	H
1				学生成绩表				
2	学号	姓名	考勤（10%）	作业（20%）	期中（20%）	期末（50%）	总评分	评级
4	2020302206	李欢笑	100	74	69	58	67.5	及格
6	2020302207	来俊锋	95	78	65	54	65.2	及格
8	2020302204	胡小明	95	77	67	52	64.3	及格
9	2020302202	林木森	90	80	85	50	67.1	及格

图 8-22　已筛选的期末成绩按降序排列

使用同样的方法，也可对其他数据进行升序或降序排列。

任务5：用图表显示"期末成绩"各分数段的学生人数

微课：用图表显示"期末成绩"各分数段的学生人数

统计的结果往往是数字式的，但是纯粹的数字却并不直观。张老师选择了用图表这种方式，以便更具体形象地显示"期末成绩"各分数段的学生人数。

步骤1：在"分析表"中，选中A2:B7单元格区域，在"插入"选项卡中，单击"图表"组中的"柱形图"下拉按钮，在打开的下拉列表中选择"二维柱形图"区域中的"簇状柱形图"选项，如图8-23所示，此时在"分析表"中插入了一"簇状柱形图"，可对该"簇状柱形图"进一步设置样式、布局等。

步骤2：选中"簇状柱形图"，在"设计"选项卡中，在"图表样式"组中选择"样式1"选项，更改图表的颜色；在"图表布局"组中的"快速布局"下拉列表中选择"布局9"选项，更改图表的布局；修改图表中的水平坐标轴标题为"分数段"，修改图表中的垂直坐标轴标题为"人数"，修改图表中的图表标题为"期末成绩统计"。

步骤3：在"设计"选项卡中，单击"图表布局"组中的"添加图表元素"下拉按钮，在打开的下拉列表中选择"图例"→"无"选项，关闭图例；在"添加图表元素"下拉列表中选择"数据标签"→"数据标签外"选项，显示数据标签，并放置在数据点结尾。

步骤4：调整图表的位置和大小，使之位于A9:E24单元格区域中，如图8-24所示。

图 8-23　选择"簇状柱形图"选项

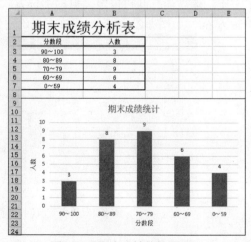

图 8-24　期末成绩统计图表

步骤 5：选中"簇状柱形图"，在"设计"选项卡中，单击"位置"组中的"移动图表"按钮，打开"移动图表"对话框，选中"新工作表"单选按钮，如图 8-25 所示，单击"确定"按钮，图表将放置在新建的 Chart1 工作表中。

图 8-25 "移动图表"对话框

8.5 总结与提高

本项目主要介绍了 Excel 2019 的基本操作、工作表的格式设置、公式和函数的使用、筛选和排序的使用、图表的使用等。

在 Excel 2019 中有很多快速输入数据的技巧，如自动填充、自定义序列等，熟练掌握这些技巧可以提高输入速度。在输入数据时，要注意数据的类型，对于学号、邮编、电话号码等数据应该设置为文本型，即在前面加单引号。

工作表的格式设置，主要包括对工作表中数据的格式化、字体格式、行高和列宽、数据的对齐方式、表格的边框和底纹等进行设置。

在使用公式和函数时，要注意以下几点。

（1）公式是对单元格中数据进行计算的等式，输入公式前应先输入"="。

（2）函数的引用形式为：函数名（参数 1，参数 2，…），参数之间用逗号隔开。如果是单独使用函数，要在函数名称前输入"="构成公式。如果单击编辑栏左侧的"插入函数"按钮 f_x 来插入函数，会自动在函数名称前面加上"="。

（3）复制公式时，公式中使用的单元格引用需要随着所在位置的不同而变化时，应该使用单元格的"相对引用"；不随所在位置变化的使用单元格的"绝对引用"。

使用 COUNTIF 函数时要注意，在复制公式时，如果参数"Range"的引用区域固定不变，应使用"绝对引用"；如果参数"Criteria"不是单元格引用，而是表达式或字符串，应使用西文双引号括起来。

使用 IF 函数时要判断给出的条件是否满足，如果满足，返回逻辑值为真时的值；如果不满足，返回逻辑值为假的值。如果判断条件超过两个时，采用 IF 函数的嵌套，就是将一个 IF 函数返回值作为另一个 IF 函数的参数。IFS 可以取代多个嵌套 IF 语句，并且有多个条件时更方便阅读。

图表比数据更易于表达数据之间的关系及数据变化趋势。表现不同的数据关系时，要选择合适的图表类型，特别注意正确选择数据源。创建的图表既可以插入到工作表中，生成嵌入表，也可以移动到一张单独的工作表中。

8.6 习题

一、选择题

1. Excel 电子表格应用软件，具有数据_____的功能。
   A. 增加　　　　　　B. 删除　　　　　　C. 处理　　　　　　D. 以上都对
2. 在 Excel 环境中用来存储并处理工作表数据的文件称为_____。
   A. 单元格　　　　　B. 工作区　　　　　C. 工作簿　　　　　D. 工作表
3. Excel 的工作簿窗口最多可包含_____张工作表。
   A. 3　　　　　　　　B. 16　　　　　　　C. 255　　　　　　　D. 超过 255
4. 在 Excel 中，当公式中出现被零除的现象时，产生的错误值是_____。
   A. ＃N/A!　　　　　B. ＃DIV/0!　　　　C. ＃NUM!　　　　　D. ＃VALUE!
5. 在 Excel 的单元格中输入日期时，年、月、日分隔符可以是_____。
   A. "/" 或 "-"　　　B. "." 或 "|"　　　C. "/" 或 "\"　　　D. "\" 或 "-"
6. 在 Excel 2019 中，运算符 & 表示_____。
   A. 逻辑值的与运算　　　　　　　　　　B. 子字符串的比较运算
   C. 数值型数据的无符号相加　　　　　　D. 字符型数据的连接
7. 在 Excel 中，当用户希望标题位于表格中间时，可以使用_____。
   A. 居中　　　　　　B. 合并及居中　　　C. 分散对齐　　　　D. 填充
8. 在 Excel 中，如果在工作表中某个位置插入了一个单元格，则_____。
   A. 原有单元格必定右移
   B. 原有单元格必定下移
   C. 原有单元格被删除
   D. 原有单元格根据选择或者右移，或者下移
9. 在 Excel 中，在单元格输入负数时，两种可使用的表示负数的方法是_____。
   A. 在负数前加一个减号或用圆括号　　　B. 斜杠（/）或反斜杠（\）
   C. 斜杠（/）或连接符（-）　　　　　　D. 反斜杠（\）或连接符（-）
10. 在 Excel 中进行公式复制时，_____发生变化。
    A. 相对地址中的地址的偏移量　　　　　B. 相对地址中所引用的单元格
    C. 相对地址中的地址表达式　　　　　　D. 绝对地址中所引用的单元格
11. 在 Excel 中，_____函数是计算工作表一串数据的总和。
    A. SUM（A1,…,A10）　　　　　　　　　B. AVG（A1,…,A10）
    C. MIN（A1,…,A10）　　　　　　　　　D. COUNT（A1,…,A10）
12. 在 Excel 中，产生图表的数据发生变化后，图表_____。
    A. 会发生相应的变化　　　　　　　　　B. 会发生变化，但与数据无关
    C. 不会发生变化　　　　　　　　　　　D. 必须进行编辑后才会发生变化

二、实践操作题

1. 打开素材库中的"工资表.xlsx"文件，按下面的操作要求进行操作，并把操作结果存盘。

(1) 将工作表 Sheet1 复制到 Sheet2 中，并将 Sheet1 更名为"工资表"。

(2) 在 Sheet2 的"叶业"所在行后增加一行："邹萍萍，2 600，700，750，150"。

(3) 在 Sheet2 的第 F 列第 1 个单元格中输入"应发工资"，F 列其余单元格存放对应行"岗位工资""薪级工资""业绩津贴"和"基础津贴"之和。

(4) 将 Sheet2 中"姓名"和"应发工资"两列复制到 Sheet3 中，并将 Sheet3 设置自动套用格式为"浅灰色，表样式中等深浅 22"格式。

(5) 在 Sheet2 中利用公式统计应发工资>=4 500 元的人数，并把数据放入 H2 单元格。

(6) 在 Sheet3 工作表后添加工作表 Sheet4，将 Sheet2 的 A 到 F 列复制到 Sheet4。对 Sheet4 中的应发工资列设置条件格式，凡是低于 4 000 元的，一律显示为红色。

2．打开素材库中的"成绩表.xlsx"文件，按下面的操作要求进行操作，并把操作结果存盘。

(1) 在 Sheet1 表后插入工作表 Sheet2 和 Sheet3，并将 Sheet1 复制到 Sheet2 中。

(2) 在 Sheet2 中，将学号为"131973"的学生的"微机接口"成绩改为 75 分，并在 G 列右边增加 1 列"平均成绩"，求出相应的平均值，保留且显示两位小数。

(3) 将 Sheet2 中的"微机接口"成绩低于 60 分的学生复制到 Sheet3 表中（连标题行）。

(4) 对 Sheet3 中的内容按"平均成绩"降序排列。

(5) 在 Sheet2 中利用公式统计"电子技术"60～69 分（含 60 和 69）的人数，将数据放入 J2 单元格。

(6) 在 Sheet3 工作表后添加工作表 Sheet4，将 Sheet2 的 A 到 H 列复制到 Sheet4 中。

(7) 对 Sheet4 工作表，在 I1 中输入"名次"（不包括引号），下面的各单元格利用公式按平均成绩，从高到低填入对应的名次（说明：当平均成绩相同时，名次相同，取最佳名次）。

3．打开素材库中的"档案表.xlsx"文件，按下面的操作要求进行操作，并把操作结果存盘。

(1) 将 Sheet1 复制到 Sheet2 和 Sheet3 中，并将 Sheet1 更名为"档案表"。

(2) 将 Sheet2 第 3 行至第 7 行、第 10 行及 B、C 和 D 三列删除。

(3) 将 Sheet3 中的"工资"每人增加 10%。

(4) 将 Sheet3 中"工资"列数据保留两位小数，并降序排列。

(5) 在 Sheet3 表中利用公式统计已婚职工人数，并把数据放入 G2 单元格。

(6) 在 Sheet3 工作表后添加工作表 Sheet4，将"档案表"的 A 到 E 列复制到 Sheet4 中。

(7) 对 Sheet4 数据进行筛选操作，要求只显示"已婚"的，而且工资在 3 500～4 000 元之间（含 3 500 元和 4 000 元）的信息行。

4．打开素材库中的"期中考试成绩表.xlsx"文件，按下面的操作要求进行操作，并把操作结果存盘。

(1) 删除 Sheet1 表"平均分"所在行。

(2) 求出 Sheet1 表中每位同学的总分并填入"总分"列相应单元格中。

(3) 将 Sheet1 表中 A3:B105 和 I3:I105 区域内容复制到 Sheet2 表的 A1:C103 区域。

(4) 将 Sheet2 表中的内容按"总分"列数据降序排列。

(5) 在 Sheet1 表中的"总分"列后增加一列"等级"，要求利用公式计算每位学生的等级。

要求：如果"高等数学"和"大学语文"的平均分大于等于 85 分，显示"优秀"，否则显示为空。

【说明】 显示为空也是根据公式得到的，如果修改了对应的成绩使其平均分大于等于85，则该单元格中的内容能自动变为"优秀"。

（6）在Sheet2工作表后添加工作表Sheet3，将Sheet1复制到Sheet3中。

（7）对Sheet3中各科成绩设置条件格式，凡是不及格（小于60分）的，一律显示为红色、加粗；凡是大于等于90分的，一律使用浅绿色背景色。

项目 9 工资表数据分析

本项目以"工资表数据分析"为例,介绍 Excel 2019 中 VLOOKUP 函数、COUNTIF 函数、SUMIF 函数、RANK.EQ 函数的使用,以及排序、分类汇总、高级筛选、数据透视表的使用等方面的相关知识。

9.1 项目提出

作为一名企业的财务人员,经常需要记录员工的生产信息、计算员工的工资,并向企业的领导提供准确、直观的数据信息,供企业的领导参考。进入信息社会后,传统的账本已经远远不能满足以上的需求。厚重、难以长期保存、数据显示不直观等缺点严重阻碍着企业领导人的决策,人们急需一种崭新的解决方案。

举个简单的例子:在某企业(如浙江玩具厂)中,财务人员需要记录每位员工每月生产的某种玩具的数量;需要根据生产的玩具数量和玩具的单价计算该员工的计件工资;需要根据员工的计件工资、基本工资、应扣项目等计算应发工资和实发工资;需要根据计件工资表统计出该月各类产品的生产数量及汇总情况和各生产车间该月的生产情况;还要根据以上数据制作相应的图表。

为了完成以上工作,财务处的张会计制作了三张工作表:员工计件工资表(见图 9-1)、员工工资总表(见图 9-2)和各车间数据统计表(见图 9-3)。

由于财务管理的需要,需要进行以下六项工作。

(1) 计算员工的计件工资。
(2) 计算员工的应发工资和实发工资。
(3) 筛选出实发工资位于 1 000~1 500 元之间的员工信息,以便安排补助等。
(4) 对各产品的生产量进行分类汇总。
(5) 使用数据透视表,统计各车间各产品的生产量。
(6) 统计各车间的员工人数、总产值、人均产值及其排名等数据。

图 9-1 员工计件工资表

	A	B	C	D	E	F	G	H	I	J
1	浙江玩具厂员工计件工资表								产品单价表	
2				2020年7月						
3	员工姓名	所属车间	产品名称	产品单价(元)	数量	产值	计件工资		产品名称	单价(元)
4	黄龙	二车间	七巧板		2909				地球仪	30
5	缪天鹏	三车间	地球仪		839				七巧板	5
6	林浪眉	三车间	水枪		1351				水枪	15
7	汤桥丹	一车间	玩具手机		1453				玩具车	13
8	赵威	二车间	玩具手机		1332				玩具手机	18
9	洪慧娜	三车间	玩具车		1420					
10	邵隽霞	二车间	七巧板		1905					
11	姜微	一车间	玩具车		1457					
12	胡咸威	三车间	地球仪		842					
13	李冬	一车间	地球仪		1100					
14	钟丽丽	三车间	水枪		1326					
15	龚维维	三车间	水枪		1487					
16	周从明	一车间	玩具手机		1321					
17	林建柱	三车间	玩具手机		1475					
18	徐敏岳	一车间	玩具车		1623					
19	周益淼	二车间	玩具车		1439					
20	吴全坦	一车间	七巧板		1938					
21	薛北北	二车间	地球仪		1225					
22	林姿娟	一车间	玩具车		1254					
23	林伟	三车间	玩具车		1465					

图 9-1　员工计件工资表

图 9-2 员工工资总表

	A	B	C	D	E	F	G	H	I
1	浙江玩具厂员工工资总表								
2				2020年7月					
3	员工姓名	所属车间	计件工资	基本工资	水电费	房租	公积金	应发工资	实发工资
4	黄龙	二车间		400.00	20.00	350.00	200.00		
5	缪天鹏	三车间		600.00	20.00	250.00	300.00		
6	林浪眉	三车间		400.00	20.00	300.00	200.00		
7	汤桥丹	一车间		400.00	20.00	250.00	200.00		
8	赵威	二车间		600.00	20.00	300.00	200.00		
9	洪慧娜	三车间		400.00	20.00	250.00	200.00		
10	邵隽霞	二车间		400.00	20.00	200.00	200.00		
11	姜微	一车间		400.00	20.00	350.00	200.00		
12	胡咸威	三车间		400.00	20.00	350.00	200.00		
13	李冬	一车间		400.00	20.00	200.00	200.00		
14	钟丽丽	三车间		400.00	20.00	350.00	200.00		
15	龚维维	三车间		600.00	20.00	300.00	300.00		
16	周从明	一车间		400.00	20.00	250.00	200.00		
17	林建柱	三车间		400.00	20.00	300.00	200.00		
18	徐敏岳	一车间		400.00	20.00	250.00	200.00		
19	周益淼	二车间		400.00	20.00	350.00	200.00		
20	吴全坦	一车间		600.00	20.00	200.00	300.00		
21	薛北北	二车间		400.00	20.00	300.00	200.00		
22	林姿娟	一车间		600.00	20.00	200.00	300.00		
23	林伟	三车间		400.00	20.00	350.00	200.00		

图 9-2　员工工资总表

图 9-3 各车间数据统计表

	A	B	C	D	E
1	各车间数据统计				
2			2020年7月		
3	车间	员工人数	总产值	人均产值	排名
4	一车间				
5	二车间				
6	三车间				

图 9-3　各车间数据统计表

传统的统计方法烦琐且容易出错，使用了 Excel 2019 之后，很多问题便可迎刃而解。以下是张会计的解决方法。

9.2 项目分析

在"产品单价表"中，已经有各产品的"单价"，可以利用 VLOOKUP 函数在"产品单价表"中查找某产品的"单价"，再填入员工计件工资表相应的"产品单价"列中。利用公式可以计算"产值"和"计件工资"，"计件工资"为"产值"的 10%。

$$产值 = 产品单价 * 数量$$
$$计件工资 = 产值 \times 10\%$$

在"员工工资总表"中，先引用"员工计件工资表"中的"计件工资"，然后利用公式计算"应发工资"和"实发工资"。

$$应发工资 = 计件工资 + 基本工资$$
$$实发工资 = 应发工资 - 水电费 - 房租 - 公积金$$

有了工资数据,可以利用"高级筛选"功能,将工资较低(如"实发工资"位于1 000~1 500元)的员工筛选出来,以便安排补助等。高级筛选前,要先设置筛选条件。

可以利用"分类汇总"功能,统计本月每一种玩具的生产数量。分类汇总前一定要先对"产品名称"进行排序。使用数据透视表,可以统计各车间各产品的生产量。

利用 COUNTIF 函数可以统计各车间的员工人数;利用 SUMIF 函数可以统计各车间的总产值;利用公式可以计算各车间的人均产值,计算公式为:人均产值=总产值/员工人数;利用 RANK.EQ 函数可以计算各车间人均产值的排名。

由以上分析可知,实现"工资表数据分析"(实现六项工作)可以分解为以下六大任务:利用公式和函数计算"计件工资";利用公式计算"应发工资"和"实发工资";筛选出"实发工资"位于1 000~1 500 元的员工信息;按"产品名称"分类汇总;使用数据透视表统计各车间各产品的生产量;统计各车间的员工人数、总产值、人均产值及其排名。

其操作流程图如图 9-4 所示。

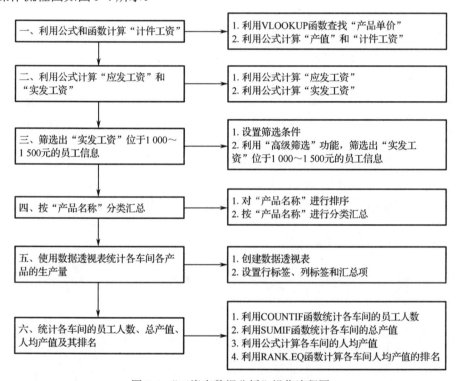

图 9-4 "工资表数据分析"操作流程图

9.3 相关知识点

1. 分类汇总

分类汇总是指对工作表中的某一项数据先按照某一标准进行分类,然后在分完类的基础上对各类相关数据分别进行求和、求平均值、求个数、求最大值、求最小值等。分类是通过排序来实现的,即将同类记录组织在一起。因此,在进行分类汇总的操作之前,要先对分类字段进行排序。

2. 高级筛选

相对于自动筛选，高级筛选可以根据复杂条件进行筛选，而且还可以把筛选的结果复制到指定的地方，更方便进行对比。

在高级筛选的指定条件中，如果遇到要满足多个条件中的任何一个时，需要把所有条件写在同一列中；如果遇到要同时满足多个条件时，需要把所有条件写在相同的行中。

在高级筛选中，还可以筛选出不重复的数据。

3. 数据透视表

数据透视表是一种可以快速汇总大量数据的交互式工作表，用于对现有工作表从多种角度进行汇总和分析，可快速合并和比较大量数据。创建数据透视表后，可以按不同的需要、依不同的关系来提取和组织数据。

数据透视表能帮助用户分析、组织数据，利用它可以很快地从不同角度对数据进行分类汇总。

4. VLOOKUP 函数

主要功能：在表格或单元格区域的第一列中查找指定的数值，然后返回该区域中该数值所在行中指定列处的数值。默认情况下，表是以升序排序的。

使用格式：VLOOKUP（lookup_value,table_array,col_index_num,[range_lookup]）

参数说明：lookup_value 代表在表格或区域的第一列中需要查找的数值；table_array 代表需要在其中查找数据的单元格区域；col_index_num 为在 table_array 区域中待返回的匹配值的列的序号（当 col_index_num 为 2 时，返回 table_array 中第 2 列中的数值，为 3 时，返回第 3 列的值……）；range_lookup 为一逻辑值，如果为 TRUE 或被省略，则返回精确匹配值或近似匹配值，也就是说，如果找不到精确匹配值，则返回小于 lookup_value 的最大数值；如果为 FALSE，只查找精确匹配值，且不需要对表格或区域第一列中的值进行排序，如果找不到，则返回错误值#N/A。

该函数的应用举例如图 9-5 所示。

	A	B	C
1	密度	粘度	温度
2	0.457	3.55	500
3	0.525	3.25	400
4	0.616	2.93	300
5	0.675	2.75	250
6	0.746	2.57	200
7	0.835	2.38	150
8	0.946	2.17	100
9	1.09	1.95	50
10	1.29	1.71	0
11	公式	说明（结果）	
12	=VLOOKUP(1,A2:C10,2)	在 A 列中查找 1，并从相同行的 B 列中返回值（2.17）	
13	=VLOOKUP(1,A2:C10,3,TRUE)	在 A 列中查找 1，并从相同行的 C 列中返回值（100）	
14	=VLOOKUP(0.7,A2:C10,3,FALSE)	在 A 列中查找 0.7。因为 A 列中没有精确地匹配，所以返回了一个错误值（#N/A）	
15	=VLOOKUP(0.1,A2:C10,2,TRUE)	在 A 列中查找 0.1。因为 0.1 小于 A 列的最小值，所以返回了一个错误值（#N/A）	
16	=VLOOKUP(2,A2:C10,2,TRUE)	在 A 列中查找 2，并从相同行的 B 列中返回值（1.71）	

图 9-5　VLOOKUP 函数用法示例

5. SUMIF 函数

主要功能：对满足条件的单元格求和。

使用格式：SUMIF（range,criteria,sum_range）

参数说明：range 代表条件判断的单元格区域；criteria 为指定条件表达式；sum_range 代

表需求和的实际单元格区域。

该函数的应用举例如图 9-6 所示。

6. RANK.EQ 函数

主要功能：返回某数字在一列数字中相对于其他数值的大小排名；如果多个数值排名相同，则返回该组数值的最高排名。

使用格式：RANK.EQ（number,ref,[order]）

参数说明：number 代表需要找到排名的数字；ref 为数字列表数组或对数字列表的引用；order 为一数字，指明数字排名的方式。如果 order 为 0 或省略，表示降序排列；如果 order 不为 0，表示升序排列。

该函数的应用举例如图 9-7 所示。

图 9-6 SUMIF 函数用法示例

图 9-7 RANK.EQ 函数用法示例

9.4 项目实施

任务 1：利用公式和函数计算"计件工资"

先利用 VLOOKUP 函数在"产品单价表"中查找"产品单价"，再利用公式计算"产值"和"计件工资"。

1. 利用 VLOOKUP 函数查找"产品单价"

步骤 1：打开素材文件"工资表（素材）.xlsx"文件，选择"员工计件工资表"工作表，内容如图 9-8 所示。

微课：计算"计件工资"

图 9-8 "员工计件工资表"

下面根据图 9-8 所示界面中右侧的"产品单价表",把相应产品的"单价"填入 D4:D23 单元格区域中。

步骤 2:选中 D4 单元格,单击编辑栏左侧的"插入函数"按钮 f_x,在打开的"插入函数"对话框中,在"或选择类别"下拉列表中选择"查找与引用"选项,在"选择函数"列表框中选择"VLOOKUP"函数,如图 9-9 所示。

步骤 3:单击"确定"按钮,打开"函数参数"对话框,如图 9-10 所示,在"Lookup_value"文本框中输入 C4,在"Table_array"文本框中输入 $I$4:$J$8,在"Col_index_num"文本框中输入 2,在"Range_lookup"文本框中输入 FALSE。

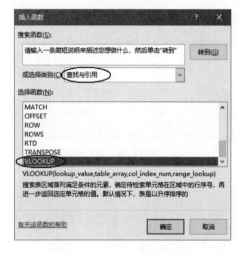

图 9-9 "插入函数"对话框　　　　　　图 9-10 "函数参数"对话框

步骤 4:单击"确定"按钮,此时 D4 单元格中显示 5,编辑栏中显示"=VLOOKUP(C4,$I$4:$J$8,2,FALSE)"。

步骤 5:拖动 D4 单元格的填充柄至 D23 单元格,从而填入其他产品单价。

2. 利用公式计算"产值"和"计件工资"

"产值"和"计件工资"的计算公式如下。

产值=产品单价×数量

计件工资=产值×10%

步骤 1:在 F4 单元格中输入公式"=D4 * E4",计算第一个员工的产值,拖动 F4 单元格的填充柄至 F23 单元格,计算所有员工的产值。

步骤 2:在 G4 单元格中输入公式"=F4 * 10%",计算第一个员工的计件工资,拖动 G4 单元格的填充柄至 G23 单元格,计算所有员工的计件工资。

下面设置"计件工资"并保留2位小数。

步骤 3:选中 G4:G23 单元格区域,右击,在弹出的快捷菜单中选择"设置单元格格式"命令,打开"设置单元格格式"对话框。在"数字"选项卡中,在"分类"列表框中选择"数值"选项,设置"小数位数"为 2,如图 9-11 所示,单击"确定"按钮,最终计算结果如图 9-12 所示。

图 9-11　“设置单元格格式”对话框

浙江玩具厂员工计件工资表

2020年7月

员工姓名	所属车间	产品名称	产品单价(元)	数量	产值	计件工资
黄龙	二车间	七巧板	5	2909	14545	1454.50
缪天鹏	三车间	地球仪	30	839	25170	2517.00
林淑眉	三车间	水枪	15	1351	20265	2026.50
汤娇丹	一车间	玩具手机	18	1453	26154	2615.40
赵成	二车间	玩具手机	18	1332	23976	2397.60
洪慧婷	三车间	玩具车	13	1420	18460	1846.00
邵隽霞	二车间	七巧板	5	1905	9525	952.50
姜微	一车间	玩具车	13	1457	18941	1894.10
胡诚诚	三车间	地球仪	30	842	25260	2526.00
李冬	一车间	地球仪	30	1100	33000	3300.00
钟丽丽	三车间	水枪	15	1326	19890	1989.00
龚维维	三车间	水枪	15	1487	22305	2230.50
周从明	一车间	玩具手机	18	1321	23778	2377.80
林建柱	三车间	玩具手机	18	1475	26550	2655.00
徐敏岳	一车间	玩具车	13	1623	21099	2109.90
周益森	二车间	玩具车	13	1439	18707	1870.70
吴全坦	一车间	七巧板	5	1938	9690	969.00
薛北北	二车间	地球仪	30	1225	36750	3675.00
林姿娟	一车间	玩具车	13	1254	16302	1630.20
林伟	三车间	玩具车	13	1465	19045	1904.50

产品单价表

产品名称	单价(元)
地球仪	30
七巧板	5
水枪	15
玩具车	13
玩具手机	18

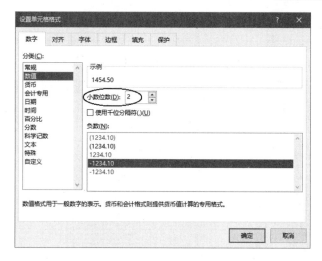

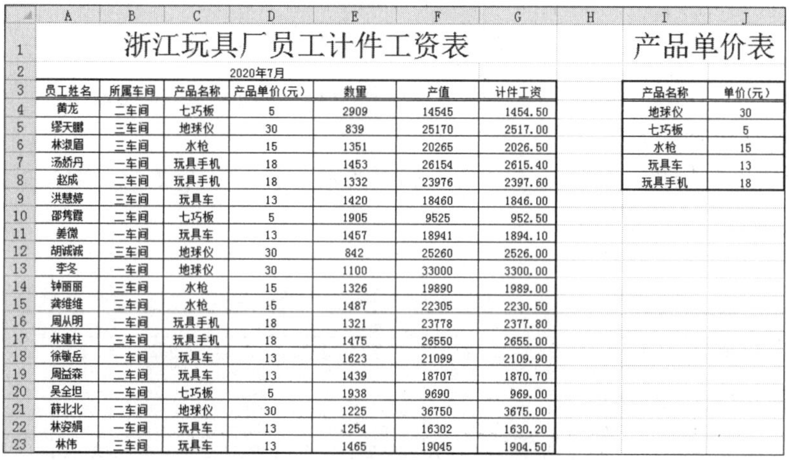

图 9-12　计算后的“员工计件工资表”

任务 2：利用公式计算“应发工资”和“实发工资”

在“员工工资总表”中，先引用“员工计件工资表”中的“计件工资”，然后利用公式计算“应发工资”和“实发工资”。

应发工资=计件工资+基本工资

实发工资=应发工资-水电费-房租-公积金

微课：计算“应发工资”和“实发工资”

步骤 1：选择“员工工资总表”工作表，内容如图 9-13 所示。

步骤 2：选择 C4 单元格，在编辑栏中输入“=”，单击“员工计件工资表”标签，并单击“员工计件工资表”中的 G4 单元格，按 Enter 键，这时可以看到第一个员工的“计件工资”被引用过来了。拖动 C4 单元格的填充柄至 C23 单元格，计算（引用）所有员工的“计件工资”。

步骤 3：在 H4 单元格中输入公式“=C4+D4”，拖动 H4 单元格的填充柄至 H23 单元格，

计算所有员工的"应发工资"。

图 9-13 员工工资总表

步骤 4：在 I4 单元格中输入公式"=H4-E4-F4-G4"，拖动 I4 单元格的填充柄至 I23 单元格，计算所有员工的"实发工资"。

步骤 5：设置"计件工资""应发工资"和"实发工资"保留 2 位小数，最终计算结果如图 9-14 所示。

图 9-14　计算后的员工工资总表

任务 3：筛选出"实发工资"位于 1 000～1 500 元的员工信息

可以利用"高级筛选"功能，筛选出"实发工资"位于 1 000～1 500 元的员工信息，以便安排补助等。高级筛选前，要先设置筛选条件。

1. 设置筛选条件

步骤 1：单击窗口底部的"插入工作表"按钮，插入新工作表"Sheet1"，将其重命名为"员工工资情况统计"，复制"员工工资总表"中的所有单元格至"员工工资情况统计"中的相同位置，并修改标题为"浙江玩具厂员工工资统计"。

微课：筛选出"实发工资"位于 1 000～1 500 元的员工信息

步骤 2：在 A25 和 B25 单元格中输入"实发工资"，在 A26 单元格中输入">=1 000"，在 B26 单元格中输入"<1 500"，在 A28 单元格中输入"需补助员工"。

2. 高级筛选

利用"高级筛选"功能，筛选出"实发工资"位于 1 000～1 500 元的员工信息。

步骤 1：选中 A3:I23 单元格区域，在"数据"选项卡中，单击"排序和筛选"组中的"高级"按钮。

步骤 2：在打开的"高级筛选"对话框中，选中"将筛选结果复制到其他位置"单选按钮，设置"条件区域"为"$A$25:$B$26"，并设置"复制到"为"$A$29:$I$36"，如图 9-15 所示，单击"确定"按钮，此时可以看到需要的筛选结果（"实发工资"位于 1 000～1 500 元的员工信息），如图 9-16 所示。

图 9-15 "高级筛选"对话框

25	实发工资	实发工资						
26	>=1000	<1500						
27								
28	需补助员工							
29	员工姓名	所属车间	计件工资	基本工资	水电费	房租	公积金	应发工资	实发工资
30	黄龙	二车间	1454.50	400.00	20.00	350.00	200.00	1854.50	1284.50
31	吴全坦	一车间	969.00	600.00	20.00	200.00	300.00	1569.00	1049.00

图 9-16 "实发工资"位于 1000～1500 元的员工信息

任务 4：按"产品名称"分类汇总

可以利用"分类汇总"功能，统计本月每一种玩具的生产数量。分类汇总前一定要先对"产品名称"进行排序。

1. 对"产品名称"进行排序

步骤 1：单击窗口底部的"插入工作表"按钮，插入一新工作表"Sheet2"，将其重命名为"各类产品分类汇总"。复制"员工计件工资表"中的 A1:J23 单元格区域至"各类产品分类汇总"工作表中的相同位置，并修改标题为"浙江玩具厂产品分类汇总"。

微课：按"产品名称"分类汇总

步骤 2：选中 A3:G23 单元格区域，在"开始"选项卡中，单击"编辑"组中的"排序和筛选"下拉按钮，在下拉列表中选择"自定义排序"选项，如图 9-17 所示。

步骤 3：在打开的"排序"对话框中，选择主要关键字为"产品名称"，次序为"升序"，并选中右上角的"数据包含标题"复选框，如图 9-18 所示，单击"确定"按钮，此时，"计件工资表"已按"产品名称"进行了升序排列。

2. 按"产品名称"进行分类汇总

步骤1：选中A3:G23单元格区域，在"数据"选项卡中，单击"分级显示"组中的"分类汇总"按钮。

图9-17 "排序和筛选"下拉列表　　　　图9-18 "排序"对话框

步骤2：在打开的"分类汇总"对话框中，设置"分类字段"为"产品名称"，"汇总方式"为"求和"，"选定汇总项"为"数量"，如图9-19所示，单击"确定"按钮。此时，各类产品的生产数量已经进行汇总求和了，如图9-20所示。

		A	B	C	D	E	F	G
	1	浙江玩具厂产品分类汇总						
	2				2020年7月			
	3	员工姓名	所属车间	产品名称	产品单价(元)	数量	产值	计件工资
	4	缪天鹏	三车间	地球仪	30	839	25170	2517.00
	5	胡诚诚	三车间	地球仪	30	842	25260	2526.00
	6	李冬	一车间	地球仪	30	1100	33000	3300.00
	7	薛북北	二车间	地球仪	30	1225	36750	3675.00
	8			地球仪 汇总		4006		
	9	黄龙	二车间	七巧板	5	2909	14545	1454.50
	10	邵隽霞	二车间	七巧板	5	1905	9525	952.50
	11	吴全坦	一车间	七巧板	5	1938	9690	969.00
	12			七巧板 汇总		6752		
	13	林淑昌	三车间	水枪	15	1351	20265	2026.50
	14	钟丽丽	三车间	水枪	15	1326	19890	1989.00
	15	龚维维	三车间	水枪	15	1487	22305	2230.50
	16			水枪 汇总		4164		
	17	洪慧婷	三车间	玩具车	13	1420	18460	1846.00
	18	姜微	一车间	玩具车	13	1457	18941	1894.10
	19	徐敏岳	二车间	玩具车	13	1623	21099	2109.90
	20	周益淼	三车间	玩具车	13	1439	18707	1870.70
	21	林姿娟	二车间	玩具车	13	1254	16302	1630.20
	22	林伟	三车间	玩具车	13	1465	19045	1904.50
	23			玩具车 汇总		8658		
	24	汤娇丹	一车间	玩具手机	18	1453	26154	2615.40
	25	赵威	二车间	玩具手机	18	1332	23976	2397.60
	26	周从明	二车间	玩具手机	18	1321	23778	2377.80
	27	林建柱	二车间	玩具手机	18	1475	26550	2655.00
	28			玩具手机 汇总		5581		
	29			总计		29161		

图9-19 "分类汇总"对话框　　　　图9-20 按"产品名称"分类汇总

任务5：使用数据透视表统计各车间各产品的生产量

微课：使用数据透视表统计各车间各产品的生产量

使用数据透视表，可以统计各车间各产品的生产量。

步骤1：在"员工计件工资表"中，选中A3:G23单元格区域，在"插入"选项卡中，单击"表格"组中的"数据透视表"按钮，在打开的"创建数据透视表"对话框中，"表/区域"文本框中已自动填入选中的单元格区域，选中"新工作表"单选按钮，如图9-21所示。

步骤2：单击"确定"按钮，打开"数据透视表字段"任务窗格，把"所属车间"字段拖至"行"区域，将"产品名称"字段拖至"列"区域，将"数量"字段拖至"值"区域（默认汇总方式为"求和"），如图 9-22 所示。

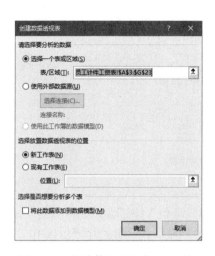

图 9-21 "创建数据透视表"对话框

图 9-22 "数据透视表字段"任务窗格

步骤 3：此时，在新工作表中显示了"数据透视表"，更改新建的"数据透视表"中的"行标签"文字为"所属车间"，更改"列标签"文字为"产品名称"，结果如图 9-23 所示，将"数据透视表"所在的工作表名称（Sheet3）重命名为"产品数据透视表"。

图 9-23 数据透视表

任务 6：统计各车间的员工人数、总产值、人均产值及其排名

最后，对各车间的员工人数、总产值、人均产值及其排名等数据进行统计。

1. 利用 COUNTIF 函数统计各车间的员工人数

步骤 1：在"各车间数据统计"工作表中，选中 B4 单元格，单击编辑栏左侧的"插入函数"按钮 f_x，在打开的"插入函数"对话框中，选择"统计"类别，拖动垂直滚动条，找到并选中"COUNTIF"函数，单击"确定"按钮。

微课：统计各车间的员工人数、总产值、人均产值及其排名

步骤 2：在打开的"函数参数"对话框中，设置"Range"参数为"员工计件工资表"中的$B$4:$B$23 单元格区域，并设置"Criteria"参数为 A4，这时，可以看到计算结果为 7，如

图 9-24 所示，单击"确定"按钮，在 B3 单元格中就得到了一车间的员工人数（7）。

步骤 3：拖动 B4 单元格的填充柄到 B6 单元格，从而在 B5、B6 单元格中统计出二车间、三车间的员工人数。

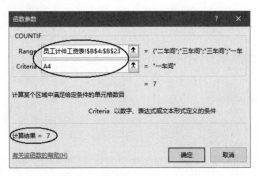

图 9-24 "函数参数"对话框

2. 利用 SUMIF 函数统计各车间的总产值

步骤 1：选中 C4 单元格，单击编辑栏左侧的"插入函数"按钮 f_x，在打开的"插入函数"对话框中，选择"数学与三角函数"类别，拖动垂直滚动条，找到并选中"SUMIF"函数，单击"确定"按钮。

步骤 2：在打开的"函数参数"对话框中，设置"Range"参数为"员工计件工资表"中的$B$4:$B$23 单元格区域，设置"Criteria"参数为 A4，设置"Sum_range"参数为"员工计件工资表"中的$F$4:$F$23 单元格区域，这时，可以看到计算结果为 148 964，如图 9-25 所示，单击"确定"按钮。

步骤 3：拖动 C4 单元格的填充柄到 C6 单元格，从而在 C5、C6 单元格中统计出二车间、三车间的总产值。

图 9-25 "函数参数"对话框

3. 利用公式计算各车间的人均产值

"人均产值"的计算公式：人均产值=总产值/员工人数。

步骤 1：在 D4 单元格中输入公式"=C4/B4"，计算一车间的人均产值（21 280.57）。

步骤 2：拖动 D4 单元格的填充柄至 D6 单元格，计算其他车间的人均产值。

4. 利用 RANK.EQ 函数计算各车间人均产值的排名

步骤 1：计算各车间人均产值排名。选中 E4 单元格，单击编辑栏左侧的"插入函数"按

钮 *fx*，在打开的"插入函数"对话框中，选择"统计"类别，拖动垂直滚动条，找到并选中"RANK.EQ"函数，单击"确定"按钮。

步骤 2：在打开的"函数参数"对话框中，设置"Number"参数为 D4，"Ref"参数为"\$D\$4:\$D\$6"单元格区域，"Order"参数为 0，这时，可以看到计算结果为 2，如图 9-26 所示，单击"确定"按钮，在 E3 单元格中就得到了一车间人均产值的排名（2）。

【说明】 Order 参数指定排名的方式，如果为 0 或忽略，表示降序；如果为非零值，表示升序。

步骤 3：拖动 E4 单元格的填充柄至 E6 单元格，计算出二车间、三车间人均产值的排名，结果如图 9-27 所示。

图 9-26 "函数参数"对话框　　　　　图 9-27 各车间数据统计结果

9.5 总结与提高

本项目主要介绍了 Excel 2019 中 VLOOKUP 函数、COUNTIF 函数、SUMIF 函数、RANK.EQ 函数的使用，以及排序、分类汇总、高级筛选、数据透视表的使用等。

在使用 VLOOKUP 函数时，要注意把要查找的内容定义在数据区域的第一列。在使用 VLOOKUP、COUNTIF、SUMIF、RANK.EQ 等函数时，其中用到的数据区域一般要用绝对引用。

分类汇总是一种条件求和，很多统计类问题都可以使用"分类汇总"来完成。在进行分类汇总之前，必须先对要分类的字段进行排序。

高级筛选可以根据复杂条件进行筛选，而且还可以把筛选的结果复制到指定的地方。在高级筛选的指定条件中，如果遇到要满足多个条件中的任何一个时，需要把所有条件写在同一列中；如果遇到要同时满足多个条件时，需要把所有条件写在相同的行中。

数据透视表是一个功能强大的数据分析工具，在创建数据透视表时，要正确选择行标签、列标签和汇总项的内容。

9.6 习题

一、选择题

1. Excel 文档包括_____。

A．工作表　　　　B．工作簿　　　　C．编辑区域　　　　D．以上都是

2．以下哪种方式可在Excel中输入文本类型的数字"0001"_____。

A．"0001"　　　B．'0001　　　C．\0001　　　D．\\0001

3．Excel一维水平数组中元素用_____分开。

A．;　　　　B．\　　　　C．,　　　　D．\\

4．Excel一维垂直数组中元素用_____分开。

A．\　　　　B．\\　　　　C．,　　　　D．;

5．以下Excel运算符中优先级最高的是_____。

A．:　　　　B．,　　　　C．*　　　　D．+

6．在Excel中，使用填充柄对包含数字的区域复制时应按住_____键。

A．Alt　　　B．Ctrl　　　C．Shift　　　D．Tab

7．在记录单的右上角显示"3/30"，其意义是_____。

A．当前记录单仅允许30个用户访问

B．当前记录是第30号记录

C．当前记录是第3号记录

D．您是访问当前记录单的第3个用户

8．关于Excel表格，下面说法不正确的是_____。

A．表格的第一行为列标题（称字段名）

B．表格中不能有空列

C．表格与其他数据间至少留有空行或空列

D．为了清晰，表格总是把第一行作为列标题，而把第二行空出来

9．关于Excel区域定义不正确的论述是_____。

A．区域可由单一单元格组成

B．区域可由同一列连续多个单元格组成

C．区域可由不连续的单元格组成

D．区域可由同一行连续多个单元格组成

10．VLOOKUP函数从一个数组或表格的_____中查找含有特定值的字段，再返回同一列中某一指定单元格中的值。

A．第一行　　　B．最末行　　　C．最左列　　　D．最右列

11．在一工作表中筛选出某项的正确操作方法是_____。

A．鼠标单击数据表外的任一单元格，执行"数据→筛选"菜单命令，鼠标单击想查找列的向下箭头，从下拉菜单中选择筛选项

B．鼠标单击数据表中的任一单元格，执行"数据→筛选"菜单命令，鼠标单击想查找列的向下箭头，从下拉菜单中选择筛选项

C．执行"查找与选择→查找"菜单命令，在"查找"对话框的"查找内容"框中输入要查找的项，单击[关闭]按钮

D．执行"查找与选择→查找"菜单命令，在"查找"对话框的"查找内容"框中输入要查找的项，单击[查找下一个]按钮

12．在一个表格中，为了查看满足部分条件的数据内容，最有效的方法是_____。

A．选中相应的单元格　　　　　　B．采用数据透视表工具

C．采用数据筛选工具　　　　　　D．通过宏来实现

二、实践操作题

打开素材库中的"公务员考试成绩表.xlsx"文件，按下面的操作要求进行操作，并把操作结果存盘。

【注意】 在做题时，不得将数据表进行随意更改。

操作要求：

（1）在 Sheet5 的 A1 单元格中输入分数 1/3。

（2）在 Sheet1 中，使用条件格式将性别列中为"女"的单元格中的字体颜色设置为红色、加粗显示。

（3）使用 IF 函数，对 Sheet1 中的"学位"列进行自动填充。要求：
填充的内容根据"学历"列的内容来确定（假定学生均已获得相应学位）。

- 博士研究生：博士。
- 硕士研究生：硕士。
- 本科：学士。
- 其他：无。

（4）使用数组公式，在 Sheet1 中计算：

① 计算笔试比例分，并将结果保存在"公务员考试成绩表"中的"笔试比例分"中。
计算方法：笔试比例分=（笔试成绩/3）* 60%。

② 计算面试比例分，并将结果保存在"公务员考试成绩表"中的"面试比例分"中。
计算方法：面试比例分=面试成绩 * 40%。

③ 计算总成绩，并将结果保存在"公务员考试成绩表"中的"总成绩"中。
计算方法：总成绩=笔试比例分+面试比例分。

（5）将 Sheet1 中的"公务员考试成绩表"复制到 Sheet2 中，根据以下要求修改"公务员考试成绩表"中的数组公式，并将结果保存在 Sheet2 表的相应列中。

① 要求：
修改"笔试比例分"的计算，计算方法为：笔试比例分=（笔试成绩/2）* 60%，并将结果保存在"笔试比例分"列中。

② 注意：
- 复制过程中，将标题项"公务员考试成绩表"连同数据一同复制。
- 复制数据表后，粘贴时，数据表必须顶格放置。

（6）在 Sheet2 中，使用函数，根据"总成绩"列对所有考生进行排名。（如果多个数值排名相同，则返回该数值的最佳排名。）
要求：将排名结果保存在"排名"列中。

（7）将 Sheet2 中的"公务员考试成绩表"复制到 Sheet3，并对 Sheet3 进行高级筛选。

① 要求：
- 筛选条件为："报考单位"为"一中院"，"性别"为"男"，"学历"为"硕士研究生"。
- 将筛选结果保存在 Sheet3 中。

② 注意：
- 无须考虑是否删除或移动筛选条件。
- 复制过程中，将标题项"公务员考试成绩表"连同数据一同复制。

- 复制数据表后,粘贴时,数据表必须顶格放置。

(8)根据 Sheet2 中的"公务员考试成绩表",在 Sheet4 中创建一张数据透视表。要求:

① 显示每个报考单位的人的不同学历的人数汇总情况。

② 行区域设置为"报考单位"。

③ 列区域设置为"学历"。

④ 数值区域设置为"学历"。

⑤ 计数项为"学历"。

项目 10

水果超市销售数据分析

本项目以“水果超市销售数据分析”为例，介绍 Excel 2019 中 VLOOKUP 函数、MAX 函数的使用，以及定义单元格区域的名称、排序、分类汇总、数据透视表、数据透视图、数据验证设置、锁定单元格和保护工作表等方面的相关知识。

10.1 项目提出

小李大学毕业后选择了自主创业，在台州市的黄岩区、路桥区和椒江区各开了若干家水果超市连锁店。随着水果超市业务的不断扩大，对水果超市日常销售数据的管理也需要不断提高，为此，他打算用 Excel 2019 来管理日常销售数据。他制作了“销售记录表”“水果价格表”和“水果店信息”三张工作表，内容分别如图 10-1、图 10-2、图 10-3 所示。其中“销售记录表”工作表中记录了 2020 年 8 月 14 日各连锁店的水果销售情况；“水果价格表”工作表给出了每种水果的“进价”和“售价”；“水果店信息”工作表给出了各水果店的名称和所在的区。

	A	B	C	D	E	F	G	H	I
1	销售记录表								
2	日期	所在区	水果店	水果名称	数量	进价	售价	销售额	毛利润
3	2020/8/14	黄岩区	九峰店	苹果	59				
4	2020/8/14	黄岩区	九峰店	香蕉	15				
5	2020/8/14	黄岩区	九峰店	芒果	65				
6	2020/8/14	黄岩区	九峰店	火龙果	5				
7	2020/8/14	黄岩区	九峰店	鸭梨	97				
8	2020/8/14	黄岩区	九峰店	草莓	74				
9	2020/8/14	黄岩区	九峰店	橘子	83				
10	2020/8/14	黄岩区	九峰店	西瓜	91				
11	2020/8/14	黄岩区	九峰店	葡萄	22				
12	2020/8/14	黄岩区	九峰店	甜橙	45				
13	2020/8/14	黄岩区	九峰店	菠萝	36				
14	2020/8/14	黄岩区	九峰店	哈密瓜	62				
15	2020/8/14	路桥区	都市店	苹果	65				
16	2020/8/14	路桥区	都市店	香蕉	77				

图 10-1 “销售记录表”工作表

现在小李想统计 2020 年 8 月 14 日各水果店和各水果的销售情况。由于销售管理的需要，需要进行以下六项工作：

水果价格表

序号	水果名称	进价	售价
1	苹果	2.20	4.00
2	香蕉	2.10	3.80
3	芒果	4.80	8.60
4	火龙果	3.10	5.60
5	鸭梨	1.70	3.00
6	草莓	6.80	12.20
7	橘子	1.90	3.40
8	西瓜	2.80	5.00
9	葡萄	1.90	3.40
10	甜橙	5.00	9.00
11	菠萝	4.00	7.20
12	哈密瓜	1.20	2.20

图 10-2 “水果价格表”工作表

水果店信息

所在区	水果店
黄岩区	九峰店
黄岩区	乡村店
黄岩区	茂盛店
路桥区	都市店
路桥区	农夫店
路桥区	南山店
椒江区	红旗店
椒江区	太平店
椒江区	海芳店

图 10-3 “水果店信息”工作表

（1）在“销售记录表”工作表中，计算进价、售价、销售额和毛利润。

（2）汇总各个区的销售额和毛利润，找出毛利润最大的水果名称，并统计各个区各水果店的销售额和毛利润。

（3）使用“数据透视表”统计各个区各种水果的销售情况，找出各个区销售额最大的水果所对应的销售额和水果名称。

（4）使用“数据透视图”统计各个区各种水果的销售情况。

（5）设置数据验证，使得在输入“所在区”“水果店”“水果名称”等字段的数据时，只能在下拉列表中选择，不能随意输入；输入“数量”字段的数据时，只允许输入大于 0 的整数。

（6）锁定单元格和保护工作表，防止销售记录表中的“标题”行文字被选定和修改。

传统的统计方法烦琐且容易出错，使用了 Excel 2019 之后，很多问题便可迎刃而解。以下是小李的解决方法。

10.2 项目分析

在很多函数的参数中都用到了单元格区域，为了操作方便，可以给这些单元格区域定义名称，当需要引用这些单元格区域时，直接引用它们的名称即可。

在“销售记录表”工作表中，可以利用 VLOOKUP 函数在“水果价格表”工作表中查找各种水果的进价和售价，然后利用公式计算销售额和毛利润。

销售额=售价×数量

毛利润=(售价−进价)×数量

按“所在区”汇总销售额和毛利润，可以知道各个区的销售额和毛利润。也可按“水果名称”汇总销售额和毛利润，再降序排列汇总后的毛利润，就可统计出毛利润最大的水果名称。利用“嵌套分类汇总”可以统计各个区各水果店的销售额和毛利润。分类汇总前要先对要分类的字段进行排序。

可以利用 Excel 2019 中的“数据透视表”统计各个区的水果销售情况，再利用 MAX 函数找出各个区销售额最大的水果所对应的销售额，然后利用 VLOOKUP 函数找出各个区销售额最大的水果所对应的水果名称。

为了使统计的数据更直观明了，还可以使用“数据透视图”统计各个区各种水果的销售情况。

在“销售记录表”工作表中，添加新的记录时，每次都要手工输入“所在区”“水果店”和“水果名称”等字段的数据，而且所有单元格默认可以输入任何值，这使得输入这些数据时既麻烦，又容易出错。通过设置数据验证可解决这些问题，如输入"所在区""水果店"和"水果名称"等字段的数据时，不必手工输入，只要在相应的下拉列表中选择即可，对于"数量"字段，可以设置只允许输入大于 0 的整数，否则提示出错，并要求重新输入。

为了防止"销售记录表"工作表中的"标题"行文字被选定和修改，可以锁定"标题"行文字所在的单元格区域，启用"保护工作表"的功能后，这些被锁定的单元格区域就不能被选中和修改。

由以上分析可知，"水果超市销售数据分析"可以分解为以下六大任务：计算进价、售价、销售额和毛利润，对销售额和毛利润进行分类汇总，使用数据透视表统计各个区各种水果的销售情况，使用数据透视图统计各个区各种水果的销售情况，设置数据验证，锁定单元格和保护工作表。

其操作流程图如图 10-4 所示。

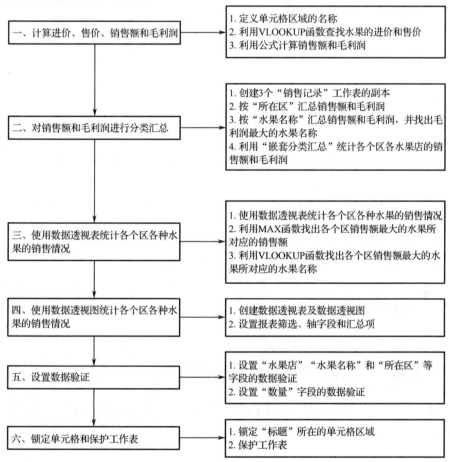

图 10-4 "工资表数据分析"操作流程图

10.3 相关知识点

1. 单元格区域名称的定义

在工作表中，可以用列标号和行标号来引用单元格，也可以用自定义的名称来表示单元格、单元格区域。

2. 数据透视表和数据透视图

数据透视表是一种多维式表格，可快速合并和比较大量数据，它可以从不同角度对数据进行分析，以浓缩信息为决策者提供参考。

数据透视图是另一种数据表现形式，与数据透视表不同之处在于它可以选择适当的图形和色彩来描述数据的特性。数据透视图通过对数据透视表中的汇总数据添加可视化效果来对其进行补充，以便用户轻松查看比较、模式和趋势。

3. 数据验证

数据验证是一个可以在工作表中输入数据时产生提示信息的工具。它具有如下功能：给用户提供一个选择列表、限定输入内容的类型或大小、自定义设置等。

当用户所设计的表单或工作表要被其他人用来输入数据时，数据验证尤为有用。

4. 锁定单元格和保护工作表

锁定单元格和保护工作表，是指将某块区域的一些单元格锁定并保护起来，保护后是无法进行选定、编辑和修改的，只有通过输入先前设置的正确密码后才可以重新开始选定、编辑和修改。

5. MAX 函数

主要功能：求出一组值中的最大值。

使用格式：MAX（number1,number2,…）

参数说明：number1,number2,…，代表需要求出最大值的数值或引用单元格（区域），参数不能超过 255 个。

应用举例：输入公式："=MAX(E44:J44,7,8,9,10)"，即可求出 E44 至 J44 单元格区域和数值 7、8、9、10 中的最大值。

【提示】 MIN 函数是求出一组值中的最小值，其使用方法和 MAX 函数类似。ABS 函数是返回某个数值的绝对值。INT 函数将数字向下舍入到最接近的整数。

10.4 项目实施

任务 1：计算进价、售价、销售额和毛利润

微课：计算进价、售价、销售额和毛利润

在很多函数的参数中都用到了单元格区域，为了操作方便，可以对这些单元格区域定义名称，当需要引用这些单元格区域时，直接引用它们的名称即可。

1. 定义单元格区域的名称

步骤 1：打开素材文件"水果超市销售数据分析（素材）.xlsx"，在"水果价格表"工作表中，选择 B3:D14 单元格区域，如图 10-5 所示。

步骤 2：右击，在弹出的快捷菜单中选择"定义名称"命令，打开"新建名称"对话框，在"名称"文本框中输入"价格区域"，在"引用位置"文本框中已自动填入刚选中的单元格区域"=水果价格!$B$3:$D$14"，如图 10-6 所示，单击"确定"按钮。

可见，定义的名称"价格区域"代表了"水果价格!$B$3:$D$14"单元格区域，定义名称

的目的是为了在下面 VLOOKUP 函数的 Table_array 参数中使用这个名称，方便操作。

图 10-5 选择 B3:D14 单元格区域　　　　图 10-6 "新建名称"对话框

【说明】

（1）定义单元格区域的名称也可以先选择要定义的区域，然后在名称框中直接输入定义的名称，如图 10-7 所示，输入定义的名称后要按 Enter 键确认。

（2）如果要删除已定义的名称，在"公式"选项卡中单击"定义的名称"组中的"名称管理器"按钮，在打开的"名称管理器"对话框中可删除该名称。

2. 利用 VLOOKUP 函数查找水果的进价和售价

下面根据如图 10-7 所示界面中的"水果价格表"工作表，利用 VLOOKUP 函数查找各种水果的进价和售价，并填入"销售记录"工作表的相应单元格中。

图 10-7 在名称框中定义名称

步骤 1：在"销售记录"工作表中，选择 F3 单元格，单击编辑栏左侧的"插入函数"按钮，在打开的"插入函数"对话框中，在"或选择类别"下拉列表中选择"查找与引用"选项，在"选择函数"列表框中选择"VLOOKUP"函数，如图 10-8 所示。

步骤 2：单击"确定"按钮，打开"函数参数"对话框，如图 10-9 所示，在"Lookup_value"文本框中输入 D3；光标定位在"Table_array"文本框中，在"公式"选项卡中，单击"定义的名称"组中的"用于公式"下拉按钮，在打开的下拉列表中选择已定义的名称"价格区域"，此时"Table_array"文本框中会自动填入"价格区域"；在"Col_index_num"文本框中输入 2（"进价"位于第 2 列）；在"Range_lookup"文本框中输入 FALSE，表示只查找精确匹配值。

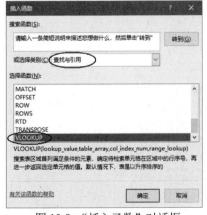
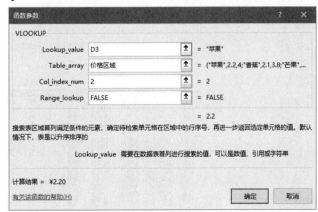

图 10-8 "插入函数"对话框　　　　图 10-9 "函数参数"对话框

步骤3：单击"确定"按钮，此时F3单元格中显示苹果的进价（2.20），编辑栏中显示公式"=VLOOKUP（D3,价格区域,2,FALSE）"。

步骤4：拖动F3单元格的填充柄至F110单元格，查找出其他水果的进价。

【说明】 双击F3单元格的填充柄，也可查找出其他水果的进价。

步骤5：在G3单元格中输入公式"=VLOOKUP（D3,价格区域,3,FALSE）"，查找苹果的售价（4.00），双击G3单元格的填充柄，查找所有水果的售价。

3. 利用公式计算销售额和毛利润

销售额和毛利润的计算公式如下。

$$销售额=售价\times 数量$$

$$毛利润=（售价-进价）\times 数量$$

步骤1：在H3单元格中输入公式"=G3＊E3"，计算苹果的销售额（236.00），双击H3单元格的填充柄，计算所有水果的销售额。

步骤2：在I3单元格中输入公式"=(G3-F3)＊E3"，计算苹果的毛利润（106.20），双击I3单元格的填充柄，计算所有水果的毛利润。

下面设置进价、售价、销售额和毛利润的数字格式为"货币"，保留2位小数。

步骤3：选择F、G、H和I列，右击，在弹出的快捷菜单中选择"设置单元格格式"命令，打开"设置单元格格式"对话框，在"数字"选项卡中，在"分类"列表框中选择"货币"选项，设置"小数位数"为2，"货币符号"为¥，如图10-10所示，单击"确定"按钮，最终计算结果如图10-11所示。

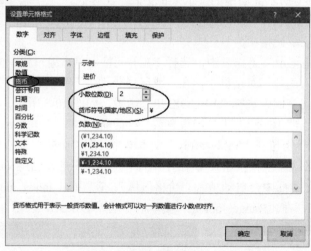

图10-10 "设置单元格格式"对话框

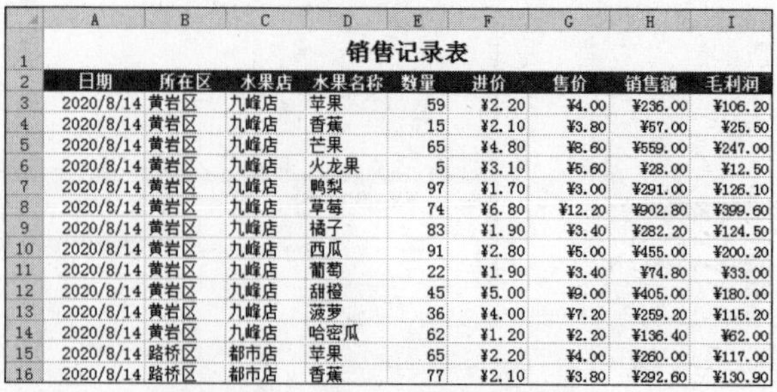

图10-11 计算后的销售记录表

任务2：对销售额和毛利润进行分类汇总

下面在销售记录表中对销售额和毛利润按"所在区"进行分类汇总。分类汇总前须对"所在区"字段进行排序。先创建3个"销售记录"工作表的副本，用于分类汇总。

微课：对销售额和毛利润进行分类汇总

1. 创建3个"销售记录"工作表的副本

步骤1：右击"销售记录"工作表标签，在弹出的快捷菜单中选择"移动或复制"命令，打开"移动或复制工作表"对话框，选中"建立副本"复选框，如图10-12所示，单击"确定"按钮，建立一个副本"销售记录（2）"工作表。

步骤2：重复上面的步骤1，再建立2个副本"销售记录（3）"和"销售记录（4）"工作表。

2. 按"所在区"汇总销售额和毛利润

步骤1：在"销售记录（2）"工作表中，选择"所在区"列（B列）中的任一单元格，在"数据"选项卡中，单击"排序和筛选"组中的"升序"按钮 ↓，对"所在区"列中的数据进行升序排列。

步骤2：在"数据"选项卡中，单击"分级显示"组中的"分类汇总"按钮 ，打开"分类汇总"对话框，在"分类字段"下拉列表中选择"所在区"字段，在"汇总方式"下拉列表中选择"求和"，在"选定汇总项"列表框中选中"销售额"和"毛利润"字段，如图10-13所示。

图10-12 "移动或复制工作表"对话框

图10-13 "分类汇总"对话框

步骤3：单击"确定"按钮，再单击分级显示符号 2，隐藏分类汇总表中的明细数据行，结果如图10-14所示。

		A	B	C	D	E	F	G	H	I
						销售记录表				
	2		所在区	水果店	水果名称	数量	进价	售价	销售额	毛利润
	39		黄岩区 汇总						¥9,796.00	¥4,342.10
	76		椒江区 汇总						¥10,230.80	¥4,536.10
	113		路桥区 汇总						¥9,197.80	¥4,081.10
	114		总计						¥29,224.60	¥12,959.30

图10-14 按"所在区"汇总销售额和毛利润

201

如果 H 列和 I 列中的数据显示为“########”，则需要增加这两列的宽度。

3. 按“水果名称”汇总销售额和毛利润，并找出毛利润最大的水果名称

下面对销售额和毛利润按“水果名称”进行分类汇总，并找出毛利润最大的水果名称。分类汇总前须对“水果名称”进行排序。

步骤 1：在“销售记录（3）”工作表中，选择“水果名称”列（D 列）中的任一单元格，在“数据”选项卡中，单击“排序和筛选”组中的“升序”按钮，对“水果名称”列中的数据进行升序排列。

步骤 2：在“数据”选项卡中，单击“分级显示”组中的“分类汇总”按钮，打开“分类汇总”对话框，在“分类字段”下拉列表中选择“水果名称”字段，在“汇总方式”下拉列表中选择“求和”字段，在“选定汇总项”列表框中选中“销售额”和“毛利润”字段。

步骤 3：单击“确定”按钮，再单击分级显示符号 2，隐藏分类汇总表中的明细数据行，结果如图 10-15 所示。

	A	B	C	D	E	F	G	H	I
1				销售记录表					
2	日期	所在区	水果店	水果名称	数量	进价	售价	销售额	毛利润
12				菠萝 汇总				¥3,326.40	¥1,478.40
22				草莓 汇总				¥5,038.60	¥2,230.20
32				哈密瓜 汇总				¥811.80	¥369.00
42				火龙果 汇总				¥2,021.60	¥902.50
52				橘子 汇总				¥1,271.60	¥561.00
62				芒果 汇总				¥2,932.60	¥1,295.80
72				苹果 汇总				¥1,660.00	¥747.00
82				葡萄 汇总				¥1,686.40	¥744.00
92				甜橙 汇总				¥4,194.00	¥1,864.00
102				西瓜 汇总				¥2,350.00	¥1,034.00
112				香蕉 汇总				¥2,116.60	¥946.90
122				鸭梨 汇总				¥1,815.00	¥786.50
123				总计				¥29,224.60	¥12,959.30

图 10-15　按“水果名称”汇总销售额和毛利润

步骤 4：选择“毛利润”列（I 列）中的任一单元格，在“数据”选项卡中，单击“排序和筛选”组中的“降序”按钮，对“毛利润”列中的数据进行降序排列，找出毛利润最大的水果名称，结果如图 10-16 所示，可见草莓的毛利润最大。

	A	B	C	D	E	F	G	H	I
1				销售记录表					
2	日期	所在区	水果店	水果名称	数量	进价	售价	销售额	毛利润
12				草莓 汇总				¥5,038.60	¥2,230.20
22				甜橙 汇总				¥4,194.00	¥1,864.00
32				菠萝 汇总				¥3,326.40	¥1,478.40
42				芒果 汇总				¥2,932.60	¥1,295.80
52				西瓜 汇总				¥2,350.00	¥1,034.00
62				香蕉 汇总				¥2,116.60	¥946.90
72				火龙果 汇总				¥2,021.60	¥902.50
82				鸭梨 汇总				¥1,815.00	¥786.50
92				苹果 汇总				¥1,660.00	¥747.00
102				葡萄 汇总				¥1,686.40	¥744.00
112				橘子 汇总				¥1,271.60	¥561.00
122				哈密瓜 汇总				¥811.80	¥369.00
123				总计				¥29,224.60	¥12,959.30

图 10-16　利用排序找出毛利润最大的水果

4. 利用“嵌套分类汇总”统计各个区各水果店的销售额和毛利润

利用“嵌套分类汇总”，还可以对各个区各水果店的销售额和毛利润进行分类汇总，汇总前先进行排序。

项目10 水果超市销售数据分析

步骤1：在"销售记录（4）"工作表中，选择数据清单中的任一单元格，在"数据"选项卡中，单击"排序和筛选"组中的"排序"按钮，打开"排序"对话框，选择"主要关键字"为"所在区"，单击"添加条件"按钮后，再选择"次要关键字"为"水果店"，如图10-17所示，单击"确定"按钮。

图10-17 "排序"对话框

步骤2：在"数据"选项卡中，单击"分级显示"组中的"分类汇总"按钮，打开"分类汇总"对话框，在"分类字段"下拉列表中选择"所在区"字段，在"汇总方式"下拉列表中选择"求和"字段，在"选定汇总项"列表框中选中"销售额"和"毛利润"字段，单击"确定"按钮。

步骤3：在前面分类汇总的基础上，再用相同的方法进行第二次分类汇总。其中，"分类字段"为"水果店"，"汇总方式"为"求和"，"选定汇总项"为"销售额"和"毛利润"，此时取消选中"替换当前分类汇总"复选框，如图10-18所示，单击"确定"按钮。

步骤4：单击分级显示符号3，隐藏分类汇总表中的明细数据行，各个区、各水果店的"销售额"和"毛利润"的分类汇总结果如图10-19所示。

图10-18 "分类汇总"对话框   图10-19 各个区、各水果店的"销售额"和"毛利润"的分类汇总结果

任务3：使用数据透视表统计各个区各种水果的销售情况

在上个任务中，使用"嵌套分类汇总"已经统计了各个区每个水果店的"销售额"和"毛利润"，但没有给出各个区中销售额最大的水果名称。

下面先使用Excel中的"数据透视表"统计各个区的水果销售情况，再利用MAX函数找出各个区销售额最大的水果所对应的销售额，然后利

微课：使用数据透视表统计各个区各种水果的销售情况

203

用 VLOOKUP 函数找出各个区销售额最大的水果所对应的水果名称。

1. 使用数据透视表统计各个区各种水果的销售情况

步骤 1：在“销售记录”工作表中，选择其中的某一单元格，在“插入”选项卡中，单击“表格”组中的“数据透视表”按钮，打开“创建数据透视表”对话框，在“表/区域”文本框中已自动填入数据清单所在的区域，选中“新工作表”单选按钮，如图 10-20 所示。

步骤 2：单击“确定”按钮，新建一工作表（Sheet4），并在窗口右侧显示了“数据透视表字段”任务窗格，把“数据透视表字段”任务窗格中的“水果名称”字段拖动到“行”区域，把“所在区”字段拖动到“列”区域，把“销售额”字段拖动到“值”区域，如图 10-21 所示。

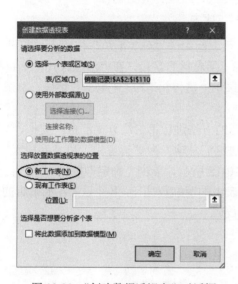

图 10-20 “创建数据透视表”对话框

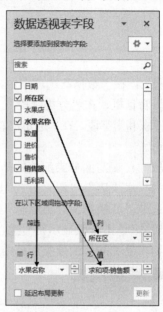

图 10-21 “数据透视表字段”列表任务窗格

步骤 3：此时，新工作表中显示了相应的数据透视表，更改新建的数据透视表中的“行标签”文字为“水果名称”，更改“列标签”文字为“所在区”，将数据透视表所在的工作表名称（Sheet4）重命名为“数据透视表”。

步骤 4：对“总计”列进行“降序”排列，可以找到“销售额”最大的水果名称（草莓），如图 10-22 所示。

	A	B	C	D	E
3	求和项:销售额	所在区			
4	水果名称	黄岩区	椒江区	路桥区	总计
5	草莓	2061.8	1464	1512.8	5038.6
6	甜橙	1494	1512	1188	4194
7	菠萝	698.4	1159.2	1468.8	3326.4
8	芒果	877.2	1023.4	1032	2932.6
9	西瓜	900	780	670	2350
10	香蕉	532	744.8	839.8	2116.6
11	火龙果	627.2	1008	386.4	2021.6
12	鸭梨	639	768	408	1815
13	葡萄	404.6	693.6	588.2	1686.4
14	苹果	648	480	532	1660
15	橘子	663	316.2	292.4	1271.6
16	哈密瓜	250.8	281.6	279.4	811.8
17	总计	9796	10230.8	9197.8	29224.6

图 10-22 对“总计”列进行“降序”排列的数据透视表

2. 利用 MAX 函数找出各个区销售额最大的水果所对应的销售额

步骤1：选择"数据透视表"工作表，在 G5 单元格中输入文字"最大销售额"，在 G6 单元格中输入文字"水果名称"。

步骤2：在 H4 单元格中输入公式"=B4"，拖动 H4 单元格的填充柄至 J4 单元格。

步骤3：在 H5 单元格中输入公式"=MAX(B5:B16)"，拖动 H5 单元格的填充柄至 J5 单元格，从而找出各个区销售额最大的水果所对应的销售额，结果如图 10-23 所示。

3. 利用 VLOOKUP 函数找出各个区销售额最大的水果所对应的水果名称

使用 VLOOKUP 函数时，要查找的对象（销售额最大值）必须位于查找数据区域的第 1 列，所以在使用 VLOOKUP 函数查找前，应先将"水果名称"列放在查找数据区域的右侧，这可以通过把"水果名称"列（A 列）引用到"总计"列（E 列）右侧的空白列（F 列）中实现。

步骤1：在 F5 单元格中输入公式"=A5"，然后拖动 F5 单元格的填充柄至 F16 单元格，引用所有水果的名称，如图 10-24 所示。

图 10-23　利用 MAX 函数找出各个区销售额的最大值　　　图 10-24　将"水果名称"引用到 F 列

步骤2：将 B5:F16 单元格区域定义名称为"黄岩区"，将 C5:F16 单元格区域定义名称为"椒江区"，将 D5:F16 单元格区域定义名称为"路桥区"。

步骤3：在 H6 单元格中输入公式"=VLOOKUP(H5, 黄岩区,5,FALSE)"，在 I6 单元格中输入公式"=VLOOKUP(I5,椒江区,4,FALSE)"，在 J6 单元格中输入公式"=VLOOKUP(J5,路桥区,3,FALSE)"，计算结果如图 10-25 所示。

图 10-25　各个区"最大销售额"对应的"水果名称"

任务 4：使用数据透视图统计各个区各种水果的销售情况

除了用数据透视表来分析各个区的各种水果销售情况，还可以用数据透视图来分析，数据透视图比数据透视表更直观明了。

步骤1：在"销售记录"工作表中，选择其中的某一单元格，在"插入"选项卡中，单击"图表"组中的"数据透视图"下拉按钮，在打开的下拉列表中选择"数据透视图"选项，打开"创建数据透视图"对话框，在"表/区域"文本框中已自动填入数据清单所在的区域，选中"新工作表"单选按钮，如图 10-26 所示。

微课：使用数据透视图统计各个区各种水果的销售情况

步骤2：单击"确定"按钮，新建一工作表（Sheet5），并在窗口右侧显示了"数据透视图字段"任务窗格,把"数据透视图字段"任务窗格中的"水果名称"字段拖动到"轴(类别)"区域,把"所在区"字段拖动到"筛选"区域,把"销售额"字段拖动到"值"区域,如图10-27所示。

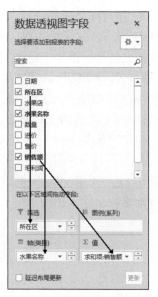

图10-26 "创建数据透视图"对话框　　　　图10-27 "数据透视图字段"任务窗格

步骤3:此时,新工作表中显示了相应的数据透视表和数据透视图,如图10-28所示,更改新建的数据透视表中的"行标签"文字为"水果名称",将数据透视图所在的工作表名称(Sheet5)重命名为"数据透视图"。

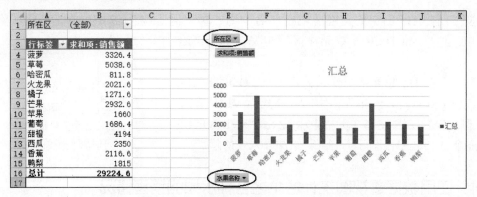

图10-28　数据透视表和数据透视图

步骤4:单击数据透视图左上角的"所在区"下拉按钮,打开"筛选"窗格,在"筛选"窗格中选择"黄岩区"选项,如图10-29所示,则数据透视表和数据透视图中汇总的是"黄岩区"的各种水果的销售额。

如果在"筛选"窗格中选中"选择多项"复选框,并选中多个所在区,如图10-30所示,在数据透视表和数据透视图中可同时汇总多个区的各种水果的销售额。

单击数据透视图左下角的"水果名称"下拉按钮,在打开的下拉列表中选择一个或多个水果名称,可汇总选中的水果的销售额。

图 10-29　选择单个区

图 10-30　选择多个区

任务 5：设置数据验证

在"销售记录"工作表中添加新记录时，每次都要手工输入"所在区""水果店"和"水果名称"等字段的数据，而且所有单元格默认可以输入任何值，这使得输入这些数据时既麻烦，又容易出错。通过设置数据验证可解决这些问题，如输入"所在区""水果店"和"水果名称"等字段的数据时，不必手工输入，只要在相应的下拉列表中选择即可，对于"数量"字段，设置只允许输入大于 0 的整数，否则提示出错，并要求重新输入。

微课：设置数据有效性

1. 设置"水果店""水果名称"和"所在区"等字段的数据验证

各水果店的名称在"水果店"工作表中已列出，各水果名称在"水果价格"工作表中已列出，设置"水果店"和"水果名称"列的数据验证时，只要引用相应的单元格区域即可，为了操作方便，可先定义这些单元格区域的名称。

步骤 1：定义"水果店"工作表中的 B3:B11 单元格区域的名称为"水果店区域"，定义"水果价格"工作表中的 B3:B14 单元格区域的名称为"水果名称区域"。

步骤 2：在"销售记录"工作表中，选择"水果店"列（C 列），在"数据"选项卡中，单击"数据工具"组中的"数据验证"下拉按钮，在打开的下拉列表中选择"数据验证"选项，打开"数据验证"对话框，在该对话框的"设置"选项卡中，在"允许"下拉列表中选择"序列"选项，将光标置于"来源"文本框中，在"公式"选项卡中，单击"定义的名称"组中的"用于公式"下拉按钮，在打开的下拉列表中选择"水果店区域"名称，此时"来源"文本框中自动填入"=水果店区域"，如图 10-31 所示，单击"确定"按钮。

设置了数据验证后的"水果店"列，可以用下拉列表来选取水果店的名称，如图 10-32 所示。

图 10-31　"数据验证"对话框　　　图 10-32　设置了数据验证后的"水果店"列

步骤 3：使用相同的方法，对"水果名称"列（D 列）进行数据验证设置，结果如图 10-33 所示。

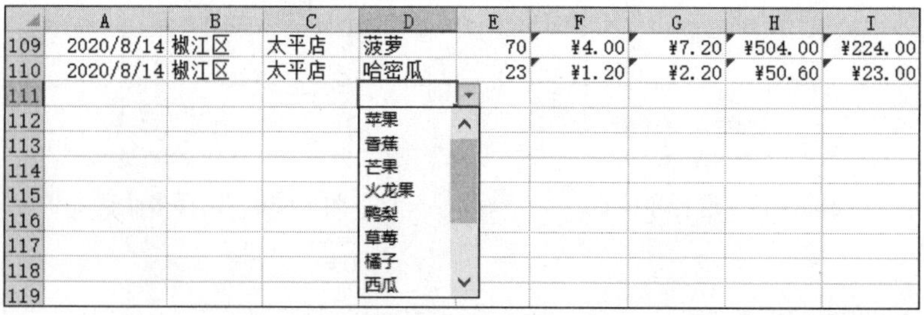

图 10-33　设置了数据验证后的"水果名称"列

步骤 4：使用相同的方法，对"所在区"列（B 列）进行数据验证设置，只须在"来源"文本框中输入文字"黄岩区,路桥区,椒江区"（中间用英文半角逗号），如图 10-34 所示，单击"确定"按钮，结果如图 10-35 所示。

图 10-34　对"所在区"字段设置数据验证

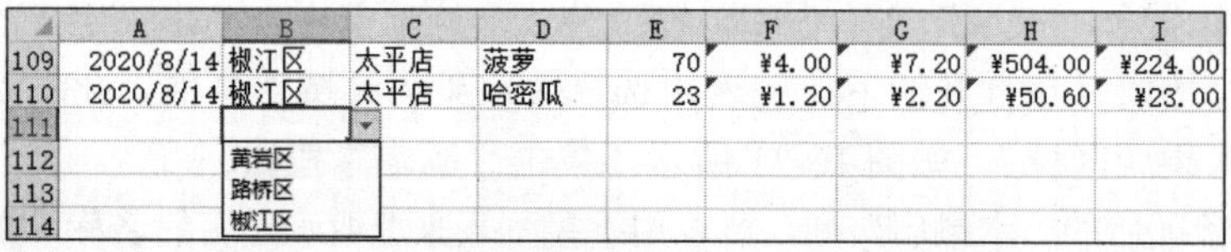

图 10-35　设置了数据验证后的"所在区"列

2. 设置"数量"字段的数据验证

对于"数量"字段，设置只允许输入大于 0 的整数，否则提示出错，并要求重新输入。

步骤 1：选中"数量"列（E 列），在"数据"选项卡中，单击"数据工具"组中的"数据验证"下拉按钮，在打开的下拉列表中选择"数据验证"选项，打开"数据验证"对话框，在该对话框的"设置"选项卡中，在"允许"下拉列表中选择"整数"选项，在"数据"下拉列表中选择"大于"选项，在"最小值"文本框中输入 0，如图 10-36 所示。

步骤 2：在"出错警告"选项卡中，选择样式为"停止"，错误信息为"只能输入大于 0 的整数"，如图 10-37 所示，单击"确定"按钮。

项目10 水果超市销售数据分析

图 10-36 设置有效性条件

图 10-37 设置出错警告

步骤 3：在"数量"列（E 列）的空白单元格中输入 0，按 Enter 键后会弹出"停止"对话框，如图 10-38 所示，单击"重试"按钮可重新输入数据。

图 10-38 "停止"对话框

任务 6：锁定单元格和保护工作表

为了防止某些单元格区域中的数据被选定和修改，可锁定这些单元格区域，启用"保护工作表"的功能后，这些被锁定的单元格区域就不能被选中和修改。下面对"销售记录"工作表中的"标题"行所在的单元格区域（A2:I2）进行锁定，防止被修改。

微课：锁定单元格和保护工作表

1. 锁定"标题"行所在的单元格区域

默认情况下，工作表中的所有单元格都是被锁定的，所以要先取消对所有单元格的锁定，再仅锁定"标题"行所在的单元格区域。

步骤 1：在"销售记录"工作表中，单击左上角的"全选"按钮 ◢，选中所有单元格，然后右击，在弹出的快捷菜单中选择"设置单元格格式"命令，打开"设置单元格格式"对话框，在该对话框的"保护"选项卡中，撤选"锁定"复选框，如图 10-39 所示，单击"确定"按钮。

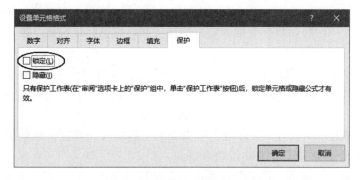

图 10-39 "设置单元格格式"对话框

步骤 2：选中 A2:I2 单元格区域（标题区域），然后右击，在弹出的快捷菜单中选择"设置单元格格式"命令，打开"设置单元格格式"对话框，在该对话框的"保护"选项卡中，选中"锁定"复选框，单击"确定"按钮。

2. 保护工作表

要使被锁定的单元格区域不能被选定和修改，还要启用"保护工作表"功能。

步骤 1：在"审阅"选项卡中，单击"保护"组中的"保护工作表"按钮，打开"保护工作表"对话框，选中"选定解除锁定的单元格"复选框，取消选中"选定锁定单元格"复选框，在"取消工作表保护时使用的密码"文本框中输入密码，如图 10-40 所示。

步骤 2：单击"确定"按钮，弹出"确认密码"对话框，再次输入相同的密码，如图 10-41 所示，单击"确定"按钮。

图 10-40 "保护工作表"对话框

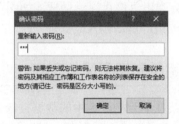

图 10-41 "确认密码"对话框

步骤 3：此时仅 A2:I2 单元格区域被锁定和保护，用户不能选中该单元格区域中的任一单元格，当然也不能修改其中的内容。

如果要取消工作表保护，只要单击"更改"组中的"撤销工作表保护"按钮并输入相应的密码即可。

10.5 总结与提高

本项目主要介绍了 Excel 2019 中 VLOOKUP 函数、MAX 函数的使用，以及定义单元格区域的名称、排序、分类汇总、数据透视表、数据透视图、数据验证设置、锁定单元格和保护工作表等。

在很多函数的参数中都用到了单元格区域，为了操作方便，可以对这些单元格区域定义名称，当需要引用这些单元格区域时，直接引用它们的名称即可。在"名称管理器"中，可以对定义的单元格区域名称进行管理，如修改（编辑）名称、删除名称等。

在使用 VLOOKUP 函数时，要注意把要查找的内容定义在数据区域的第一列。在实际应用中有很多需求可以使用 VLOOKUP 函数来解决。

分类汇总是一种条件求和，很多统计类的问题都可以使用"分类汇总"来完成，在进行分类汇总之前，必须先对要分类的字段进行排序。利用"嵌套分类汇总"可以实现各种复杂的数据统计，如本项目中的统计各个区各水果店的销售额和毛利润。

数据透视表是一种多维式表格，可快速合并和比较大量数据，它可以从不同角度对数据进行分析，以浓缩信息为决策者提供参考。数据透视图是另一种数据表现形式，与数据透视表不同之处在于它可以选择适当的图形和色彩来描述数据的特性。利用数据透视图显示统计数据，更加直观明了。

设置数据验证可以限制在单元格中输入数据的类型或大小等，当用户所设计的表单或工作表要被其他人用来输入数据时，数据验证尤为有用。

为了防止某些单元格区域中的数据被选定和修改，可锁定这些单元格区域，启用"保护工作表"的功能后，这些被锁定的单元格区域就不能被选中和修改。

在 Excel 2019 中进行各种统计计算时，经常要用到各种 Excel 函数，除了项目中用到的几个函数，常用的 Excel 函数主要还有以下几种。

（1）AND 函数

主要功能：返回逻辑值。如果所有参数值均为逻辑"TRUE"，则返回逻辑"TRUE"，反之返回逻辑"FALSE"。

使用格式：AND（logical1,logical2,…）

参数说明：logical1,logical2,…表示待测试的条件值或表达式，最多为 255 个。

应用举例：在 C5 单元格中输入公式"=AND(A5>=60,B5>=60)"，如果 C5 中返回 TRUE，说明 A5 和 B5 中的数值均大于或等于 60；如果返回 FALSE，说明 A5 和 B5 中的数值至少有一个小于 60。

（2）OR 函数

主要功能：返回逻辑值。当所有参数值均为逻辑"FALSE"时，返回逻辑"FALSE"，否则返回逻辑"TRUE"。

使用格式：OR（logical1,logical2,…）

参数说明：logical1,logical2,…表示待测试的条件值或表达式，最多为 255 个。

应用举例：在 C62 单元格中输入公式"=OR(A62>=60,B62>=60)"，如果 C62 中返回 TRUE，说明 A62 和 B62 中的数值至少有一个大于或等于 60；如果返回 FALSE，说明 A62 和 B62 中的数值都小于 60。

（3）NOT 函数

主要功能：对参数值求反。当要确保一个值不等于某一特定值时，可以使用 NOT 函数。

使用格式：NOT（logical）

参数说明：logical 为一个可以计算出 TRUE 或 FALSE 的逻辑值或逻辑表达式。

应用举例："=NOT(FALSE)"的值为 TRUE；"=NOT(1+1=2)"的值为 FALSE。

（4）SUM 函数

主要功能：计算所有参数数值的和。

使用格式：SUM（number1,number2,…）

参数说明：number1,number2,…代表需要计算的值，可以是具体的数值、引用的单元格（区域）、逻辑值等，最多为 255 个。

应用举例：在 D64 单元格中输入公式"=SUM(D2:D63)"，即可求出 D2:D63 区域的总和。

（5）MOD 函数

主要功能：返回两数相除的余数。结果的正负号与除数相同。

使用格式：MOD（number,divisor）

参数说明：number 为被除数；divisor 为除数。

应用举例：MOD(3,2)的值为 1，MOD(−3,2)的值为 1（正负号与除数相同）。

（6）ROUND 函数

主要功能：返回某个数字按指定位数四舍五入后的数字。

使用格式：ROUND（number,num_digits）

参数说明：number 为需要进行四舍五入的数字；num_digits 为指定的位数，按此位数进行四舍五入。

如果 num_digits 大于 0，则四舍五入到指定的小数位。

如果 num_digits 等于 0，则四舍五入到最接近的整数。

如果 num_digits 小于 0，则在小数点左侧进行四舍五入。

应用举例：ROUND(2.15,1)的值为 2.2，ROUND(−1.475,2)的值为−1.48，ROUND(21.5,−1)的值为 20。

（7）YEAR 函数

主要功能：返回某日期的年份值。返回值为 1 900 到 9 999 之间的整数。

使用格式：YEAR（serial_number）

参数说明：serial_number 为一个日期值，其中包含要查找年份的日期。

应用举例如图 10-42 所示。

【提示】 MONTH 函数、DAY 函数的用法与 YEAR 函数的用法类似，分别是返回某日期中的月和日。TODAY 函数（该函数不需要参数）返回系统的当前日期。

（8）HOUR 函数

主要功能：返回时间值的小时数。即一个介于 0 到 23 之间的整数。

使用格式：HOUR（serial_number）

参数说明：serial_number 表示一个时间值，其中包含要查找的小时。

应用举例如图 10-43 所示。

	A	B
1	日期	
2	2008-7-5	
3	2010-7-5	
4	公式	说明（结果）
5	=YEAR(A2)	第一个日期的年份（2008）
6	=YEAR(A3)	第二个日期的年份（2010）

图 10-42　YEAR 函数用法示例

	A	B
1	日期	
2	3:30:30 AM	
3	3:30:30 PM	
4	15:30	
5	公式	说明（结果）
6	=HOUR(A2)	返回第一个时间值的小时数（3）
7	=HOUR(A3)	返回第二个时间值的小时数（15）
8	=HOUR(A4)	返回第三个时间值的小时数（15）
9	=MINUTE(A2)	返回第一个时间值的分钟数（30）

图 10-43　HOUR 函数用法示例

【提示】 MINUTE 函数的用法与 HOUR 函数的用法类似，返回时间值中的分钟数。

（9）REPLACE 函数

主要功能：使用其他文本字符串并根据所指定的字符数替换某文本字符串中的部分文本。

使用格式：REPLACE（old_text,start_num,num_chars,new_text）

参数说明：old_text 是要替换其部分字符的文本；start_num 是要用 new_text 替换的 old_text 中字符的位置；num_chars 是希望 REPLACE 使用 new_text 替换 old_text 中字符的个数；new_text 是要用于替换 old_text 中字符的文本。

应用举例如图 10-44 所示。

	A	B
1	数据	
2	abcdefghijk	
3	2009	
4	123456	
5	公式	说明（结果）
6	=REPLACE(A2,6,5,"*")	从第六个字符开始，替换 5 个字符（abcde*k）
7	=REPLACE(A3,3,2,"10")	用 10 替换 2009 的最后两位（2010）
8	=REPLACE(A4,1,3,"@")	用 @ 替换前三个字符（@456）

图 10-44　REPLACE 函数用法示例

（10）MID 函数

主要功能：返回文本字符串中从指定位置开始的特定数目的字符。

使用格式：MID（text,start_num,num_chars）

参数说明：text 是包含要提取字符的文本字符串；start_num 是文本中要提取的第一个字符的位置（>=1）；num_chars 指定希望 MID 从文本中返回字符的个数（>=0）。

应用举例：MID（"abcdefgh",3,2）的值为"cd"。

（11）CONCATENATE（text1,text2, ...）函数

用于将几个文本字符串合并为一个文本字符串。也可以用&（"和"号）运算符代替函数 CONCATENATE 实现文本项的合并。如，假设 A1、A2 单元格的内容分别为"2013""9"，则 CONCATENATE（A1,"年",A2,"月"）或"A1&"年"&A2&"月""的值均为"2013 年 9 月"。

（12）EXACT（text1,text2）函数

用于测试两个字符串是否完全相同。

（13）FIND（find_text,within_text,start_num）函数

用于查找其他文本字符串（within_text）内的文本字符串（find_text），并从 within_text 的首字符开始返回 find_text 的起始位置编号。start_num 指定开始进行查找的字符位置编号（如果省略，默认为 1）。如，FIND（"cd","abcdeabcde"）的值为 3，FIND（"cd","abcdeabcde",5）的值为 8。

（14）TEXT（value,format_text）函数

用于将数值（value）转换为按指定数字格式（format_text）表示的文本。如 "TEXT(123.456,"$0.00")"的值为"$123.46"，"TEXT(1234,"[dbnum2]")"的值为"壹仟贰佰叁拾肆"。

（15）UPPER（text）函数

用于将文本（text）转换成大写形式。

（16）LOWER（text）函数

用于将文本（text）转换成小写形式。

（17）HLOOKUP 函数

在数据表的首行查找指定的数值，并由此返回数据表当前列中指定行处的数值。其用法与 VLOOKUP 函数类似。应用举例如图 10-45 所示。

（18）DAVERAGE 函数

主要功能：返回列表或数据库中满足指定条件的列中数值的平均值。

使用格式：DAVERAGE（database,field,criteria）

	A	B	C
1	Axles	Bearings	Bolts
2	4	4	9
3	5	7	10
4	6	8	11
5	公式	说明（结果）	
6	=HLOOKUP("Axles",A1:C4,2,TRUE)	在首行查找 Axles，并返回同列中第 2 行的值。(4)	
7	=HLOOKUP("Bearings",A1:C4,3,FALSE)	在首行查找 Bearings，并返回同列中第 3 行的值。(7)	
8	=HLOOKUP("B",A1:C4,3,TRUE)	在首行查找 B，并返回同列中第 3 行的值。由于 B 不是精确匹配，因此将使用小于 B 的最大值 Axles。(5)	
9	=HLOOKUP("Bolts",A1:C4,4)	在首行查找 Bolts，并返回同列中第 4 行的值。(11)	
10	=HLOOKUP(3,{1,2,3;"a","b","c";"d","e","f"},2,TRUE)	在数组常量的第一行中查找 3，并返回同列中第 2 行的值。(c)	

图 10-45　HLOOKUP 函数用法示例

参数说明：database 为构成列表或数据库的单元格区域；field 指定函数所使用的数据列，field 可以是文本，即两端带引号的标志项，如"使用年数"或"产量"，field 也可以是代表列表中数据列位置的数字：1 表示第一列，2 表示第二列，等等；criteria 为一组包含给定条件的单元格区域。

（19）DCOUNT、DSUM、DMAX、DMIN 函数

分别返回列表或数据库中满足指定条件的列中数值的单元格数目、总和、最大值、最小值。其用法与 DAVERAGE 函数类似，应用举例如图 10-46 所示。

	A	B	C	D	E	F
1	树种	高度	使用年数	产量	利润	高度
2	苹果树	>10				<16
3	梨树					
4	树种	高度	使用年数	产量	利润	
5	苹果树		18	20	14	105
6	梨树		12	12	10	96
7	樱桃树		13	14	9	105
8	苹果树		14	15	10	75
9	梨树		9	8	8	76.8
10	苹果树		8	9	6	45
11	公式	说明（结果）				
12	=DCOUNT(A4:E10,"使用年数",A1:F2)	此函数查找高度在 10 到 16 英尺之间的苹果树的记录，并且计算这些记录中"使用年数"字段包含数字的单元格数目。(1)				
13	=DCOUNTA(A4:E10,"利润",A1:F2)	此函数查找高度为 10 到 16 英尺之间的苹果树记录，并计算这些记录中"利润"字段为非空的单元格数目。(1)				
14	=DMAX(A4:E10,"利润",A1:A3)	此函数查找苹果树和梨树的最大利润。(105)				
15	=DMIN(A4:E10,"利润",A1:B2)	此函数查找高度在 10 英尺以上的苹果树的最小利润。(75)				
16	=DSUM(A4:E10,"利润",A1:A2)	此函数计算苹果树的总利润。(225)				
17	=DSUM(A4:E10,"利润",A1:F2)	此函数计算高度在 10 到 16 英尺之间的苹果树的总利润。(75)				
18	=DPRODUCT(A4:E10,"产量",A1:B2)	此函数计算高度大于 10 英尺的苹果树产量的乘积。(140)				
19	=DAVERAGE(A4:E10,"产量",A1:B2)	此函数计算高度在 10 英尺以上的苹果树的平均产量。(12)				
20	=DAVERAGE(A4:E10,3,A4:E10)	此函数计算数据库中所有树种的平均使用年数。(13)				

图 10-46　DAVERAGE 函数用法示例

	A	B
1	数据	
2	Gold	
3	Region1	
4	#REF!	
5	330.92	
6	#N/A	
7	2	
8		
9	公式	说明（结果）
10	=ISBLANK(A2)	检查单元格 A2 是否为空白 (FALSE)
11	=ISERROR(A4)	检查 #REF! 是否为错误值 (TRUE)
12	=ISNA(A4)	检查 #REF! 是否为错误值 #N/A (FALSE)
13	=ISNA(A6)	检查 #N/A 是否为错误值 #N/A (TRUE)
14	=ISERR(A6)	检查 #N/A 是否为除 #N/A 以外的错误值 (FALSE)
15	=ISNUMBER(A5)	检查 330.92 是否为数值 (TRUE)
16	=ISTEXT(A3)	检查 Region1 是否为文本 (TRUE)
17	=ISEVEN(A7)	检查 2 是否为偶数 (TRUE)
18	=ISODD(A8)	检查 4 是否为奇数 (FALSE)

图 10-47　IS 类函数用法示例

（20）IS 类函数

ISBLANK、ISERR、ISERROR、ISLOGICAL、ISNA、ISNONTEXT、ISNUMBER、ISREF、ISTEXT、ISEVEN 和 ISODD 函数统称为 IS 类函数，可以检验数值的类型并根据参数取值返回 TRUE 或 FALSE。例如，如果数值为对空白单元格的引用，函数 ISBLANK 返回逻辑值 TRUE，否则返回 FALSE。

应用举例如图 10-47 所示。

Excel 中包含了极为丰富的函数，这些函数的使用方法可借助"帮助"功能获得。

10.6 习题

一、选择题

1. 将数字向上舍入到最接近的偶数的函数是_____。
   A．EVEN　　　　B．ODD　　　　C．ROUND　　　　D．TRUNC
2. 将数字向上舍入到最接近的奇数的函数是_____。
   A．ROUND　　　B．TRUNC　　　C．EVEN　　　　D．ODD
3. 计算贷款指定期数应付的利息额应使用_____函数。
   A．FV　　　　　B．PV　　　　　C．IPMT　　　　D．PMT
4. 将数字截尾取整的函数是_____。
   A．TRUNC　　　B．INT　　　　C．ROUND　　　D．CEILING
5. 返回参数组中非空值单元格数目的函数是_____。
   A．COUNT　　　B．COUNTBLANK　C．COUNTIF　　D．COUNTA
6. 下列函数中，_____函数不需要参数。
   A．DATE　　　　B．DAY　　　　C．TODAY　　　D．TIME
7. 关于筛选，叙述正确的是_____。
   A．自动筛选可以同时显示数据区域和筛选结果
   B．高级筛选可以进行更复杂条件的筛选
   C．高级筛选不需要建立条件区，只有数据区域就可以了
   D．自动筛选可以将筛选结果放在指定的区域。
8. 使用 Excel 的数据筛选功能，是将_____。
   A．满足条件的记录显示出来，而删除不满足条件的数据
   B．不满足条件的记录暂时隐藏起来，只显示满足条件的数据
   C．不满足条件的数据用另外一个工作表保存起来
   D．将满足条件的数据突出显示
9. 某单位要统计各科室人员工资情况，按工资从高到低排序，若工资相同，以工龄降序排列，则以下做法正确的是_____。
   A．主要关键字为"科室"，次要关键字为"工资"，第二个次要关键字为"工龄"
   B．主要关键字为"工资"，次要关键字为"工龄"，第二个次要关键字为"科室"
   C．主要关键字为"工龄"，次要关键字为"工资"，第二个次要关键字为"科室"
   D．主要关键字为"科室"，次要关键字为"工龄"，第二个次要关键字为"工资"
10. 一个工作表中各列数据均含标题，要对所有列数据进行排序，用户应选取的排序区域是_____。
    A．含标题的所有数据区　　　　　B．含标题任一列数据
    C．不含标题的所有数据区　　　　D．不含标题任一列数据
11. 关于分类汇总，叙述正确的是_____。
    A．分类汇总前首先应按分类字段值对记录排序
    B．分类汇总可以按多个字段分类

C．只能对数值型字段分类

D．汇总方式只能求和

12．为了实现多字段的分类汇总，Excel 提供的工具是_____。

  A．数据地图   B．数据列表

  C．数据分析   D．数据透视表

二、实践操作题

1．打开素材库中的"教材订购情况表.xlsx"文件，按下面的操作要求进行操作，并把操作结果存盘。

【注意】 在做题时，不得将数据表进行随意更改。

操作要求：

（1）在 Sheet5 的 A1 单元格中设置为只能录入 5 位数字或文本。当录入位数错误时，提示错误原因，样式为"警告"，错误信息为"只能录入 5 位数字或文本"。

（2）在 Sheet5 的 B1 单元格中输入分数 1/3。

（3）使用数组公式，对 Sheet1 中"教材订购情况表"的订购金额进行计算。

① 将结果保存在该表的"金额"列当中。

② 计算方法为：金额=订数 * 单价。

（4）使用统计函数，对 Sheet1 中"教材订购情况表"的结果按以下条件进行统计，并将结果保存在 Sheet1 中的相应位置。要求：

① 统计出版社名称为"高等教育出版社"的书的种类数，并将结果保存在 Sheet1 中 L2 单元格中。

② 统计订购数量大于 110 且小于 850 的书的种类数，并将结果保存在 Sheet1 中 L3 单元格中。

（5）使用函数，计算每个用户所订购图书所需支付的金额总数，并将结果保存在 Sheet1 中"用户支付情况表"的"支付总额"列中。

（6）使用函数，判断 Sheet2 中的年份是否为闰年，如果是，结果保存"闰年"；如果不是，则结果保存"平年"，并将结果保存在"是否为闰年"列中。

闰年定义：年数能被 4 整除而不能被 100 整除，或者能被 400 整除的年份。

（7）将 Sheet1 中的"教材订购情况表"复制到 Sheet3 中，对 Sheet3 进行高级筛选。

① 要求：

* 筛选条件为"订数>=500，且金额<=30 000"。

* 将结果保存在 Sheet3 中。

② 注意：

* 无须考虑是否删除或移动筛选条件。

* 复制过程中，将标题项"教材订购情况表"连同数据一同复制。

* 复制数据表后，粘贴时，数据表必须顶格放置。

* 复制过程中，数据保持一致。

（8）根据 Sheet1 中"教材订购情况表"的结果，在 Sheet4 中新建一张数据透视表。要求：

① 显示每个客户在每家出版社所征订的教材数目。

② 行区域设置为"出版社"。

③ 列区域设置为"客户"。

④ 求和项为"订数"。

⑤ 数值区域设置为"订数"。

2．打开素材库中的"电话号码升级表.xlsx"文件，按下面的操作要求进行操作，并把操作结果存盘。

【注意】 在做题时，不得将数据表进行随意更改。

操作要求：

（1）在Sheet5的A1单元格中设置为只能录入5位数字或文本。当录入位数错误时，提示错误原因，样式为"警告"，错误信息为"只能录入5位数字或文本"。

（2）在Sheet5的B1单元格中输入公式，判断当前年份是否为闰年，结果为TRUE或FALSE。闰年定义：年数能被4整除而不能被100整除，或者能被400整除的年份。

（3）使用时间函数，对Sheet1中用户的年龄进行计算。要求：

假设当前时间是"2021-5-1"，结合用户的出生年月，计算用户的年龄，并将其计算结果保存在"年龄"列当中。计算方法为两个时间年份之差。

（4）使用REPLACE函数，对Sheet1中用户的电话号码进行升级。要求：

① 对"原电话号码"列中的电话号码进行升级。升级方法是在区号（0571）后面加上"8"，并将其计算结果保存在"升级电话号码"列的相应单元格中。

② 例如：电话号码"05716742808"升级后为"057186742808"。

（5）在Sheet1中，使用AND函数，根据"性别"及"年龄"列中的数据，判断所有用户是否为大于等于40岁的男性，并将结果保存在"是否>=40男性"列中。

【注意】 如果是，保存结果为TRUE；否则，保存结果为FALSE。

（6）根据Sheet1中的数据，对以下条件，使用统计函数进行统计。要求：

① 统计性别为"男"的用户人数，将结果填入Sheet2的B2单元格中。

② 统计年龄为">40"岁的用户人数，将结果填入Sheet2的B3单元格中。

（7）将Sheet1复制到Sheet3，并对Sheet3进行高级筛选。

① 要求：

* 筛选条件为："性别"为"女"，"所在区域"为"西湖区"。

* 将筛选结果保存在Sheet3中。

② 注意：

* 无须考虑是否删除或移动筛选条件。

* 复制数据表后，粘贴时，数据表必须顶格放置。

（8）根据Sheet1的结果，创建一个数据透视图，保存在Sheet4中。要求：

① 显示每个区域所拥有的用户数量。

② x坐标设置为"所在区域"。

③ 计数项为"所在区域"。

④ 将对应的数据透视表也保存在Sheet4中。

学习情境四

学习演示文稿制作
（PowerPoint 2019）

- 项目 11　论文答辩稿制作
- 项目 12　学院简介演示文稿制作
- 项目 13　电子相册制作

项目 11 论文答辩稿制作

本项目以"论文答辩稿制作"为例,介绍如何使用 PowerPoint 2019 来制作幻灯片、添加超链接和动作按钮、设置页眉和页脚、设置动画效果(如幻灯片切换效果、自定义动画效果等)、设置主题、设置放映方式和打印演示文稿等方面的相关知识。

11.1 项目提出

在指导老师的指导和帮助下,经过几个月的辛勤努力,小李同学终于完成了自己的毕业设计(论文)——图书信息资料管理系统的研究与设计。马上就要进行毕业论文答辩了,如何才能使答辩生动活泼、引人入胜,给评委们留下一个良好的印象呢?

小李觉得 Word 适用于文字处理,Excel 适用于数据处理,只有 PowerPoint 才适用于资料展示,如课堂教学、论文答辩、产品发布、项目论证、会议报告、个人或公司介绍等。这是因为 PowerPoint 可以集文字、图形、声音、视频图像、动画于一体,同时可以借助超级链接功能创建形象生动、高度交互的多媒体演示文稿。因此,小李决定使用 PowerPoint 2019 来制作论文答辩演讲稿。

在制作论文答辩演讲稿的过程中,小李遇到了以下几个问题。

(1)如何制作一张张幻灯片,来阐述论文的观点?

(2)如何实现不同幻灯片之间的跳转,来提高演示文稿的交互性?

(3)如何在每张幻灯片中添加日期、幻灯片编号等,并设置幻灯片的动画效果,还要使每张幻灯片具有统一的风格?

(4)如何设置放映方式,并打印演示文稿?

经过指导老师的引导和帮助,小李终于解决了以上几个问题,以下是他的解决方法。

11.2 项目分析

根据论文的内容提要,为每张幻灯片选定合适的版式,在每张幻灯片中添加文字、图形、图片、艺术字等对象,从而制作出各张幻灯片。其中,第 1 张幻灯片一般为标题幻灯片,主要包括论文题目,以及答辩者的姓名、所在班级、指导老师等信息;由于论文内容较多,可在第 2 张幻灯片中放置论文的"目录",起到预览论文核心内容和导读的作用;后面的幻灯片是各相关主题的幻灯片,最后一张幻灯片是"答辩结束"幻灯片。

各幻灯片制作好后,为了便于讲解和提高交互性,可能要随时改变播放顺序,可对目录中的各条目建立超链接(链接到相关主题的幻灯片),还可建立动作按钮,实现上下翻页的功能。

在页眉和页脚中,可以添加日期、幻灯片编号等。为了使演示文稿更加生动活泼、形象逼真,获得最佳演示效果,还应设置幻灯片的动画效果。动画效果包括幻灯片之间的切换效果和幻灯片内部的自定义动画效果。可以利用"主题"功能,快速美化和统一每一张幻灯片的风格,PowerPoint 2019 内置的主题库中提供了大量的主题,根据需要可选择其中的某个主题来快速美化幻灯片。

最后,应设置合适的幻灯片放映方式,有时还需要打印演示文稿。

由以上分析可知,"论文答辩稿制作"可以分解为以下四大任务:制作 8 张幻灯片;添加超链接和动作按钮;设置页眉页脚、动画效果和主题;设置放映方式和打印演示文稿。

其操作流程图如图 11-1 所示,完成效果图如图 11-2 所示。

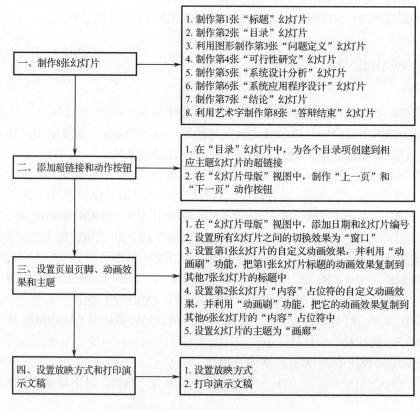

图 11-1 "论文答辩稿制作"操作流程图

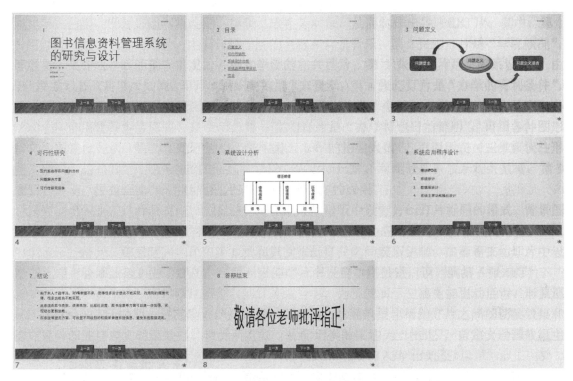

图 11-2 "论文答辩稿制作"完成效果图

11.3 相关知识点

1. 演示文稿和幻灯片

一个 PowerPoint 文件称为一个演示文稿，通常它由一组幻灯片构成，制作演示文稿的过程实际上就是制作一张张幻灯片的过程。幻灯片中可以包含文字、表格、图片、声音、视频等内容。使用 PowerPoint 2019 制作的演示文稿的文件扩展名为.pptx。

2. 占位符

占位符是指幻灯片上一种带有虚线或阴影线边缘的框，绝大部分幻灯片版式中都有这种框。在这些框内可以放置标题及正文，或者是图表、表格和图片等对象。

占位符的大小和位置一般取决于幻灯片所用的版式。

3. 幻灯片版式

"版式"是指幻灯片内容在幻灯片上的排列方式。版式由占位符组成，占位符中可放置文字（如标题和项目符号列表）和幻灯片内容（如表格、图表、图片、形状）等。

4. 动作按钮和超级链接

放映演示文稿时，默认是按顺序播放幻灯片的。通过对幻灯片中的对象设置动作按钮和超级链接，可以改变幻灯片的放映顺序，提高演示文稿的交互性。

在 PowerPoint 中，超级链接可以从一张幻灯片跳转到同一演示文稿中的其他幻灯片，也可以跳转到其他演示文稿、文件（如 Word 文档）、电子邮件地址，以及网页等。

动作按钮以图形化的按钮进行超级链接，如"前进""后退"动作按钮分别超级链接到"下一张""上一张"幻灯片。

5. 动画效果

动画效果是指当放映幻灯片时,幻灯片中的一些对象(如文本、图形等)会按照一定的顺序依次显示对象或者使用运动画面。为幻灯片上的文本、图形、表格和其他对象添加动画效果,可以突出重点、控制信息流,并增加演示文稿的趣味性,从而给观众留下深刻的印象。动画有时可以起到画龙点睛的作用。

动画效果包括幻灯片之间的切换效果和幻灯片内部的自定义动画效果。为演示文稿中的幻灯片添加切换效果,可以使演示文稿放映过程中幻灯片之间的过渡衔接更为自然。"自定义动画"允许我们对每一张幻片中的各种对象分别设置不同的、功能更强的动画效果,以期达到更好的播放效果。

6. 动画刷

为演示文稿添加动画是比较烦琐的事情,尤其还要逐个调节时间和速度。PowerPoint 2019 中的"动画刷"功能,可以像使用"格式刷"功能一样轻轻一"刷"就可以把原有对象上的动画复制到新的目标对象上。

7. 主题

主题是一组预定义的颜色、字体和视觉效果,适用于幻灯片以实现统一、专业的外观。通过使用主题,可以轻松赋予演示文稿和谐的外观。

主题是主题颜色、主题字体和主题效果三者的组合。主题可以作为一套独立的选择方案应用于文件中。主题颜色、字体和效果可同时在 PowerPoint、Excel、Word 和 Outlook 中应用,使演示文稿、工作表、文档和电子邮件具有统一的风格。

11.4 项目实施

任务 1:制作 8 张幻灯片

微课:制作 8 张幻灯片

根据论文的内容提要,为每张幻灯片选定合适的版式,在每张幻灯片中添加文字、图形、图片、艺术字等对象,从而制作出各张幻灯片。其中,第 1 张幻灯片一般为标题幻灯片,主要包括论文题目,以及答辩者的姓名、所在班级、指导老师等信息;由于论文内容较多,可在第 2 张幻灯片中放置论文的"目录",起到预览论文核心内容和导读的作用;后面的幻灯片是各相关主题的幻灯片,最后一张幻灯片是"答辩结束"幻灯片。

步骤 1:启动 PowerPoint 2019 软件,新建空白演示文稿,在第 1 张标题幻灯片中输入相应的主、副标题内容,效果如图 11-3 所示。

步骤 2:在"开始"选项卡中,单击"幻灯片"组中的"新建幻灯片"下拉按钮,在打开的下拉列表中选择"标题和内容"版式,如图 11-4 所示,插入一张新幻灯片(第 2 张幻灯片)。在"标题"占位符中输入文字"目录",在"内容"占位符中输入目录内容,如图 11-5 所示。

步骤 3:使用相同的方法,再次插入一张"仅标题"版式的新幻灯片,在"标题"占位符中输入文字"问题定义"。

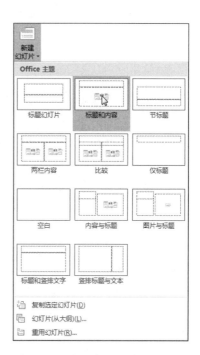

图 11-3　第 1 张幻灯片　　　　　　　　图 11-4　选择"标题和内容"版式

图 11-5　第 2 张幻灯片

步骤 4：在"插入"选项卡中，单击"插图"组中的"形状"下拉按钮，在打开的下拉列表中选择"基本形状"区域中的"椭圆"图形，如图 11-6 所示，然后在"标题"占位符下方的空白处拖动鼠标，画出一个适当大小的椭圆，再画 2 个略小一些的椭圆，移动这 3 个椭圆使它们重叠并在上顶点相切，如图 11-7 所示。

步骤 5：右击最上面的椭圆，在弹出的快捷菜单中选择"设置形状格式"命令，打开"设置形状格式"任务窗格，如图 11-8 所示，展开"填充"选项，选中"纯色填充"单选按钮，并在"颜色"下拉框中选择"浅灰色，背景 2，深色 10%"颜色作为椭圆的填充色，另外，在"线条"选项中，还可设置椭圆线条的颜色。

步骤 6：使用相同的方法，设置另外 2 个椭圆的填充色分别为"浅灰色，背景 2，深色 25%"和"浅灰色，背景 2，深色 50%"。

步骤 7：右击最上面的椭圆，在弹出的快捷菜单中选择"编辑文字"命令，然后在最上面的椭圆中输入文字"问题定义"，并设置文字颜色为黑色。

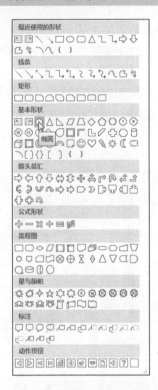

图 11-6 选择"椭圆"图形

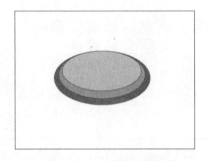

图 11-7 画 3 个相切的椭圆

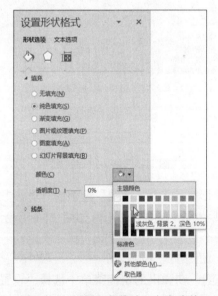

图 11-8 "设置形状格式"任务窗格

步骤 8：按住 Ctrl 键，一一选中这 3 个椭圆，然后右击，在弹出的快捷菜单中选择"组合"→"组合"命令，使这 3 个椭圆组合在一起，成为一个整体（组合图形），移动组合图形至幻灯片的中央。

步骤 9：使用相同的方法，在组合图形的左侧插入一个圆角矩形，在圆角矩形中添加文字"问题提出"（右击选择"编辑文本"命令），再在组合图形的右侧插入一个圆角矩形，在圆角矩形中添加文字"问题定义报告"(右击选择"编辑文本"命令)。

步骤10：在这些图形之间分别插入上弧形箭头和下弧形箭头，并调整这些图形的大小和位置，效果如图11-9所示。

步骤11：插入一张"标题和内容"版式的新幻灯片，在"标题"占位符中输入文字"可行性研究"，在"内容"占位符中输入相应文字，并设置1.5倍行距，效果如图11-10所示。

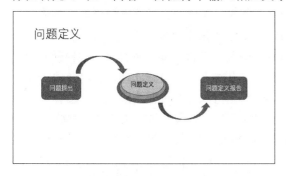

图11-9　第3张幻灯片　　　　　图11-10　第4张幻灯片

步骤12：插入一张"标题和内容"版式的新幻灯片，在"标题"占位符中输入文字"系统设计分析"，单击"内容"占位符中的"图片"按钮，打开"插入图片"对话框，找到并插入素材库中的"系统设计分析图.png"图片，适当调整该图片的位置和大小，效果如图11-11所示。

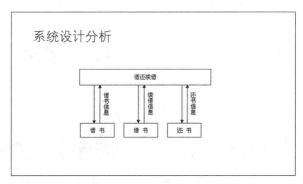

图11-11　第5张幻灯片

步骤13：插入一张"标题和内容"版式的新幻灯片，在"标题"占位符中输入文字"系统应用程序设计"，在"内容"占位符中输入相应文字，并设置1.5倍行距，选中"内容"占位符中的所有文字，单击"段落"组中的"编号"下拉按钮，在打开的下拉列表中选择第1行第2列的数字编号，如图11-12所示，此时幻灯片效果如图11-13所示。

步骤14：插入一张"标题和内容"版式的新幻灯片，在"标题"占位符中输入文字"结论"，在"内容"占位符中输入相应文字，效果如图11-14所示。

步骤15：插入一张"仅标题"版式的新幻灯片，在"标题"占位符中输入文字"答辩结束"，然后在"插入"选项卡中，单击"文本"组中的"艺术字"下拉按钮，在打开的下拉列表中选择第1行第1列的艺术字样式，如图11-15所示，此时，在幻灯片中插入了艺术字"请在此放置您的文字"，把这些文字修改为"敬请各位老师批评指正！"。

步骤16：在绘图工具的"格式"选项卡中，单击"艺术字样式"组中的"文本效果"下拉按钮,在打开的下拉列表中选择"转换"→"朝鲜鼓"选项,如图11-16所示。

图11-12 "编号"下拉列表

图11-13 第6张幻灯片

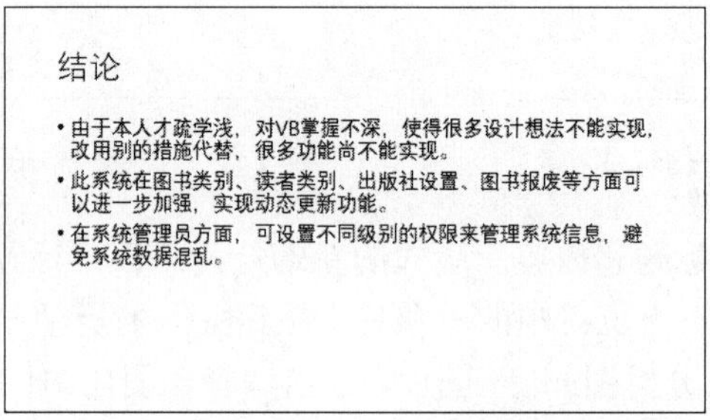

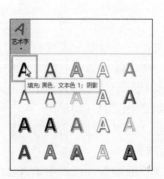

图11-15 艺术字样式列表

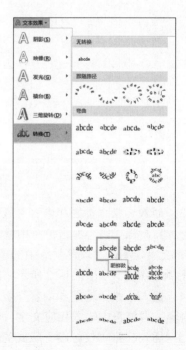

图11-16 艺术字"转换"列表

图11-14 第7张幻灯片

步骤17:适当调整"艺术字"占位符的位置和大小,上下拖动"艺术字"占位符的圆形控制柄可调整"朝鲜鼓"文本效果的弧度,如图11-17所示。

图 11-17　第 8 张幻灯片

任务 2：添加超链接和动作按钮

每张幻灯片的顺序是按照毕业论文的大纲内容规划的，但出于答辩需要，可能会改变播放顺序，这可通过添加超链接、动作按钮等来实现。

1．添加超链接

步骤 1：在第 2 张"目录"幻灯片中，选中文字"问题定义"，然后右击，在弹出的快捷菜单中选择"超链接"命令，打开"插入超链接"对话框，如图 11-18 所示，在左侧的"链接到"窗格中选择"本文档中的位置"选项，在中央的"请选择文档中的位置"窗格中选择标题为"3. 问题定义"的幻灯片（第 3 张幻灯片），单击"确定"按钮，完成超链接设置，此时文字"问题定义"变为蓝色，并添加了下画线。

微课：添加超链接和动作按钮

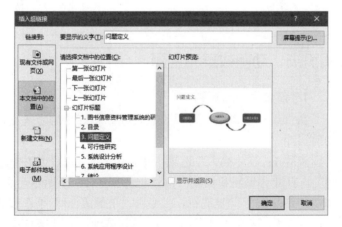

图 11-18　"插入超链接"对话框

步骤 2：使用与步骤 1 相同的方法，为第 2 张"目录"幻灯片中的文字"可行性研究""系统设计分析""系统应用程序设计"和"结论"，分别超链接到第 4、5、6、7 张幻灯片。

2．添加动作按钮

为了便于幻灯片的上下翻页，可以制作"上一页"和"下一页"动作按钮，因为这两个动作按钮需要在每张幻灯片中出现，可以在幻灯片母版中制作这两个动作按钮。

步骤 1：在"视图"选项卡中，单击"母版视图"组中的"幻灯片母版"按钮，打开母版视图，在左侧窗格中选择第 1 张幻灯片母版（Office 主题 幻灯片母版：由幻灯片 1-8 使用）。

步骤 2：在"插入"选项卡中，单击"插图"组中的"形状"下拉按钮，在打开的下拉列表中选择"动作按钮"区域中的最后一个动作按钮▢（动作按钮：空白），然后在幻灯片母版底部画出一个按钮，在打开的"操作设置"对话框的"单击鼠标"选项卡中，选中"超链接到"单选按钮，并在其下拉列表中选择"上一张幻灯片"选项，如图11-19所示，单击"确定"按钮。

步骤3：右击刚绘制的按钮，在弹出的快捷菜单中选择"编辑文字"命令，然后在"动作按钮"内输入文字"上一页"，使用相同的方法，再制作一个"下一页"动作按钮（超链接到"下一张幻灯片"），效果如图11-20所示。

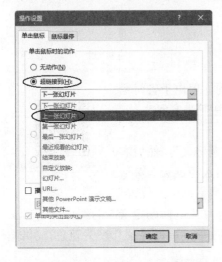

图11-19 "操作设置"对话框

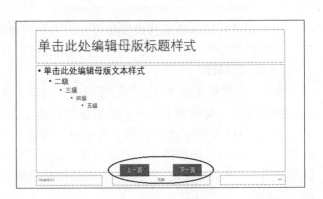

图11-20 动作按钮

任务3：设置页眉页脚、动画效果和主题

微课：设置页眉页脚、动画效果和主题

1. 设置页眉和页脚

在页眉和页脚中，可以设置日期和幻灯片编号等，日期可自动更新为当前日期。

步骤1：在"插入"选项卡中，单击"文本"组中的"页眉和页脚"按钮，打开"页眉和页脚"对话框，如图11-21所示，选中"日期和时间"和"幻灯片编号"复选框，并选中"自动更新"单选按钮，再单击"全部应用"按钮，这样在每张幻灯片中都会显示当前日期和幻灯片编号（页码），方便答辩者使用。

如果不想在标题幻灯片中显示当前日期（其他幻灯片中要显示），则需要在图11-21所示的界面中选中"标题幻灯片中不显示"复选框。

步骤2：在"幻灯片母版"选项卡中，单击"关闭"组中的"关闭母版视图"按钮 ✕ ，返回到"幻灯片"视图。

2. 设置幻灯片的动画效果

动画效果是指给文本或对象添加特殊的视觉或声音效果。为演示文稿添加动画效果，目的是突出重点，控制信息流，并增加演示文稿的趣味性。动画效果包括幻灯片之间的切换效果和幻灯片内部的自定义动画效果。

项目11 论文答辩稿制作

图 11-21 "页眉和页脚"对话框

下面先设置所有幻灯片之间的切换效果为"窗口",再设置各张幻灯片内部的自定义动画效果。

步骤 1:在"切换"选项卡中,单击"切换到此幻灯片"组右下角的"其他"按钮,如图 11-22 所示,展开切换效果所有选项,选择"动态内容"区域中的"窗口"切换效果,如图 11-23 所示,再单击"计时"组中的"应用到全部"按钮,使得所有幻灯片均采用"窗口"切换效果。

图 11-22 "切换到此幻灯片"组中的"其他"按钮

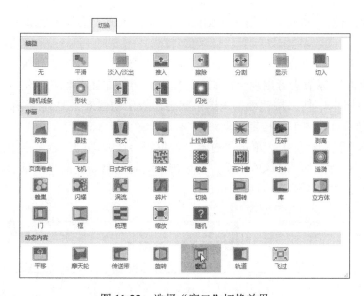

图 11-23 选择"窗口"切换效果

下面设置第 1 张幻灯片(标题幻灯片)的自定义动画效果:标题内容"图书信息资料管理

229

系统的研究与设计"的进入效果为"棋盘";副标题内容(共 3 行文字)的进入效果为"上浮",并且在标题内容出现 1 秒后自动开始,不需要单击鼠标。

步骤 2:选择第 1 张幻灯片中的标题内容"图书信息资料管理系统的研究与设计",在"动画"选项卡中,单击"高级动画"组中的"添加动画"下拉按钮,在打开的下拉列表中选择"更多进入效果"选项,打开"添加进入效果"对话框,单击"基本型"区域中的"棋盘"选项,如图 11-24 所示,单击"确定"按钮,然后在"计时"组中,设置"开始"为"上一动画之后"。

步骤 3:使用相同的方法,选择副标题内容(共 3 行文字),并添加其进入效果为"上浮",然后在"计时"组中,设置"开始"为"上一动画之后","延迟"时间为 1 秒,如图 11-25 所示。

图 11-24 "添加进入效果"对话框

图 11-25 设置"开始"和"延迟"时间

下面利用"动画刷"功能,把第 1 张幻灯片标题的动画效果复制到其他 7 张幻灯片的标题中。

步骤 4:单击第 1 张幻灯片的标题,在"动画"选项卡中,双击"高级动画"组中的"动画刷"按钮,此时鼠标箭头旁出现一把刷子,用鼠标分别单击其他 7 张幻灯片的标题,最后单击"动画刷"按钮,使该按钮处于未选中状态,表示动画效果复制结束。

以下设置其他幻灯片内部的自定义动画效果。

步骤 5:在第 2 张幻灯片中,单击"内容"占位符,在"动画"选项卡中,单击"动画"组中的"飞入"按钮,如图 11-26 所示,再单击"动画"组右侧的"效果选项"按钮,在打开的下拉列表中选择"自左侧"方向,如图 11-27 所示。

图 11-26 选择"飞入"动画

步骤 6:使用与步骤 4 相同的方法,利用"动画刷"功能,把第 2 张幻灯片"内容"占位符中的动画效果复制到其他幻灯片（第 3～8 张幻灯片）的"内容"占位符或图形中。

步骤 7：在"动画"选项卡中，单击"高级动画"组中的"动画窗格"按钮，可以打开"动画窗格"，图 11-28 是第 2 张幻灯片的"动画窗格"，其中的序号表示动画播放的顺序，单击"动画窗格"右上部的 ▲、▼ 箭头可调整动画播放的顺序。

图 11-27　选择"自左侧"方向　　　　图 11-28　第 2 张幻灯片的"动画窗格"

3. 设置幻灯片的主题

可以利用"主题"功能，快速美化和统一每一张幻灯片的风格，PowerPoint 2019 中内置的主题库中提供了大量的主题，根据需要可选择其中的某个主题来快速美化幻灯片。

步骤 1：在"设计"选项卡中，单击"主题"组中的"画廊"选项，如图 11-29 所示，则所有幻灯片都应用了"画廊"主题，效果如图 11-30 所示。

图 11-29　选择"画廊"主题

图 11-30　设置"画廊"主题后的第 1 张幻灯片

步骤 2：如果对所应用主题的某一部分元素不够满意，可以通过"变体"组中的"颜色""字体""效果"或者"背景样式"选项，进行进一步的修改。

任务 4：设置放映方式和打印演示文稿

微课：设置放映方式和打印演示文稿

演示文稿制作完毕后，还应设置合适的放映方式，有时还需要打印演示文稿。

步骤 1：在"幻灯片放映"选项卡中，单击"设置"组中的"设置幻灯片放映"按钮，打开"设置放映方式"对话框，如图 11-31 所示，可设置放映类型、放映选项、绘图笔颜色、放映幻灯片、推进幻灯片等。

图 11-31 "设置放映方式"对话框

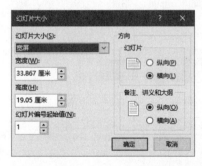

图 11-32 "幻灯片大小"对话框

步骤 2：在"设计"选项卡中，单击"自定义"组中的"幻灯片大小"下拉按钮，在打开的下拉列表中选择"自定义幻灯片大小"选项，打开"幻灯片大小"对话框，如图 11-32 所示，可设置幻灯片大小（宽度和高度）、幻灯片编号起始值、幻灯片方向等。

步骤 3：选择"文件"→"打印"命令，在窗口中可设置"打印"选项，如打印份数、打印范围、打印内容、打印颜色等。设置打印份数为 1，打印全部幻灯片，打印内容为讲义，并每页打印 6 张水平放置的幻灯片，打印颜色为灰度，如图 11-33 所示。

【说明】

（1）在图 11-31 所示的界面中，一般选择放映全部幻灯片，也可选择放映部分幻灯片，如果设置了自定义放映（"幻灯片放映"→"自定义幻灯片放映"→"自定义放映"），也可选择只放映自定义部分。

（2）如果某张（或某些）幻灯片不想放映，又不想删除，可设置其为隐藏（"幻灯片放映"→"隐藏幻灯片"）。

（3）幻灯片放映时，右击选择"指针选项"，再选择某种绘图笔后，可以在幻灯片上写字、画线或绘图。

（4）在图 11-33 所示的界面中，打印内容可选择整页幻灯片、备注页、大纲、讲义等，为了节约纸张，可以选择打印内容为讲义，并设置每页打印的幻灯片数（如 6 张）和顺序（水平或垂直）。

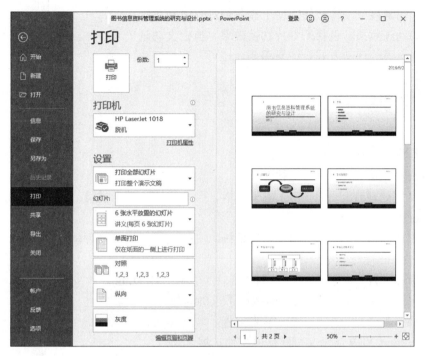

图 11-33　设置"打印"选项

11.5　总结与提高

本项目主要介绍了如何使用 PowerPoint 2019 来制作幻灯片、添加超链接和动作按钮、设置页眉和页脚、设置动画效果（如幻灯片切换效果、自定义动画效果等）、设置主题、设置放映方式和打印演示文稿等。

如果幻灯片数量和内容较多，一般应该设置"目录"，起到预览核心内容和导读的作用。可以通过设置超链接和动作按钮，实现幻灯片之间的跳转。

为幻灯片上的文本、图形、表格和其他对象添加动画效果，可以突出重点、控制信息流，并增加演示文稿的趣味性，从而给观众留下深刻的印象。动画有时可以起到画龙点睛的作用。动画效果包括幻灯片之间的切换效果和幻灯片内部的自定义动画效果。

可以利用"主题"功能，快速美化和统一每一张幻灯片的风格，PowerPoint 2019 中内置的主题库中提供了大量的主题，根据需要可选择其中的某个主题来快速美化幻灯片。

为了节约纸张，可以选择打印内容为讲义，并设置每页打印的幻灯片数（如 6 张）和顺序（水平或垂直）。

总之，演示文稿的设计是一门学问和技术，好的演示文稿可以使内容介绍更加有重点，更加容易让人接受。

利用 PowerPoint 制作演示文稿的基本过程如下。

（1）搜集相关素材，并对素材进行筛选和提炼。

（2）制作静态幻灯片，除了文本外，还可添加各种图形、图片等多媒体元素，达到图文并茂、形象生动的效果。

（3）添加超链接或动作按钮，便于在各幻灯片之间跳转。

（4）添加动画效果，包括幻灯片切换效果、自定义动画效果。

（5）设置合适的放映方式，如果需要，还可打印幻灯片。

11.6 习题

一、选择题

1. PowerPoint 是一种_____软件。
   A．文字处理　　　　B．电子表格　　　　C．演示文稿　　　　D．系统

2. PowerPoint 属于_____。
   A．高级语言　　　　B．操作系统　　　　C．语言处理软件　　D．应用软件

3. PowerPoint 运行的平台是_____。
   A．Windows　　　　B．UNIX　　　　　　C．Linux　　　　　　D．DOS

4. 下列对 PowerPoint 的主要功能叙述不正确的是_____。
   A．课堂教学　　　　B．学术报告　　　　C．产品介绍　　　　D．休闲娱乐

5. PowerPoint 2019 演示文稿默认的文件扩展名是_____。
   A．.pptx　　　　　　B．.potx　　　　　　C．.dotx　　　　　　D．.ppzx

6. _____是一种带有虚线或阴影线边缘的框，绝大部分幻灯片版式中都有这种框。在这些框内可以放置标题及正文，或者是图表、表格和图片等对象，并往往包含了某种格式。
   A．由"绘图"工具栏中"矩形"工具绘制的矩形
   B．由"绘图"工具栏中"文本框"工具绘制的文本框
   C．任务窗格
   D．占位符

7. _____是定义演示文稿中所有幻灯片或页面格式的幻灯片视图或页面。每个演示文稿的每个关键组件（幻灯片、标题幻灯片、演讲者备注和听众讲义）都有。
   A．模板　　　　　　B．母版　　　　　　C．版式　　　　　　D．窗格

8. 在 PowerPoint 中，"视图"这个名词表示_____。
   A．一种图形　　　　　　　　　　　　　B．显示幻灯片的方式
   C．编辑演示文稿的方式　　　　　　　　D．一张正在修改的幻灯片

9. PowerPoint 中默认的视图是_____。
   A．大纲视图　　　　　　　　　　　　　B．幻灯片浏览视图
   C．普通视图　　　　　　　　　　　　　D．幻灯片视图

10. 在 PowerPoint 的大纲窗格中，不可以_____。
    A．插入幻灯片　　　　　　　　　　　　B．删除幻灯片
    C．移动幻灯片　　　　　　　　　　　　D．添加文本框

二、实践操作题

1．打开素材库中的"大熊猫.pptx"文件，按下面的操作要求进行操作，并把操作结果存盘。

（1）在最后添加一张幻灯片，设置其版式为"标题幻灯片"，在主标题区输入文字"The End"（不包括引号）。

（2）设置页脚，使除标题版式幻灯片外，所有幻灯片（即第2至第6张）的页脚文字为"国宝大熊猫"（不包括引号）。

（3）将"作息制度"所在幻灯片中的表格对象，设置动画效果为进入"自右侧　擦除"。

（4）将"活动范围"所在幻灯片中的"因此活动量也相应减少"降低到下一个较低的标题级别。

（5）将"大熊猫现代分布区"所在幻灯片的文本区，设置行距为1.2行。

2．打开素材库中的"自我介绍.pptx"文件，按下面的操作要求进行操作，并把操作结果存盘。

（1）隐藏最后一张幻灯片（"Bye-bye"）。

（2）将第1张幻灯片的背景纹理设置为"绿色大理石"。

（3）删除第3张幻灯片中所有一级文本的项目符号。

（4）删除第2张幻灯片中的文本（非标题）原来设置的动画效果，重新设置动画效果为进入"缩放"，并且次序上比图片早出现。

（5）对第3张幻灯片中的图片建立超级链接，链接到第一张幻灯片。

3．打开素材库中的"数据通信技术和网络.pptx"文件，按下面的操作要求进行操作，并把操作结果存盘。

（1）将第1张幻灯片的主标题设置为"数据通信技术和网络"，字体为"隶书"，字号默认。

（2）在每张幻灯片的日期区插入演示文稿的日期和时间，并设置为自动更新（采用默认日期格式）。

（3）将第2张幻灯片的版式设置为"竖排标题与文本"，背景设置为"鱼类化石"纹理效果。

（4）给第3张幻灯片的剪贴画建立超链接，链接到"上一张幻灯片"。

（5）将演示文稿的主题设置为"画廊"，应用于所有幻灯片。

项目 12 学院简介演示文稿制作

本项目以"学院简介演示文稿制作"为例,介绍在 PowerPoint 2019 中如何使用文字、图形、图片、图表、表格、SmartArt 图形等来制作图文并茂的幻灯片、插入超链接和动作按钮、设置日期和幻灯片编号、设置动画效果(如幻灯片切换效果、自定义动画效果等)等方面的相关知识。

12.1 项目提出

随着高考时间的临近,一年一度的学院招生工作又要开始了。近几年来,学院的师资力量、实训条件、教学质量等有了明显的提高,招生规模也不断扩大,为了进一步加强招生宣传工作的力度,在印制大量招生宣传资料的同时,招生办公室的王老师接到了另一项工作——制作"学院简介"演示文稿,主要介绍学院概况、院系设置、办学条件、办学理念、办学特色、近 5 年招生人数、2020 年招生计划,以及校企合作等方面的内容。

王老师开始收集相关素材,准备了一些文字、图片、表格等资料,由于对演示文稿的制作不够熟练,制作过程中遇到了以下几个问题。

(1)如何使每张幻灯片具有统一的风格,使用相同的背景图片,并有背景音乐。
(2)如何使用组织结构图、图表、表格等制作一张张图文并茂的幻灯片,增强幻灯片的表现力。
(3)如何设置超链接和动作按钮,增加幻灯片的交互性。
(4)如何在每张幻灯片中添加日期和幻灯片编号。
(5)如何设置幻灯片的切换动画和自定义动画,提高幻灯片的播放效果。

王老师找到了计算机专业的张老师,在张老师的帮助下,王老师终于解决了以上几个问题,以下是他的解决方法。

12.2 项目分析

根据"学院简介"演示文稿的主要内容,为每张幻灯片选定合适的版式,在每张幻灯片添加文字、图形、图片、组织结构图、图表、表格等对象,从而制作出各张幻灯片。其中,第 1 张幻灯片一般为标题幻灯片,主要包括学院的名称和背景音乐;第 2 张幻灯片是"学院概况",可用文字来介绍学院的基本情况,并添加学院的相关图片;第 3 张幻灯片是"院系设置",由于"院系设置"是层次结构,可用"组织结构图"来表示;第 4 张幻灯片是"办学的有利条件",除了用文字来说明,还可用图片加以辅助;第 5 张幻灯片是"学院的办学理念",为了突出办学理念,可用"基本维恩图"来表示;第 6 张幻灯片是"办学特色日益鲜明",可用各种图形和文字来综合展示;第 7 张幻灯片是"学院最近 5 年的招生人数",可用图表(三维簇状柱形图)来表示相关数据;第 8 张幻灯片是"2020 年招生计划",可用表格来表示相关数据;第 9 张幻灯片是"校企合作",主要用图片来展示校企合作的成果。

为了使每张幻灯片具有统一的风格,可在幻灯片母版中设置好幻灯片标题的格式、背景图片等,这是因为幻灯片母版中的格式设置、背景图片等会自动应用于每一张相关幻灯片。

各张幻灯片制作好后,为了在第 6 张和第 9 张幻灯片之间实现跳转,在第 6 张幻灯片中设置超链接,链接到第 9 张幻灯片;在第 9 张幻灯片中设置动作按钮,返回到第 6 张幻灯片。

在页眉和页脚中,可以添加日期、幻灯片编号等,为了使演示文稿更加生动活泼、形象逼真,获得最佳演示效果,还应设置幻灯片的动画效果。动画效果包括幻灯片之间的切换效果和幻灯片内部的自定义动画效果。设置所有幻灯片的切换效果均为"推进",自定义动画效果主要在第 6 张幻灯片内设置,设置相关图形为自动切入和触发切入/切出效果。

由以上分析可知,"学院简介演示文稿制作"可以分解为以下五大任务:设置母版,制作 9 张幻灯片,插入超链接和动作按钮,插入日期和幻灯片编号,设置动画。

其操作流程图如图 12-1 所示,完成效果图如图 12-2 所示。

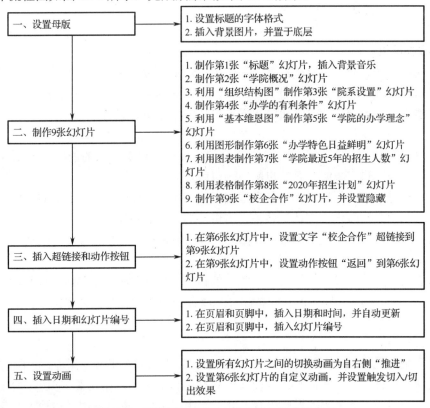

图 12-1 "学院简介演示文稿制作"操作流程图

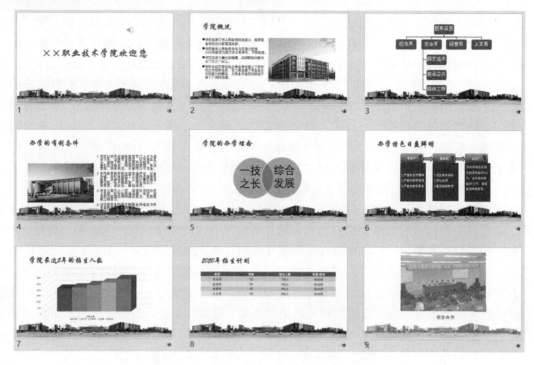

图 12-2 "学院简介演示文稿制作"完成效果图

12.3 相关知识点

1. 幻灯片母版

幻灯片母版用于设置幻灯片的样式,可供用户设定各种标题文字、背景、属性等,只需更改一项内容就可更改所有幻灯片的设计。一个完整专业的演示文稿,需要统一幻灯片中背景、配色和文字格式等,可通过演示文稿的母版和模板或主题进行设置。

在演示文稿设计中,除每张幻灯片的制作外,最关键、最重要的就是母版设计,因为母版决定了演示文稿的风格,甚至还是创建演示文稿模板和自定义主题的前提。PowerPoint 2019 提供了幻灯片母版、讲义母版、备注母版三种母版。

幻灯片母版是幻灯片层次结构中的顶层幻灯片,用于存储有关演示文稿的主题和幻灯片版式的信息,包括前景、颜色、字体、效果、占位符的大小和位置等。

讲义母版可为讲义设置统一的格式。在讲义母版中进行设置后,可在一张纸上打印多张幻灯片,供会议使用。

备注母版可为演示文稿的备注页设置统一的格式。若打印演示文稿时一同打印备注,可使用打印备注页功能。例如,要在所有的备注页上放置公司徽标或其他艺术图案,请将其添加到备注母版中。

2. 幻灯片模板

幻灯片模板即已定义的幻灯片格式。幻灯片模板是主题和用于特定用途(如销售演示文稿、商业计划或课堂课程)的一些内容。因此模板具有协同工作的设计元素(颜色、字体、背景、效果)和增强的用于讲述故事的样板内容。可以创建、存储、重复使用及与他人共享自定义的模板。

母版设置完成后只能在一个演示文稿中应用。如果想得到更多的应用,可以把母版设置保存为演示文稿模板(.potx 文件)。模板可以包含版式、主题、背景样式和内容。还可以在 Office.com 及其他合作伙伴网站上找到可应用于演示文稿的数百种不同类型的 PowerPoint 免费模板。

3. 图表和表格

图表,是演示文稿的重要组成内容,包括柱形图、折线图、饼图等。在 PowerPoint 演示文稿中插入图表,不仅可以快速、直观地表达数值或数据,而且还可以用图表转换表格数据来展示比较、模式和趋势,给观众留下深刻的印象。

成功的图表都具有以下几项关键要素:每张图表都传达一个明确的信息;图表与标题相辅相成;格式简单明了,并且前后连贯;少而精和清晰易读。

4. SmartArt 图形

SmartArt 图形是将文字转换或制作成易于表达文字内容的各种图形图表,它是信息和观点的可视化表示形式,而图表是数字值或数据的可视图示。一般来说,SmartArt 图形是为文本设计的,而图表是为数字设计的。

创建 SmartArt 图形时,系统将提示选择一种 SmartArt 图形类型,例如"流程""层次结构""循环"或"关系"等。类型类似于 SmartArt 图形的类别,并且每种类型包含几种不同的布局。

"选择 SmartArt 图形"库中显示了所有可用的布局,这些布局分为八种不同类型,即"列表""流程""循环""层次结构""关系""矩阵""棱锥图"和"图片"。每种布局都提供了一种表达内容及所传达信息的不同方法。一些布局只是使项目符号列表更加精美,而另一些布局(如组织结构图和维恩图)适合展现特定种类的信息。

5. 触发器

在 PowerPoint 2019 中,触发器是一种重要的工具。所谓触发器是指通过设置可以在单击指定对象时播放动画。在幻灯片中只要包含动画效果、电影或声音,就可以为其设置触发器。触发器可实现与用户之间的双向互动。一旦某个对象设置为触发器,单击后就会引发一个或一系列动作,该触发器下的所有对象就能根据预先设定的动画效果开始运动,并且设定好的触发器可以多次重复使用。

12.4 项目实施

任务 1:设置母版

使用母版可以统一幻灯片的风格,可在母版中设置标题格式、背景图片等。

步骤 1:启动 PowerPoint 2019 软件,在"视图"选项卡中,单击"母版视图"组中的"幻灯片母版"按钮,进入"幻灯片母版"视图。

步骤 2:在左侧窗格中选择第 1 个母版(Office 主题 幻灯片母版),然

微课:设置母版

后选择右侧窗格中的标题文字"单击此处编辑母版标题样式",在"开始"选项卡中设置其字体格式为"华文行楷,44磅,红色"。

步骤3:在"插入"选项卡中,单击"图像"组中的"图片"按钮,打开"插入图片"窗口,找到并选择素材库中的"背景.jpg"文件,如图12-3所示,单击"插入"按钮。

图12-3 "插入图片"窗口

步骤4:移动背景图片至母版底部,并调整其大小至母版宽度,如图12-4所示,右击该背景图片,在弹出的快捷菜单中选择"置于底层"→"置于底层"命令。

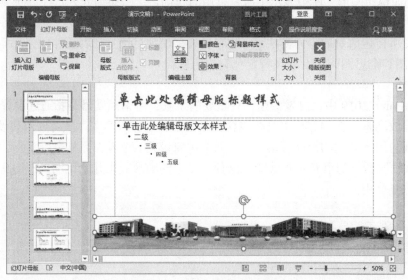

图12-4 设置母版背景图片

步骤5:在"幻灯片母版"选项卡中,单击"关闭"组中的"关闭母版视图"按钮,返回"幻灯片"视图。

微课:制作第1~5张幻灯片

任务2:制作9张幻灯片

通过选择合适的版式,再使用文字、图形、图片、组织结构图、图表、表格等制作出图文并茂的9张幻灯片,它们分别是"标题"

幻灯片、"学院概况"幻灯片、"院系设置"幻灯片、"办学的有利条件"幻灯片、"学院的办学理念"幻灯片、"办学特色日益鲜明"幻灯片、"学院最近5年的招生人数"幻灯片、"2020年招生计划"幻灯片和"校企合作"幻灯片。

1. 制作第1张幻灯片

步骤1：在第1张标题幻灯片中，删除"副标题"占位符，在标题占位符中输入文字"××职业技术学院欢迎您"。选择该标题文字，单击"字体"组中的"文字阴影"按钮S。

步骤2：在"插入"选项卡中，单击"媒体"组中的"音频"下拉按钮，在打开的下拉列表中选择"PC上的音频"选项，打开"插入音频"窗口，找到并选择素材库中的"背景音乐.mp3"音乐文件，单击"插入"按钮。

步骤3：在"音频工具"的"播放"选项卡中，单击"音频选项"组中的"开始"下拉按钮，在打开的下拉列表中选择"自动"选项，并选中"放映时隐藏""循环播放，直到停止"和"播放完毕返回开头"复选框，如图12-5所示。

步骤4：拖动"喇叭"图标至第1张幻灯片的右上角位置，效果如图12-6所示。

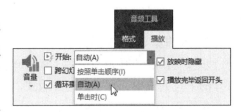

图12-5 "播放"选项卡

图12-6 第1张幻灯片

2. 制作第2张幻灯片

步骤1：在"开始"选项卡中，单击"幻灯片"组中的"新建幻灯片"下拉按钮，在打开的下拉列表中选择"两栏内容"版式，插入一张新幻灯片，在标题占位符中，输入标题文字"学院概况"。

步骤2：在左侧的内容占位符中输入有关学院概况的文字内容，选择刚输入的所有文字，设置字号为20磅，再单击"段落"组中的"项目符号"下拉按钮，在打开的下拉列表中选择第一行第三列的项目符号（实心正方形），如图12-7所示。

步骤3：在右侧的内容占位符中，单击"图片"按钮，打开"插入图片"窗口，找到并选择素材库中的"办公楼.jpg"文件，单击"插入"按钮，适当调整图片的位置和大小，效果如图12-8所示。

图 12-7 选择项目符号

图 12-8 第 2 张幻灯片

3. 制作第 3 张幻灯片

步骤 1：在"开始"选项卡中，单击"幻灯片"组中的"新建幻灯片"下拉按钮，在打开的下拉列表中选择"空白"版式，插入一张新幻灯片。

步骤 2：在"插入"选项卡中，单击"插图"组中的"SmartArt"按钮，打开"选择 SmartArt 图形"对话框，在左侧窗格中选择"层次结构"选项，在中间窗格中选择第一行第一列的图形（组织结构图），如图 12-9 所示，单击"确定"按钮，在幻灯片中插入一张组织结构图，如图 12-10 所示。

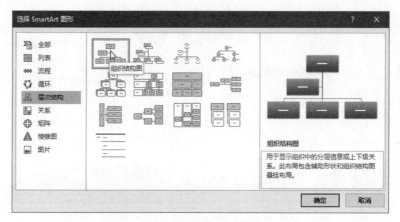

图 12-9 "选择 SmartArt 图形"对话框

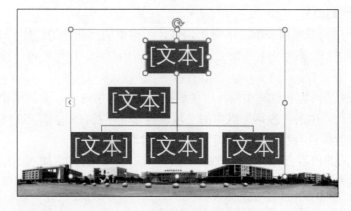

图 12-10 新插入的组织结构图

步骤 3：在组织结构图的第一个图形块中输入文字"院系设置"，删除（剪切）第二个图形块，在下面的 3 个图形块中分别输入文字"机电系""农业系""经管系"。

步骤 4：右击"经管系"图形块，在弹出的快捷菜单中选择"添加形状"→"在后面添加形状"命令，此时在"经管系"图形块的右侧添加了一个空白的图形块，右击该图形块，在弹出的快捷菜单中选择"编辑文字"命令，在该图形块中输入文字"人文系"。

步骤 5：右击"农业系"图形块，在弹出的快捷菜单中选择"添加形状"→"在下方添加形状"命令，此时在"农业系"图形块的下方添加了一个空白的图形块，右击该图形块，在弹出的快捷菜单中选择"编辑文字"命令，在该图形块中输入文字"园艺技术"。

步骤 6：重复上面的步骤 5，在"农业系"图形块的下方再添加"商品花卉"和"园林工程"2 个图形块。

步骤 7：按住 Ctrl 键，选中所有的图形块，右击，在弹出的快捷菜单中选择"更改形状"→"矩形：圆角"命令，从而更改所有图形块的形状为圆角矩形，结果如图 12-11 所示。

图 12-11　第 3 张幻灯片

4．制作第 4 张幻灯片

步骤 1：在"开始"选项卡中，单击"幻灯片"组中的"新建幻灯片"下拉按钮，在打开的下拉列表中选择"两栏内容"版式，插入一张新幻灯片，在标题占位符中，输入标题文字"办学的有利条件"。

步骤 2：在左侧的内容占位符中，单击"图片"按钮，打开"插入图片"窗口，找到并选择素材库中的"图书馆.jpg"文件，单击"插入"按钮，适当调整图片的位置和大小。

步骤 3：在右侧的内容占位符中输入有关学院办学的有利条件的文字内容，选择刚输入的所有文字，再单击"段落"组中的"编号"下拉按钮，在打开的下拉列表中选择第一行第二列的编号（1.，2.，3.），如图 12-12 所示。

步骤 4：在"视图"选项卡中，选中"显示"组中的"标尺"复选框，选择所有文字，适当向左拖动"水平标尺"中的"悬挂缩进"图块，如图 12-13 所示。

图 12-12　选择编号

5．制作第 5 张幻灯片

步骤 1：在"开始"选项卡中，单击"幻灯片"组中的"新建幻灯片"下拉按钮，在打开的下拉列表中选择"标题和内容"版式，插入一张新幻灯片，在标题占位符中，输入标题文字"学院的办学理念"。

步骤 2：在内容占位符中，单击"插入 SmartArt 图形"按钮，打开"选择 SmartArt 图形"对话框,在左侧窗格中选择"关系",在中间窗格中选择"基本维恩图",单击"确定"按钮,从而在幻灯片中插入一张"基本维恩图"。

图 12-13　第 4 张幻灯片

步骤 3:在"基本维恩图"中,删除其中的一个圆形图块,在另两个圆形图块中分别输入文字"一技之长"和"综合发展",适当调整两个圆形图块的大小和位置,效果如图 12-14 所示。

图 12-14　第 5 张幻灯片

6. 制作第 6 张幻灯片

微课:制作第 6~9 张幻灯片

步骤 1:在"开始"选项卡中,单击"幻灯片"组中的"新建幻灯片"下拉按钮,在打开的下拉列表中选择"仅标题"版式,插入一张新幻灯片,在标题占位符中,输入标题文字"办学特色日益鲜明"。

步骤 2:单击"绘图"组中的"圆角矩形"按钮囗,在幻灯片中的合适位置画出一个圆角矩形,然后右击该圆角矩形,在弹出的快捷菜单中选择"大小和位置"命令,打开"设置形状格式"任务窗格,设置其高度为 2 厘米,宽度为 5 厘米,如图 12-15 所示。

步骤 3:在"设置形状格式"任务窗格中,选择"填充与线条"选项卡,单击"线条"左边的扩展按钮▷,选中"无线条"单选按钮。

步骤 4:单击"填充"左边的扩展按钮▷,选中"渐变填充"单选按钮,并选择"预设渐变"为"中等渐变-个性色 5"（第 3 行第 5 列），设置后关闭"设置形状格式"任务窗格。

步骤 5：单击"绘图"组中的"等腰三角形"按钮△，在圆角矩形内的右侧拖出一个等腰三角形，选择该等腰三角形，单击"绘图"组中的"排列"下拉按钮，在打开的下拉列表中选择"旋转"→"垂直翻转"选项。

步骤 6：按住 Ctrl 键，同时选择等腰三角形和圆角矩形，右击鼠标，在弹出的快捷菜单中选择"组合"→"组合"命令，使等腰三角形和圆角矩形组合成一个整体（以下简称为"组合图形"），便于一起复制和移动。

步骤 7：适当调整组合图形的位置，再复制 2 个组合图形（共 3 个），并使这 3 个组合图形水平等间距排列。

步骤 8：单击"绘图"组中的"右箭头"按钮，在合适位置拖出一个右箭头图形，并设置它的高度为 1 厘米，宽度为 2 厘米，填充颜色为浅绿色。

步骤 9：复制右箭头图形，并把这 2 个右箭头图形拖动到 3 个组合图形之间。适当调整 5 个图形的位置。

图 12-15　设置圆角矩形的大小

步骤 10：单击"绘图"组中的"矩形"按钮，在第一个组合图形的下方拖出 1 个矩形，并设置它的高度为 8 厘米，宽度为 5.5 厘米，填充色为蓝色。

步骤 11：复制另外 2 个同样的矩形，并把这 3 个矩形放置在 3 个组合图形的下方。

步骤 12：单击第一个组合图形，四周出现 8 个白色的控制柄后，再次单击该组合图形，四周再出现 8 个白色的控制柄，此时右击鼠标，在弹出的快捷菜单中选择"编辑文字"命令，输入文字"要求严"；使用相同的方法，在其他 2 个组合图形中分别添加文字"重实践"和"就业广"，在 3 个矩形中添加相应的文字（行距 1.5 倍），如图 12-16 所示。

图 12-16　第 6 张幻灯片

7. 制作第 7 张幻灯片

步骤 1：在"开始"选项卡中，单击"幻灯片"组中的"新建幻灯片"下拉按钮，在打开的下拉列表中选择"标题和内容"版式，插入一张新幻灯片，在标题占位符中，输入标题文字"学院最近 5 年的招生人数"。

步骤 2：在内容占位符中，单击"插入图表"按钮，打开"插入图表"对话框，选择"柱形图"中的"三维簇状柱形图"选项，如图 12-17 所示，单击"确定"按钮，此时打开 Excel 窗口，输入如图 12-18 所示的数据。

图 12-17　"插入图表"对话框

	A	B	C	D	E	F
1		2016年	2017年	2018年	2019年	2020年
2	招生人数	1900	2000	2200	2400	2700
3						
4						

图 12-18　PowerPoint 中的图表

步骤 3：单击 Excel 窗口的"关闭"按钮，返回 PowerPoint 窗口，删除三维簇状柱形图中的"图表标题"后，效果如图 12-19 所示。

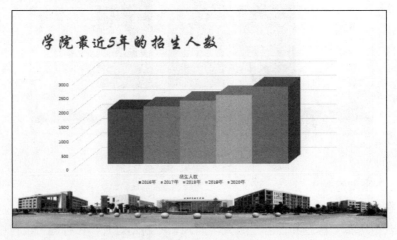

图 12-19　第 7 张幻灯片

8. 制作第 8 张幻灯片

步骤 1：在"开始"选项卡中，单击"幻灯片"组中的"新建幻灯片"下拉按钮，在打开的下拉列表中选择"标题和内容"版式，插入一张新幻灯片，在标题占位符中，输入标题文字"2020年招生计划"。

步骤 2：在内容占位符中，单击"插入表格"按钮，打开"插入表格"对话框，设置表格的列数为4，行数为5，单击"确定"按钮，从而插入一个5行4列的表格，输入如图12-20所示的数据，并设置表格中的数据"居中"显示。

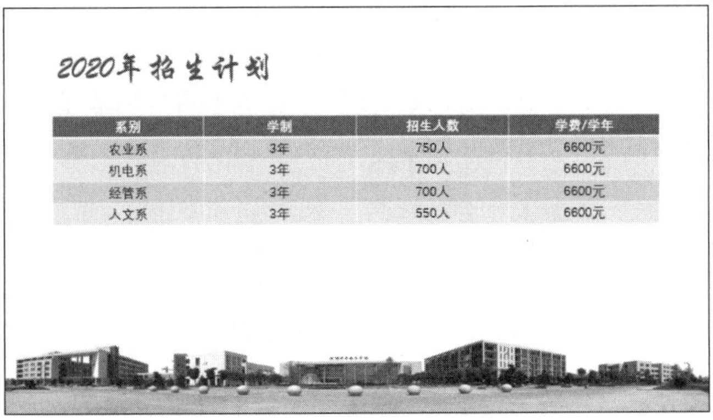

图 12-20　第 8 张幻灯片

9. 制作第 9 张幻灯片

步骤 1：在"开始"选项卡中，单击"幻灯片"组中的"新建幻灯片"下拉按钮，在打开的下拉列表中选择"空白"版式，插入一张空白幻灯片。

步骤 2：在"插入"选项卡中，单击"图像"组中的"图片"按钮，打开"插入图片"窗口，找到并选择素材库中的"校企合作.jpg"文件，单击"插入"按钮，适当调整图片的位置和大小。

步骤 3：在"插入"选项卡中，单击"文本"组中的"文本框"下拉按钮，在打开的下拉列表中选择"绘制横排文本框"选项，在图片的下方拖动鼠标，画出一个文本框，并在其中输入文字"校企合作"，设置其字体为"28磅，加粗"，效果如图12-21所示。

图 12-21　第 9 张幻灯片

步骤 4：在"幻灯片放映"选项卡中，单击"设置"组中的"隐藏幻灯片"按钮，隐藏第9张幻灯片（幻灯片放映时不播放该幻灯片）。

任务3：插入超链接和动作按钮

微课：插入超链接和动作按钮

放映演示文稿时，默认按照幻灯片的顺序播放。通过对幻灯片中的对象设置动作和超级链接，可以改变幻灯片的顺序放映方式，提高演示文稿的交互性。

步骤1：在第6张幻灯片中，选择第三个矩形框中的文字"校企合作"，在"插入"选项卡中，单击"链接"组中的"链接"按钮，打开"插入超链接"对话框，在左侧窗格中选择"本文档中的位置"选项，在中央窗格中选择"（9）幻灯片9"选项，如图12-22所示，单击"确定"按钮。

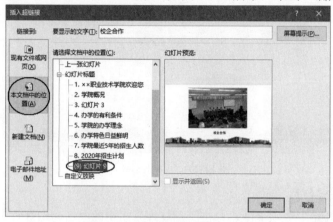

图12-22 "插入超链接"对话框

步骤2：选择第9张幻灯片，在"插入"选项卡中，单击"插图"组中的"形状"下拉按钮，在打开的下拉列表中选择"动作按钮"区域中的最后一个按钮（动作按钮：空白），在图片的右下角拖动鼠标，画出一个适当大小的按钮。

步骤3：在打开的"操作设置"对话框中，选中"超链接到"单选按钮，并在其下拉列表框中选择"幻灯片…"选项，如图12-23所示。

步骤4：在打开的"超链接到幻灯片"对话框中，选择"6. 办学特色日益鲜明"选项，如图12-24所示，单击"确定"按钮，返回到"动作设置"对话框，再单击"确定"按钮。

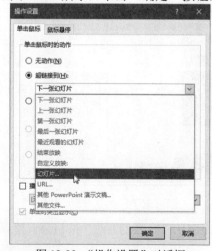
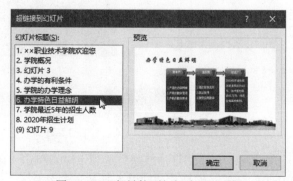

图12-23 "操作设置"对话框　　　图12-24 "超链接到幻灯片"对话框

步骤 5：右击刚插入的按钮，在弹出的快捷菜单中选择"编辑文字"命令，在按钮中输入提示符"返回"。

任务 4：插入日期和幻灯片编号

在页眉和页脚中，可以设置日期和幻灯片编号等，日期可自动更新为当前日期。

步骤 1：在"插入"选项卡中，单击"文本"组中的"页眉和页脚"按钮，打开"页眉和页脚"对话框，如图 12-25 所示。

步骤 2：选中"日期和时间"和"幻灯片编号"复选框，再选中"自动更新"单选按钮，然后单击"全部应用"按钮。

微课：插入日期和幻灯片编号

图 12-25 "页眉和页脚"对话框

任务 5：设置动画

在 PowerPoint 2019 中，动画分为幻灯片之间的切换动画和幻灯片内部的自定义动画。下面先设置幻灯片之间的切换动画，再设置幻灯片内部的自定义动画。

微课：设置动画

步骤 1：在"切换"选项卡中，单击"切换到此幻灯片"组中的"推入"按钮，在"效果选项"下拉列表中选择"自右侧"选项，在"计时"组中的"声音"下拉列表中选择"照相机"选项，再单击"应用到全部"按钮，表示所有幻灯片均采用"推入"切换效果。

下面设置第 6 张幻灯片的自定义动画。

步骤 2：在第 6 张幻灯片中，选择第一个组合图形，在"动画"选项卡中，单击"高级动画"组中的"添加动画"下拉按钮，在打开的下拉列表中选择"更多进入效果"选项，打开"添加进入效果"对话框，选择"切入"动画效果，如图 12-26 所示，单击"确定"按钮。

步骤3：单击"动画"组中的"效果选项"下拉按钮，在打开的下拉列表中选择"自左侧"方向；单击"计时"组中的"开始"下拉按钮，在打开的下拉列表中选择"上一动画之后"选项。

步骤4：使用"动画刷"功能，把第一个组合图形的动画复制到后面的右箭头和组合图形。
下面设置左侧第一个矩形的触发切入效果。

步骤5：选择左侧第一个矩形，在"动画"选项卡中，单击"高级动画"组中的"添加动画"下拉按钮，在打开的下拉列表中选择"更多进入效果"选项，打开"添加进入效果"对话框，选择"切入"动画效果，单击"确定"按钮。

步骤6：单击"动画"组中的"效果选项"下拉按钮，在打开的下拉列表中选择"自顶部"方向；单击"计时"组中的"开始"下拉按钮，在打开的下拉列表中选择"单击时"选项。

步骤7：单击"高级动画"组中的"触发"下拉按钮，在打开的下拉列表中选择"通过单击"→"组合8"选项（对应于左侧第一个组合图形），如图12-27所示。

图12-26 "添加进入效果"对话框

图12-27 选择"组合8"选项

【说明】 在实际操作时，由于操作顺序的不同，左侧第一个组合图形的名称可能不是"组合8"，但名称一定是"组合X"的形式。

下面设置左侧第一个矩形的触发切出效果。

步骤8：选择左侧第一个矩形，在"动画"选项卡中，单击"高级动画"组中的"添加动画"下拉按钮，在打开的下拉列表中选择"更多退出效果"选项，打开"添加退出效果"对话框，选择"切出"动画效果，单击"确定"按钮。

步骤9：单击"动画"组中的"效果选项"下拉按钮，在打开的下拉列表中选择"到顶部"方向；单击"计时"组中的"开始"下拉按钮，在打开的下拉列表中选择"单击时"选项。

步骤10：单击"高级动画"组中的"触发"下拉按钮，在打开的下拉列表中选择"通过单击"→"组合8"选项（对应于左侧第一个组合图形）。

下面设置其他2个矩形的触发切入/切出效果。

步骤11：选择第二个矩形，重复以上步骤5～步骤10，触发条件为通过单击"组合9"（对应于第二个组合图形)。

步骤 12：选择第三个矩形，重复以上步骤 5～步骤 10，触发条件为通过单击"组合 12"（对应于第三个组合图形）。

步骤 13：此时，单击"高级动画"组中的"动画窗格"按钮，打开的动画窗格如图 12-28 所示。

步骤 14：在"幻灯片放映"选项卡中，单击"开始放映幻灯片"组中的"从头开始"按钮，从头开始播放所有的幻灯片，观看幻灯片的播放效果。

图 12-28　动画窗格

12.5　总结与提高

本项目主要介绍了在 PowerPoint 2019 中如何使用文字、图形、图片、图表、表格、SmartArt 图形等来制作图文并茂的幻灯片、插入超链接和动作按钮、设置日期和幻灯片编号、设置动画效果（如幻灯片切换效果、自定义动画效果等）。

制作幻灯片时，根据幻灯片中要放置的内容，选择合适的版式可以起到事半功倍的效果。

在演示文稿设计中，除了每张幻灯片的制作外，最关键、最重要的就是母版设计，因为母版决定了演示文稿的风格，甚至还是创建演示文稿模板和自定义主题的前提。PowerPoint 2019 提供了幻灯片母版、讲义母版、备注母版三种母版。

SmartArt 图形是信息和观点的可视化表示形式，而图表是数字值或数据的可视图示。一般来说，SmartArt 图形是为文本设计的，而图表是为数字设计的。使用 SmartArt 图形对于制作"列表图""组织结构图""流程图""关系图"等图形特别方便。

为幻灯片上的文本、图形、表格和其他对象添加动画效果，可以突出重点、控制信息流，并增加演示文稿的趣味性，从而给观众留下深刻的印象。动画有时可以起到画龙点睛的作用。动画效果包括幻灯片之间的切换效果和幻灯片内部的自定义动画效果。使用触发器可以提高与用户之间的双向互动。一旦某个对象设置为触发器，单击后就会引发一个或一系列动作，该触发器下的所有对象就能根据预先设定的动画效果开始运动，并且设定好的触发器可以多次重复使用。

12.6 习题

一、选择题

1. 编辑演示文稿时，要在幻灯片中插入表格、剪贴画或照片等图形，应在_____中进行。
   A. 备注页视图　　　　　　　　B. 幻灯片浏览视图
   C. 幻灯片窗格　　　　　　　　D. 大纲窗格

2. 在 PowerPoint 中可以对幻灯片进行移动、删除、添加、复制、设置切换效果，但不能编辑幻灯片具体内容的是_____。
   A. 普通视图　　　　　　　　　B. 幻灯片浏览视图
   C. 幻灯片窗格　　　　　　　　D. 大纲窗格

3. PowerPoint 文档不可以保存为_____文件。
   A. 演示文稿　　B. 文稿模板　　C. PDF 文件　　D. 纯文本

4. 下列有关 PowerPoint 演示文稿的说法，正确的是_____。
   A. 演示文稿中可以嵌入 Excel 工作表
   B. 可以将 PowerPoint 演示文档保存为 PDF 文件
   C. 可以把演示文稿 A.pptx 插入到演示文稿 B.pptx 中
   D. 以上说法均正确

5. 在 PowerPoint 中，_____说法是不正确的。
   A. 可以在演示文稿中插入图表
   B. 可以将 Excel 工作表直接插入到幻灯片中
   C. 可以在幻灯片浏览视图中对演示文稿进行幻灯片移动或复制
   D. 演示文稿不能保存为在 Windows 资源管理器下直接放映的文件

6. PowerPoint 中提供安全性方面的功能，可以_____。
   A. 清除引导扇区/分区表病毒　　B. 清除感染可执行文件的病毒
   C. 清除任何类型的病毒　　　　D. 防止宏病毒

7. 在 PowerPoint 中建立的文档文件，不能用 Windows 中的"记事本"打开，这是因为_____。
   A. 文件以.pptx 为扩展名
   B. 文件中含有汉字
   C. 文件中含有特殊控制符
   D. 文件中的西文有"全角"和"半角"之分

8. 在 PowerPoint 中可以对幻灯片进行移动、删除、添加、复制、设置切换效果，但不能编辑幻灯片具体内容的是_____。
   A. 普通视图　　　　　　　　　B. 幻灯片浏览视图
   C. 幻灯片窗格　　　　　　　　D. 大纲窗格

9．如果要将 PowerPoint 演示文稿用 Adobe Reader 阅读器打开，则文件的保存类型应为_____。

  A．演示文稿   B．PDF
  C．演示文稿设计模板   D．XPS 文档

10．幻灯片中占位符的作用是_____。

  A．表示文本长度   B．限制插入对象的数量
  C．表示图形大小   D．为文本、图形预留位置

二、实践操作题

1．打开素材库中的"超重与失重.pptx"文件，按下面的操作要求进行操作，并把操作结果存盘。

（1）将第 1 张幻灯片的版式设置为"标题幻灯片"。

（2）为第 1 张幻灯片添加标题，内容为"超重与失重"，字体为"宋体"。

（3）将整个幻灯片的宽度设置为"28.8 厘米（12 英寸）"。

（4）在最后添加一张"空白"版式的幻灯片。

（5）在新添加的幻灯片上插入一个文本框，文本框的内容为"The End"，字体为"Times New Roman"。

2．打开素材库中的"国际单位制.pptx"文件，按下面的操作要求进行操作，并把操作结果存盘。

（1）在第一张幻灯片前插入一张标题幻灯片，在主标题区输入文字"国际单位制"（不包括引号）。

（2）设置所有幻灯片背景，使其填充效果的纹理为"花束"。

（3）对"物理公式在确定物理量"文字所在幻灯片，设置每一条文本的动画方式为进入"螺旋飞入"（共 6 条）。

（4）为"在采用先进的..."所在段落删除项目符号。

（5）为"SI 基本单位"所在幻灯片中的图片，建立图片的 E-mail 超链接，E-mail 地址为 djks@zju.edu.cn。

项目 13 电子相册制作

本项目以"电子相册制作"为例,介绍创建电子相册文件、导入图片、添加背景音乐、插入视频动画,以及幻灯片换片方式和打包输出等方面的相关知识。

13.1 项目提出

随着数码相机的普及,传统的相片形式已经不能满足人们的需要,而易于管理和编辑的数码相片日益受到人们的喜爱。因此制作出精美的电子相册已成为很多人的追求。虽然这方面的专业软件很多,但要做到尽善尽美还需提前做好很多学习工作,这需要花费很多时间,最常见的 PowerPoint 软件就可以帮助我们轻松制作出漂亮的电子相册来。

李想同学平时喜欢摄影,经常用数码相机拍照,计算机中存储了很多相片。可是,浏览相片的方式比较单一,为了更好地展示摄影成果,他想制作出精美的电子相册。可是一个精美的电子相册是怎么做出来的呢?如何去设置背景颜色和背景音乐?如何插入拍摄的视频动画等?带着这些问题,李想同学不仅向计算机专业老师请教,自己也查阅了很多资料。在计算机专业老师的指导和帮助下,李想同学很快掌握了电子相册制作的基本流程和要点,并为此先期进行了规划和准备,在老师的指导和帮助下解决了以下几个问题。

(1)如何利用 PowerPoint 2019 软件创建电子相册。
(2)如何插入并设置背景音乐、视频动画等。
(3)如何控制电子相册的放映。
(4)如何打包输出电子相册。

13.2 项目分析

电子相册的特点是新颖、生动、色彩鲜明,为了使电子相册更具风格,首先要分析并规划相片的主题和播放顺序等，然后选择适当的制作软件，这里选择 PowerPoint 2019 软件进行设计制作。

PowerPoint 2019 提供了制作电子相册的功能。创建电子相册时，首先导入相册图片，根据需要，进一步设置相册版式（包括图片版式、相框形状、主题等）和调整图片的前后位置，在第一张幻灯片（"标题"幻灯片）中，可设置相册主题及相册的主要内容等。

相册创建后，根据需要，还可进一步插入并设置相册的背景音乐、视频动画等，制作出更具感染力的多媒体演示文稿。相册放映时，有多种换片方式，默认为单击鼠标手动换片，根据需要，可设置每隔一定时间自动换片、排练计时自动换片等，还可以设置循环放映。

最后，除了把相册保存为".pptx"格式的文件外，为了能在尚未安装 PowerPoint 软件的计算机中放映，可把相册另存为.ppsx 文件、打包成 CD、复制到文件夹，还可把相册创建为 PDF/XPS 文档、创建视频、创建讲义等。

由以上分析可知，"电子相册制作"可分解为以下五大任务：创建相册，添加背景音乐，插入视频动画，控制放映，打包输出。

其操作流程图如图 13-1 所示，完成效果图如图 13-2 所示。

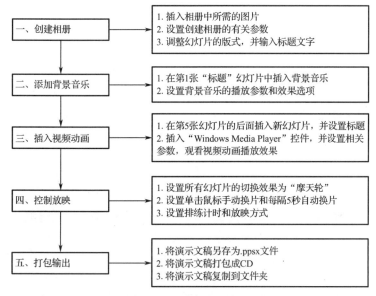

图 13-1 "电子相册制作"操作流程图

图 13-2 "电子相册制作"完成效果图

13.3 相关知识点

1. 电子相册

电子相册是指可以在计算机上观赏的区别于 CD/VCD 的静止图片的特殊文档,其内容不局限于摄影照片,也可以包括各种艺术创作图片。电子相册因其图、文、声、像并茂的表现手法,可随意修改编辑的功能,快速的检索方式,永不褪色的恒久保存特性,以及可廉价复制的优越分发手段,使之具有传统相册无法比拟的优越性。

2. 排练计时

幻灯片自动放映时,如果要求演示文稿中的各张幻灯片播放的时间互不相同,则利用 PowerPoint 的"排练计时"功能,可以帮助记录每张幻灯片的播放时间。此后,在自动放映时,就会按照排练时已经记录的每张幻灯片的播放时间进行自动放映。

3. 演示文稿打包

演示文稿制作完成后,往往不是在同一台计算机上进行放映,如果仅仅将制作好的演示文稿复制到另一台计算机上,而该机又未安装 PowerPoint 软件,或者演示文稿中使用的链接文件或 TrueType 等字体在该机上不存在,则无法保证演示文稿的正常播放。将演示文稿打包成 CD,可打包演示文稿和所有支持文件,包括链接文件,并从 CD 自动运行演示文稿。

13.4 项目实施

任务 1:创建相册

微课:创建相册

PowerPoint 2019 提供了制作电子相册的功能,创建电子相册的操作步骤如下。

步骤 1:启动 PowerPoint 2019 软件,在"插入"选项卡中,单击"图像"组中的"相册"下拉按钮,在打开的下拉列表中选择"新建相册"选项,打开"相册"对话框,单击"文件/磁盘"按钮,如图 13-3 所示。

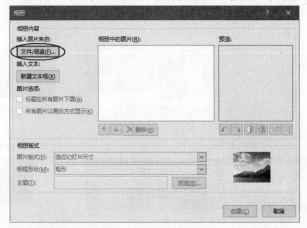

图 13-3 "相册"对话框

步骤 2：在打开的"插入新图片"对话框中，在素材库中选择需要导入的图片，如果要导入全部图片，则可按 Ctrl+A 组合键，选择全部图片文件，然后单击"插入"按钮，如图 13-4 所示。

图 13-4　导入全部图片

步骤 3：返回"相册"对话框，可以发现刚才选择的全部图片已经加入"相册中的图片"列表框中，选择"图片版式"为"2 张图片（带标题）"，"相框形状"为"圆角矩形"，"主题"为"Office 主题"（Office Theme.thmx），并选中"标题在所有图片下面"复选框，通过复选框和↑或↓按钮，调整"相册中的图片"列表框中各图片的顺序，把同类的 2 张图片放置在同一张幻灯片中，如图 13-5 所示。

通过单击"预览"图片下方的相应按钮，还可以调整图片的对比度、亮度、旋转方向等。

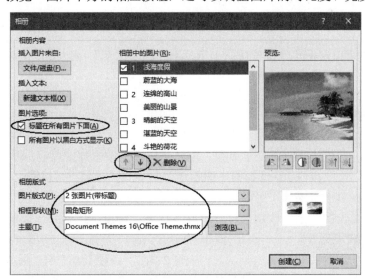

图 13-5　导入图片后的"相册"对话框

步骤 4：单击"创建"按钮，这时 PowerPoint 2019 会自动生成一个由 5 张幻灯片组成的演示文稿，其中第 1 张幻灯片为"标题"幻灯片，将"标题"和"副标题"占位符中的内容修改为自己所需要的内容，并适当调整"副标题"占位符的位置和大小，如图13-6所示。

图13-6　第1张标题幻灯片

步骤5：设置第2~5张幻灯片的标题分别为"大海""高山""天空"和"鲜花"，并设置标题居中显示，如图13-7所示。

图13-7　第2张幻灯片

步骤6：单击窗口左上角"快速访问工具栏"中的"保存"按钮，保存演示文稿，取名为"李想相册.pptx"。操作时要注意及时保存文件。

任务2：添加背景音乐

微课：添加背景音乐

为了提高演示效果，可以在相册中添加背景音乐、旁白、原声摘要等。

步骤1：选择第1张幻灯片（"标题"幻灯片），在"插入"选项卡中，单击"媒体"组中的"音频"下拉按钮，在打开的下拉列表中选择"PC上的音频"选项，打开"插入音频"窗口，找到并选择素材库中的"开始懂了-孙燕姿.mp3"背景音乐文件，单击"插入"按钮。

步骤2：在"音频工具"的"播放"选项卡中，单击"音频选项"组中的"开始"下拉按钮，在打开的下拉列表中选择"自动"选项，并选中"放映时隐藏""循环播放，直到停止"和"播放完毕返回开头"复选框，如图13-8所示。

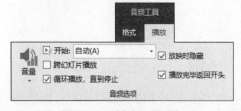

图13-8　"播放"选项卡

步骤3：在"动画"选项卡中，单击"高级动画"组中的"动画窗格"按钮，打开"动画窗格"任务窗格，右击"动画窗格"中的"声音"对象（开始懂了—孙燕姿.mp3），在弹出的快捷菜单中选择"效果选项"命令，如图13-9所示。

步骤4：在打开的"播放音频"对话框的"效果"选项卡中，选择"在5张幻灯片后"停止播放，如图13-10所示，单击"确定"按钮，再关闭"动画窗格"任务窗格。

图13-9 "动画窗格"任务窗格　　　　图13-10 "播放音频"对话框

步骤5：拖动"喇叭"图标至第1张幻灯片的右上角位置，单击"播放"按钮，可试听声音播放效果，根据需要可调节播放音量。

任务3：插入视频动画

在电子相册中，可以插入视频动画，有些视频格式在PowerPoint中并不直接支持，此时需要通过插入相关的控件来实现视频播放。

步骤1：在最后一张幻灯片（第5张幻灯片）后插入一张"仅标题"版式的幻灯片（第6张幻灯片），在"标题"占位符中，输入标题内容"视频欣赏：动物世界"。

微课：插入视频动画

步骤2：选择"文件"→"选项"命令，打开"PowerPoint选项"对话框，在左侧窗格中选择"自定义功能区"选项，在右侧窗格中选中"开发工具"复选框，如图13-11所示，单击"确定"按钮，使得在PowerPoint主窗口中显示"开发工具"选项卡。

步骤3：在"开发工具"选项卡中，单击"控件"组中的"其他控件"按钮，如图13-12所示，打开"其他控件"对话框，拖动垂直滚动条至底部，然后选择其中的控件"Windows Media Player"，如图13-13所示，单击"确定"按钮。

图 13-11 "PowerPoint 选项"对话框

"Windows Media Player"控件用于播放视频动画。

图 13-12 "开发工具"选项卡

图 13-13 "其他控件"对话框

步骤 4：此时鼠标形状变为十字形状，拖动鼠标在幻灯片中央画出一个矩形框，该矩形框是"Windows Media Player"控件的播放窗口，如图 13-14 所示。

步骤 5：右击该播放窗口，在弹出的快捷菜单中选择"属性表"命令，打开"属性"窗口，在"URL"参数的右侧文本框中输入视频文件所在的实际路径，如"D:\Desktop\素材\项目 13\素材\动物世界.mp4"，如图 13-15 所示，设置完成后关闭"属性"窗口。

如果设置"fullScreen"参数为"True"，则该视频将全屏播放。

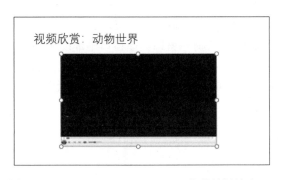
图 13-14 "Windows Media Player"控件的播放窗口

图 13-15 "属性"窗口

步骤6：在"幻灯片放映"选项卡中，单击"开始放映幻灯片"组中的"从当前幻灯片开始"按钮，可观看视频动画播放效果，如图13-16所示，双击视频动画对象可实现全屏播放。

图 13-16 视频动画播放效果

任务4：控制放映

幻灯片放映时，有多种换片方式，如单击鼠标手动换片、每隔一定时间自动换片、排练计时自动换片等，还可以设置循环放映。

步骤1：选择第1张幻灯片后，在"切换"选项卡中，单击"切换到此幻灯片"组右侧的"其他"按钮，在打开的干拉列表中选择"动态内容"区域中的"摩天轮"切换效果按钮。

微课：控制放映

步骤2：单击"计时"组中的"应用到全部"按钮，即把所有幻灯片的切换效果都设置为"摩天轮"效果，再选中"单击鼠标时"和"设置自动换片时间"复选框，并设置自动换片时间为5秒，如图13-17所示。

图 13-17 "计时"组

说明：默认换片方式是单击鼠标手动换片，如果同时还设置了每隔5秒自动换片，则开始放映后，如果在5秒内单击了鼠标，可实现换片，否则到5秒时间时，会自动实现换片。

排练计时是另一种换片方式，它与每隔一定时间自动换片方式的不同之处在于排练计时可以设置每张幻灯片具有不同的播放时间。

步骤3：在"幻灯片放映"选项卡中，单击"设置"组中的"排练计时"按钮，如图13-18所示，开始手动放映幻灯片，并出现如图13-19所示的"录制"窗口，该窗口中部的时间是指当前幻灯片的已播放时间，右侧的时间是指所有幻灯片已播放的总时间，手动放映完毕后，会提示是否保留新的幻灯片计时，如图13-20所示，单击"是"按钮，则在下一次放映幻灯片时，可以按照每张幻灯片已计时的时间自动换片（每张幻灯片播放的时间可能不同）。

图13-18 "幻灯片放映"选项卡

图13-19 "录制"窗口　　　　　图13-20 是否保留新的幻灯片计时

步骤4：还可以设置幻灯片是否循环放映。在"幻灯片放映"选项卡中，单击"设置"组中的"设置幻灯片放映"按钮，打开"设置放映方式"对话框，如图13-21所示，选中"循环放映，按ESC键终止"复选框和"如果出现计时，则使用它"单选按钮，单击"确定"按钮。

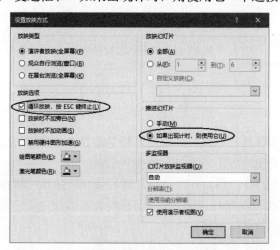

图13-21 "设置放映方式"对话框

步骤5：单击"开始放映幻灯片"组中的"从头开始"按钮，观看幻灯片播放效果。

任务5：打包输出

微课：打包输出

电子相册整体内容制作完毕后，一般保存为".pptx"格式的文件，如果保存为".ppsx"格式的文件，则不启用PowerPoint软件也可放映。

一般情况下，幻灯片是在计算机中播放的，而且计算机中应该安装了 PowerPoint 或者 PowerPoint Viewer 软件。然而有时会遇到计算机中尚未安装 PowerPoint 软件等情况，这样会出现幻灯片无法正常播放的问题。为了解决上述问题，PowerPoint 提供了打包功能，打包时包括幻灯片中所使用的文字、音乐、视频等元素。可将演示文稿直接刻录成 CD，这种形式便于使用、携带和播放，无须有 PowerPoint 软件的支持，通常一张光盘中可以存放一个或多个演示文稿。

步骤 1：单击窗口左上角"快速访问工具栏"中的"保存"按钮，保存演示文稿（文件名为"李想相册.pptx"）。

步骤 2：选择"文件"→"另存为"命令，选择存储位置后，打开"另存为"窗口，选择"保存类型"为"PowerPoint 放映（*.ppsx）"，单击"保存"按钮，然后关闭 PowerPoint 软件。

步骤 3：双击刚保存的"李想相册.ppsx"文件，不必启用 PowerPoint 软件即可观看播放效果。

步骤 4：重新打开"李想相册.pptx"文件（不是"李想相册.ppsx"文件），然后选择"文件"→"导出"命令，在中间窗格的"导出"区域中选择"将演示文稿打包成 CD"选项，再单击右侧窗格中的"打包成 CD"按钮，如图 13-22 所示。

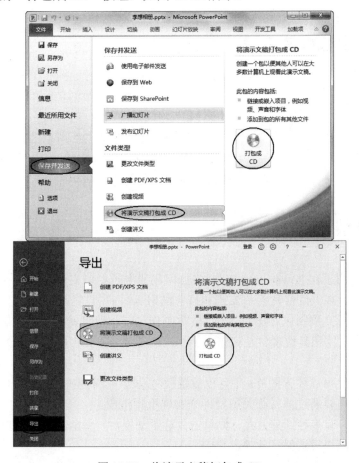

图 13-22　将演示文稿打包成 CD

步骤 5：在打开的"打包成 CD"对话框中，可命名 CD，如"我的相册"，如图 13-23

所示。如果有多个演示文稿需要放在同一张 CD 中，则单击"添加"按钮，添加相关演示文稿文件。

步骤 6：如果有更多设置要求，如设置密码，则单击如图 13-23 所示界面中的"选项"按钮，打开如图 13-24 所示的"选项"对话框，设置打开或修改每个演示文稿时所用的密码，单击"确定"按钮。

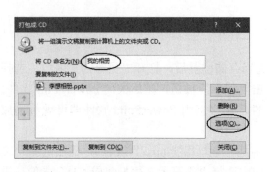
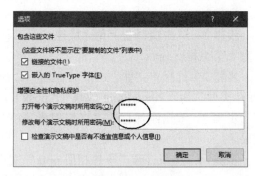

图 13-23　"打包成 CD"对话框　　　　　图 13-24　"选项"对话框

步骤 7：将空白的 CD 刻录盘放入刻录机，最后单击如图 13-23 所示界面中的"复制到 CD"按钮，这样就可刻录成演示文稿光盘。

图 13-25　"复制到文件夹"对话框

步骤 8：在如图 13-23 所示的对话框中，单击"复制到文件夹"按钮，打开如图 13-25 所示的"复制到文件夹"对话框，指定文件夹名称和保存位置，单击"确定"按钮，将演示文稿保存到指定文件夹中做其他用途。

步骤 9：在如图 13-22 所示的界面中，还可以根据演示文稿创建 PDF/XPS 文档、创建视频、创建讲义等，请读者自己练习创建这些文件。

13.5　总结与提高

本项目主要介绍了在 PowerPoint 2019 中如何创建电子相册文件、导入图片、添加背景音乐、插入视频动画，以及幻灯片换片方式和打包输出等。

在掌握一般演示文稿制作方法的基础上，再制作电子相册时就游刃有余了。总结一下制作过程，准备好相片文件和其他素材是制作电子相册的基础，建立相册及完善美化相册是制作的核心。

电子相册中不仅可以放置图片，还可以放置视频动画等，有些视频格式在 PowerPoint 中并不直接支持，此时需要通过插入相关的控件来实现视频播放。

幻灯片放映时，有多种换片方式，如单击鼠标手动换片、每隔一定时间自动换片、排练计时自动换片等，还可以设置循环放映。

电子相册除了可以保存为".pptx"格式的文件，还可以保存为".ppsx"格式的文件，这样就可以在不启用 PowerPoint 软件时也可自动放映。此外，PowerPoint 提供了打包功能，可以打包成 CD 或复制到文件夹，打包时包括幻灯片中所使用的文字、音乐、视频等元素。还可以根据演示文稿创建 PDF/XPS 文档、创建视频、创建讲义等。

在制作演示文稿时，还要注意以下几个方面。

（1）制作幻灯片时，要充分利用 PowerPoint 2019 的视图方式。

（2）幻灯片制作完毕后，要预览放映，观看放映效果，在放映时注意放映方式。

（3）要养成经常保存文件的习惯，以防发生意外，导致文件出错或丢失。

（4）电子相册中的图片选择要注意搭配，以符合内容主题。

13.6 习题

一、选择题

1. 以下_____文件类型属于视频文件格式且被 PowerPoint 所支持。
   A．avi　　　　　B．wpg　　　　　C．jpg　　　　　D．win

2. 以下_____不是 PowerPoint 允许插入的对象。
   A．图形、图表　　　　　　　　　B．表格、声音
   C．视频剪辑、数学公式　　　　　D．数据库

3. 扩展名为_____的演示文稿文件，不必直接启动 PowerPoint 即可浏览。
   A．.pptx　　　　B．.potx　　　　C．.ppsx　　　　D．.popx

4. 由 PowerPoint 产生的_____类型的文件，可以在 Windows 环境下双击而直接放映。
   A．.pptx　　　　B．.ppsx　　　　C．.potx　　　　D．.ppax

5. 在 PowerPoint 中，"打包"的含义是_____。
   A．压缩演示文稿便于存放
   B．将嵌入的对象与演示文稿压缩在同一个 U 盘上
   C．压缩演示文稿便于携带
   D．将演示文稿、播放器和一些相关的链接文件复制到文件夹

6. 如果希望在演示过程中终止幻灯片的演示，则随时可按的终止键是_____。
   A．Delete　　　B．Ctrl+E　　　　C．Shift+C　　　D．Esc

7. 在 PowerPoint 中，下列说法中错误的是_____。
   A．可以动态显示文本和对象　　　B．可以更改动画对象的出现顺序
   C．图表中的元素不可以设置动画效果　　D．可以设置幻灯片切换效果

8. 在幻灯片放映过程中，右击，在快捷菜单中选择"指针选项"中的荧光笔，在讲解过程中可以进行写和画，其结果是_____。
   A．对幻灯片进行了修改
   B．对幻灯片没有进行修改
   C．写和画的内容留在幻灯片上，下次放映还会显示出来
   D．写和画的内容可以保存起来，以便下次放映时显示出来

9. 改变演示文稿外观可以通过_____实现。
   A．修改主题　　　　　　　　　　B．修改母版
   C．修改背景样式　　　　　　　　D．以上三个都对

10. PowerPoint 文档保护方法包括_____。

A．用密码进行加密　　　　　　B．转换文件类型
C．IRM 权限设置　　　　　　　D．以上都是

二、实践操作题

1．打开素材库中的演示文稿文件"数据仓库的设计.pptx"，按下面的操作要求进行操作，并把操作结果存盘。

（1）幻灯片的设计模板设置为"画廊"。

（2）给幻灯片插入日期（自动更新，格式为×年×月×日）。

（3）设置幻灯片的动画效果，要求：

针对第二页幻灯片，按顺序设置以下的自定义动画效果：

* 将文本内容"面向主题原则"的进入效果设置成"自顶部 飞入"。

* 将文本内容"数据驱动原则"的强调效果设置成"彩色脉冲"。

* 将文本内容"原型法设计原则"的退出效果设置成"淡化"。

* 在页面中添加"前进"（前进或下一项）与"后退"（后退或前一项）的动作按钮。

（4）按下面要求设置幻灯片的切换效果。

* 设置所有幻灯片的切换效果为"自左侧 推入"。

* 实现每隔 3 秒自动切换，也可以单击鼠标进行手动切换。

（5）在幻灯片最后一页之后，新增加一页，设计出如下效果，单击鼠标，矩形不断放大，放大到原尺寸的 3 倍，重复显示 3 次，其他设置默认。效果分别如图 13-26、图 13-27、图 13-28 所示。

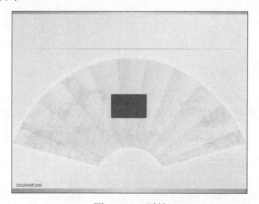
图 13-26　原始

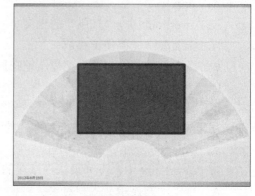
图 13-27　放大

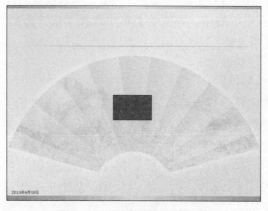
图 13-28　恢复原始，重复 3 遍

【注意】 矩形初始大小，由读者自定。

2．打开素材库中的演示文稿文件"CORBA 技术介绍.pptx"，按下面的操作要求进行操作，并把操作结果存盘。

（1）幻灯片的设计模板设置为"画廊"。
（2）给幻灯片插入日期（自动更新，格式为×年×月×日）。
（3）设置幻灯片的动画效果，要求：

针对第二页幻灯片，按顺序设置以下的自定义动画效果：

* 将文本内容"CORBA 概述"的进入效果设置成"自顶部 飞入"。
* 将文本内容"对象管理小组"的强调效果设置成"彩色脉冲"。
* 将文本内容"OMA 对象模型"的退出效果设置成"淡化"。
* 在页面中添加"前进"（前进或下一项）与"后退"（后退或前一项）的动作按钮。

（4）按下面要求设置幻灯片的切换效果。

* 设置所有幻灯片的切换效果为"自左侧 推入"。
* 实现每隔 3 秒自动切换，也可以单击鼠标进行手动切换。

（5）在幻灯片最后一页之后，新增加一页，设计出如下效果，单击鼠标，依次显示文字：A、B、C、D，效果分别如图 13-29、图 13-30、图 13-31、图 13-32 所示。

【注意】 字体、大小等，由读者自定。

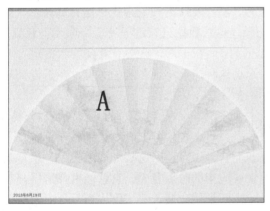

图 13-29 单击鼠标，先显示 A

图 13-30 单击鼠标，再显示 B

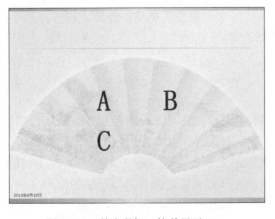

图 13-31 单击鼠标，接着显示 C

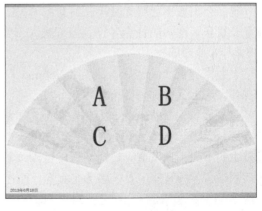

图 13-32 单击鼠标，最后显示 D

附录 A 大数据和人工智能简介

1. 什么是大数据

大数据（Big Data），是指无法在一定时间范围内用常规软件工具进行捕捉、管理和处理的数据集合，是需要新处理模式才能具有更强的决策力、洞察发现力和流程优化能力的海量、高增长率和多样化的信息资产，如购物网站的消费记录，这些数据只有进行处理整合才有意义。

大数据技术的战略意义不在于掌握庞大的数据信息，而在于对这些含有意义的数据进行专业化处理。换言之，如果把大数据比作一种产业，那么这种产业实现盈利的关键，在于提高对数据的"加工能力"，通过"加工"实现数据的"增值"。

有人把数据比喻为蕴藏能量的煤矿。煤炭按照性质有焦煤、无烟煤、肥煤、贫煤等分类，而露天煤矿、深山煤矿的挖掘成本又不一样。与此类似，大数据并不在于"大"，而在于"有用"。价值含量、挖掘成本比数量更为重要。对于很多行业而言，如何利用这些大规模数据是赢得竞争的关键。现如今，用户在使用淘宝购物、百度搜索等应用的时候发现，它总能推荐给用户想要看的，这是大数据决策的体现，依据大数据分析，去匹配用户属于哪一类人群，从而给用户推荐这一类人群喜好的东西。

大数据的兴起，也让数据分析师，数据科学家，大数据工程师，数据可视化等职业成了热门。现如今大数据已经无处不在，包括金融、汽车、零售、餐饮、电信、能源、政务、医疗、体育、娱乐等在内的社会各行各业都融入了大数据的印记。

2. 大数据的特点

大数据有四个特点，分别为：Volume（大量）、Variety（多样）、Velocity（高速）、Value（价值），通常又被称为四个 V。

（1）大量（Volume）。大数据的特点首先就是体现了"大"，从一开始的 TB 级别，增到 PB 级别。其起始计量单位至少是 P（1 000 个 T）、E（100 万个 T）或 Z（10 亿个 T）。随着信息技术的不断飞速发展，数据便爆发性地增长。数据的来源有社交网络（微博、推特、脸书）、移动网络、各种智能工具、服务工具等。而在淘宝网，有近 4 亿的会员每日产生的商品交易数据约 20TB；在脸书约有 10 亿的用户，每日产生的日志数据超过 300TB。所以急需智能的算法、强大的数据处理平台和新的数据处理技术，来统计、分析、预测和实时处理这么大规模的数据。

(2）多样（Variety）。众多的数据来源，决定了大数据形式的多样性。比如当前的上网用户中，年龄、学历、爱好、性格等每个人的特征都不一样，这就是大数据的多样性。当然如果扩展到全国，那么数据的多样性会更强。每个地区，每个时间段，都会存在各种各样的数据多样性。任何形式的数据都能产生作用，目前应用最广泛的就是推荐系统，如淘宝、网易云音乐、今日头条等，这些平台都会对用户的日志数据进行分析，进而推荐用户喜欢的东西。日志数据是一种结构化明显的数据，但还有一些数据结构化并不明显，像图片、音频、视频等数据，其因果关系较弱，需要人工对其进行标注。

(3）高速（Velocity）。高速就是指通过算法对数据的逻辑处理速度非常快。可从各种类型的数据中快速获得高价值的信息，这一点也是和传统的数据挖掘技术有着本质的不同。大数据的产生十分迅速，主要通过互联网传输。生活中的每个人都离不开互联网，可以说每个人每天都在向大数据提供众多的资料，而这些数据是应该及时处理的。因为花费大量资本去存储作用较小的历史数据是很不划算的，对于一个平台来说，也许保存的数据只是在过去几天或者一个月之内的，再远的数据就要及时清理，不然代价很大。基于这种情况，大数据对处理的速度有着非常严格的要求，服务器中很多的资源都用于处理和计算数据，很多平台都需要做到实时分析。数据无时无刻不在产生，谁的速度更快，谁就会有优势。

(4）价值（Value）。这也是大数据的核心特征。现实世界所产生的数据中，有价值的数据所占比例很小。相比于传统的小数据，大数据最大的价值在于通过从大量不相关的各种类型的数据中，挖掘出对未来趋势与模式预测分析有价值的数据。并通过机器的学习方法、人工智能方法或数据挖掘方法去深度分析，发现新规律和新知识。例如，如果有 1PB 以上的全国的年龄在 20～35 岁年轻人的上网数据，那么它自然就有了商业价值，比如通过分析这些数据，可以知道这些人的爱好，进而指导产品的发展方向等。如果有了全国几百万病人的数据，根据这些数据进行分析就能预测疾病的发生，这些都是大数据的价值。大数据运用之广泛，如运用于农业、金融、医疗等不同领域，从而最终达到改善社会治理、提高生产效率、推进科学研究的效果。

3. 什么是人工智能

计算机的智能这个定义，最早出现在 1950 年，是由图灵博士所提出来的。他在自己的论文《计算机器与智能》一文中讨论了关于验证机器是否有智能的方法。这个方法就是后来的计算机界人士所熟知的图灵测试。让一台计算机和一个人同时坐在幕后，然后让另一个人在台前去跟二者分别交流，如果判别不出哪一边是人，哪一边是计算机，这时候我们就可以说机器已经产生了智能，即机器智能。

人工智能（Artificial Intelligence，AI），顾名思义就是计算机产生了类人的习性，计算机可以解决以往只有人才能解决的问题。人工智能是研究、开发用于模拟、延伸和扩展人的智能的理论、方法、技术及应用系统的一门新的技术科学。人工智能分为计算智能、感知智能、认知智能三个阶段。首先是计算智能，机器人开始像人类一样会计算，传递信息，例如神经网络、遗传算法等；其次是感知智能，感知包括视觉、语音、语言，机器开始看懂和听懂，做出判断，采取一些行动，例如可以听懂语音的音箱等；第三是认知智能，机器能够像人一样思考，主动采取行动，例如完全独立驾驶的无人驾驶汽车、自主行动的机器人等。

4. 大数据与人工智能相辅相成

近几年，人工智能技术在各行各业的应用已随处可见。生产制造业中，自动视觉检测、机器参数调整、产量优化、维护预测等技术的应用极大地提高了生产效率；服务型机器人深入翻译、会计、客服等领域，服务业正在发生重要变革；此外，金融、医疗等领域，也因人工智能技术的加入而更加繁荣。某种意义上，人工智能为这个时代的经济发展提供了一种新的能量。人工智能的飞速发展，背后离不开大数据的支持。而在大数据的发展过程中，人工智能的加入也使得更多类型、更大体量的数据能够得到迅速的处理与分析。

大数据与人工智能相辅相成。

（1）大数据的积累为人工智能发展提供燃料。大数据主要包括采集与预处理、存储与管理、分析与加工、可视化计算及数据安全等，具备数据规模不断扩大、种类繁多、产生速度快、处理能力要求高、时效性强、可靠性要求严格、价值大但密度较低等特点，为人工智能提供丰富的数据积累和训练资源。以人脸识别所用的训练图像数量为例，百度训练人脸识别系统需要2亿幅人脸画像。

（2）数据处理技术推进运算能力提升。人工智能领域富集了海量数据，传统的数据处理技术难以满足高强度、高频次的处理需求。AI 芯片的出现，大大提升了的大规模处理大数据的效率。目前，出现了 GPU、NPU、FPGA 和各种各样的 AI-PU 专用芯片。传统的双核 CPU 即使在训练简单的神经网络培训中，也需要花几天甚至几周时间，而 AI 芯片能提升约 70 倍的运算速度。

（3）算法让大量的数据有了价值。无论是特斯拉的无人驾驶，还是谷歌的机器翻译；不管是微软的"小冰"，还是英特尔的精准医疗，都可以见到"学习"大量的"非结构化数据"的"身影"。"深度学习""增强学习""机器学习"等技术的发展都推动着人工智能的进步。以计算视觉为例，作为一个数据复杂的领域，传统的浅层算法识别准确率并不高。自深度学习出现以后，基于寻找合适特征来让机器识别物体的精准度从 70%多提升到 95%。由此可见，人工智能的快速演进，不仅需要理论研究，还需要大量的数据作为支撑。

（4）人工智能推进大数据应用的深化。在计算力指数级增长及高价值数据的驱动下，以人工智能为核心的智能化正不断延伸其技术应用广度、拓展技术突破深度，并不断增强技术落地（商业变现）的速度，例如，在新零售领域，大数据与人工智能技术的结合，可以提升人脸识别的准确率，商家可以更好地预测每月的销售情况；在交通领域，大数据和人工智能技术的结合，基于大量的交通数据开发的智能交通流量预测、智能交通疏导等人工智能应用可以实现对整体交通网络的智能控制；在健康领域，大数据和人工智能技术的结合，能够提供医疗影像分析、辅助诊疗、医疗机器人等更便捷、更智能的医疗服务。同时在技术层面，大数据技术已经基本成熟，并且推动人工智能技术以惊人的速度进步；在产业层面，智能安防、自动驾驶、医疗影像等都在加速落地。

随着人工智能的快速应用及普及，大数据不断累积，深度学习及强化学习等算法不断优化，大数据技术将与人工智能技术更紧密地结合，具备对数据的理解、分析、发现和决策能力，从而能从数据中获取更准确、更深层次的知识，挖掘数据背后的价值，催生出新业态。

附录 B

习题拓展训练

项目 1 习题（拓展训练）

项目 2 习题（拓展训练）

项目 3 习题（拓展训练）

项目 4 习题（拓展训练）

项目 5 习题（拓展训练）

项目 6 习题（拓展训练）

项目 7 习题（拓展训练）

项目 8 习题（拓展训练）

项目 9 习题（拓展训练）

项目 10 习题（拓展训练）

项目 11 习题（拓展训练）

参 考 文 献

[1] 曾爱林. 计算机应用基础项目化教程（Windows 10+Office 2016）[M]. 北京：高等教育出版社，2019

[2] 贾如春. 计算机应用基础项目实用教程（Windows 10+Office 2016）[M]. 北京：清华大学出版社，2018

[3] 段红. 计算机应用基础（Windows 10+Office 2016）[M]. 北京：清华大学出版社，2018

[4] 黄林国. 计算机应用基础项目化教程（微课版）[M]. 北京：清华大学出版社，2018

反侵权盗版声明

电子工业出版社依法对本作品享有专有出版权。任何未经权利人书面许可,复制、销售或通过信息网络传播本作品的行为,歪曲、篡改、剽窃本作品的行为,均违反《中华人民共和国著作权法》,其行为人应承担相应的民事责任和行政责任,构成犯罪的,将被依法追究刑事责任。

为了维护市场秩序,保护权利人的合法权益,我社将依法查处和打击侵权盗版的单位和个人。欢迎社会各界人士积极举报侵权盗版行为,本社将奖励举报有功人员,并保证举报人的信息不被泄露。

举报电话:(010)88254396;(010)88258888
传　　真:(010)88254397
E-mail:　dbqq@phei.com.cn
通信地址:北京市海淀区万寿路173信箱
　　　　　电子工业出版社总编办公室
邮　　编:100036